IDEAS03

傾聽動物心語

Animals in Translation

天寶．葛蘭汀（Temple Grandin）、
凱瑟琳．強生（Catherine Johnson）合著
劉泗翰　譯

木馬文化

目次

第一章　我的故事

沒有自閉症的人總是問我，在我發現自己能夠理解動物想法的那一刻有什麼感覺。他們一定以為我是茅塞頓開，才會突然聽到動物的心聲。

其實不然。我是花了很長的時間才知道自己對動物的看法異於常人，也是到了四十多歲才終於知道自己有這一大優勢，所以動物飼主才會僱用我替他們照料動物——因為我有自閉症。自閉症讓我無法適應學校與社會，但是應付動物卻易如反掌。

我從小就喜歡動物，但是並不知道自己跟動物的關係非比尋常，因為其他跟動物有關的問題就已經讓我百思不解。比方說，體型很小很小的狗為什麼不是貓呢？這可是我生命中面臨的一大危機。那時候我見過的狗都是大型狗，而且也都以體型大小來分門別類，後來有位鄰居帶了一隻臘腸狗，讓我想都想不透，「這怎麼會是狗呢？」我對著那隻臘腸狗研究了半天，想看出個所以然來，最後終於發現牠的鼻子跟我的黃金獵犬一樣，於是我懂了，有狗鼻子的就是狗！

我在五歲時對於動物的專業知識就僅止於此。

到了高中時代，我開始愛上動物。母親把我送到寄宿學校就讀，這是一所專門為了有情緒困擾的天才兒童所設立的學校，在那個時代，不管是什麼都叫做「情緒困擾」。當時我因為打架被退學，所以她必須找到一個可以安置我的地方，而我之所以跟人家打架，則是因為同學作弄我，罵我「低能」或叫我「錄音機」。

他們叫我「錄音機」，是因為我在記憶裡儲存了很多句子，然後每次跟人講話就會一直覆述，再加上我喜歡聊的話題只有少數幾個，因此重覆的效果就格外明顯。我特別喜歡跟人家講我去遊樂場玩歡樂滾筒的事，我會特地走到某個人的身邊說：「我到南塔斯科公園去玩歡樂滾筒，我真的很喜歡滾筒一轉起來，整個人貼到牆壁上的感覺。」接著我會問他們：「你喜不喜歡？」之類的話，他們會回答我，喜歡或是不喜歡。然後我會把這件事從頭到尾又再說一次，就像是腦子裡有個迴路，一次又一次，不停地繞圈子打轉，所以那些同學才會叫我「錄音機」。

遭人戲弄總是令人傷心，所以那些孩子一作弄我，我就生氣，一生氣，我就打人——這倒是不難。他們總是拿我尋開心，喜歡看我生氣時的反應。

到了新學校就沒有這種問題。學校裡有個馬廄，養了一些馬給孩子騎，但是如果我打人，老師就會罰我不准騎馬。罰了幾次之後，我就學乖了，只要有人欺負我，我就放聲大哭，如此一來，原有的暴戾之氣也就煙消雲散。直到現在，如果有人對我不好，我還是會哭。

至於那些戲弄人的孩子，卻始終不曾受罰。

在那所學校裡，還有一件趣事，校園裡的馬也有情緒困擾。那是因為校長為了省錢，總是撿便宜貨，買一些行為嚴重偏差、遭到淘汰的劣等馬匹。牠們很漂亮，腿也沒受傷，但在情緒上卻是一蹋糊塗。學校裡總共養了九匹馬，有兩匹根本不能騎，一半的馬有心理障礙。不過那時候我才十四歲，並不了解。

於是，一群有情緒困擾的青少年，就這樣跟一群有情緒障礙的馬，一起在寄宿學校裡生活。其中有一匹名叫「淑女」的馬，圍在柵欄裡騎起來都沒有問題，是一匹好馬，但是只要一到跑馬場，就像發狂的野馬一樣，高舉前腿立起來，不停地跳躍、奔騰，你得緊緊抓著韁繩，否則牠立刻就會逃出馬場。

還有一匹馬叫做「美人」，也是可以騎的馬，但是只要你坐上了馬鞍，牠就有踢人和咬人的壞習慣，不時地會抬腿踢你的小腿或腳，再不然就是回過頭來，在你的膝蓋上咬一口，所以你得隨時提高警覺。每次騎上美人的時候，牠都會又咬又踢，讓你腹背受敵。

不過跟「歌蒂」比起來，簡直是小巫見大巫。只要有人試圖坐在歌蒂背上，牠就會不停地立起來，根本無法駕馭，能安穩地坐在馬鞍上就謝天謝地了。就算你真的有本事騎在馬背上，牠也會把自己弄得大汗淋漓，不到五分鐘就全身汗出如漿，啪噠啪噠地滴在地上，這純粹是恐懼所致。牠就是怕被人騎在背上。

話雖如此，歌蒂卻是一匹很美的馬，淡褐色的皮膚，搭配金色的馬鬃與馬尾，體型像是阿拉伯馬，修長而精緻，行走的姿態優雅，完美無缺。你可以牽著牠走路，可以替牠盥洗梳毛，不管你做什麼，只要不騎在牠背上，牠都會馴良乖順，不會惹麻煩。任何一匹精神緊張的馬，顯然都有這樣的問題，但是徵狀可能正好相反，我就看過一些馬匹，大家都說：「你可以騎，沒關係。不過，除了騎在馬背上，其他什麼事都不能做唷！」這種馬不在乎有人騎在牠背上，但是對站在身旁的人卻很不客氣。

學校裡的馬都曾經受到虐待。像歌蒂原來的女主人，就用一種很不舒服、有稜角的馬銜勒在牠嘴裡，而且還很用力、很粗暴地拉扯韁繩，導致歌蒂的舌頭整個扭曲變型。美人則曾經日夜被關在農舍馬廄裡，不見天日。我不知道為什麼，但是這些飽受凌虐的馬匹，精神狀態確實是亂七八糟。

可是那時候我還只是個小女孩，完全不了解這些事情。當然，我在學校從來不會欺負這些馬（其他孩子有時候會），但也絕對不是聽得懂馬語，能夠跟馬匹交談的自閉神童。我只是喜歡馬而已。

我深深地迷上了這些馬，因此幾乎所有的閒暇時間都花在農舍裡，努力打掃以維持馬廄整潔，也盡心地替牠們清理梳毛。我的高中生涯最值得紀念的一天，就是母親替我買了一套英國的馬勒和馬鞍，十分精美。這是我人生中的一件大事，不只因為這是我專用的馬具，學校裡的馬具也實在是又舊又爛。學校裡用的是麥克里蘭型的舊式馬鞍，這可是南北戰爭時騎兵使用的樣式，這些馬具的歷史至少可以追溯到二次大戰期間，那時候陸軍還有騎兵隊。麥克里蘭型的馬具在正中間有個孔，可以降低馬背的負擔，對馬匹來說是很好的設計，但是對騎士而言卻苦不堪言。我以為世界上再也沒有比這個更不舒適的馬鞍了，不過聽說阿富汗北方聯邦（Northern Alliance）是用木製的馬鞍，似乎更糟糕。

啊，我真的太喜歡那付新的馬具了，甚至不肯放在工具間裡，每天晚上都帶回宿舍陪我一起睡覺，我還到馬具專賣店購買專用清潔皂跟保養皮革的滋潤劑，並花很多時間清洗及擦拭打光。

儘管我在學校裡跟馬匹度過許多快樂時光，但是高中生涯對我來說，仍然是一段艱難的歲月。我從青少年時期開始受焦慮所苦，一陣又一陣地發作，彷彿永遠都不會停止。這和日後我在論文口試時感受到的焦慮程度相當，只不過在高中時代是日夜不停的煎熬。事實上，並沒有發生什麼嚴重的事情值得讓我焦慮，或許只是我的某個自閉症基因轉成高速檔了。自閉症跟強迫官能症有許多雷同之處，後者在《精神疾病診斷統計手冊》（Diagnostic and Statistical Manual）中被列為焦慮症的一種。

後來是動物救了我。有一年夏天，我到阿姨家作客，她在亞歷桑納州經營觀光農場。我在隔壁的農場，看到一群牛被趕進「牢靠架」（squeeze chute），這是獸醫用來固定牛隻的工具，把牠們塞進一個狹小空間，讓牠們動彈不得以便打針。牢靠架呈大V字型，是將金屬欄杆底部焊接而成的，牛隻被趕進去之後，再用空氣壓縮機把V字型縮小，以固定牛的身體。牧場工人則可以從欄杆縫隙伸手進去，也有很大的空間來進行皮下注射。如果你想看看牢靠架的樣子，可以在網路上找到牢靠架的圖片。

我一看到這個東西，就立刻叫阿姨停車，讓我下車去看個仔細。我目不轉睛地看著這些在擠壓機器裡的大型動物們。或許你會以為，當這個巨大的金屬結構突然把牛的身體夾起來，牠們一定會感到驚慌害怕，但正好相反，牠們都非常鎮靜。再仔細想想，其實也不無道理，因為深層壓力對幾乎每個人來說都有鎮定情緒的功效，這也是按摩很舒服的一個原因。或許牢靠架讓牛有一種回到襁褓時代或是像潛水夫潛入深海中的舒適感，牠們喜歡這種感覺。

看到這群牛鎮定下來，我知道自己也需要一個牢靠架。那年秋天回到學校之後，高中老師幫我做了一個牢靠架，大小正好可以讓一個人四肢著地。我自己買了一個空氣壓縮器，用三夾板代替金屬桿製作V字型結構，效果絕佳。當我進入這個擠壓機器中，情緒就會鎮靜許多。我到現在都還在用。

多虧了這個牢靠架和馬，我才能度過青少年時期。動物成了激勵我的原動力，除了唸書和上課之外，幾乎都跟這些馬在一起，有一次甚至還騎著淑女參加表演。現在看來是不可思議，竟然有學校養了一批情緒不穩、危險的馬匹，還讓未成年的學生騎乘，這年頭上體育課連躲避球都不能打，因為可能會有人受傷。不過那個時候就是如此，有很多人在學校裡被咬、被踩或是從馬背上摔下來，但是並沒有人受重傷，至少我還在學的時候沒有看過。所以這個方法才行得通。

我希望現在能有更多的孩子有機會騎馬，因為人類跟動物本來就應該生活在一起。有很長一段時間，我們一起進化，也曾經是夥伴，如今除了貓狗等寵物之外，人類和動物的關聯已斷。

對青少年來說，馬的好處更多。我有個心理醫生住在麻州，有很多青少年患者，他認為若是病患騎馬，治療效果會更好。他說，如果兩個孩子有同樣的問題，病情也一樣嚴重，但是其中一個經常騎馬而另外一個卻完全不騎，那麼騎馬的那一個復原情況會比沒有騎馬的好。別的不說，馬本身就是一個責任，因此照顧馬匹的孩子人格發展多半比較健全。此外，騎馬並不像表面看起來那麼容易，不只是坐在馬鞍上，扯著韁繩，告訴馬該做什麼而已，真正的騎馬更像是跳國際標準舞或是雙人花式滑冰，講究的是兩者之間的默契與關係。

我還記得坐在馬背上往下看，確認馬匹的方向正確。馬匹在環形跑馬場上快步走時，騎士必須協助牠讓一隻前腿跨得比另外一隻遠，如果騎士身體傾斜的角度正確，就能正確地引導馬匹。我的平衡感不好，所以不管多麼努力，始終不會滑雪，雖然我後來還是學會了高級的全制動技巧。然而我在馬背上卻能夠自然地跟馬的身體同步律動，引導牠們走向正確的方向。

騎馬是我生命中的一大樂趣。我始終記得有時在草原上騎馬奔馳，那是一種令人悸動的經驗。當然，一直快跑對馬匹來說並不好，不過我們只是偶一為之，這帶給我相當大的快樂。有時候，我們在小徑上，沿路一陣狂奔，那種路樹急速向後退的感覺，我到現在都還記得一清二楚。

過了一陣子，騎馬就成了一種本能直覺，人馬合而為一。這種關係不是單由人類來指揮馬匹，馬匹對騎士也有極敏銳的感應，甚至不必任何口令，就能主動回應騎士的需求。學校裡或是馬場上讓初學者學騎的馬匹，甚至在感覺到騎士快要失去平衡時，就會自動停下腳步，這也是學騎馬跟學騎腳踏車完全不同的地方，馬匹可以保護騎士免於受傷。

青少年可以從馬匹身上獲得愛，也可以學習團隊合作，這些都讓他們受益良多。多年來，大家都認為行為乖僻的孩子應該送到管訓學校或是軍隊裡學習紀律，這種作法多半有效，因為這些都是高度結構化的地方，但是如果軍事院校裡有養馬，效果會更好。

《解讀動物心語》正是我四十年來跟動物相處的心得。

這本書跟其他有關動物的書籍不一樣，主要原因是我跟其他的動物專家不同，因為自閉症患者可以用動物的思考模式來思考。當然，我也可以用人類的思考模式，畢竟我們跟一般人並沒有那麼大的差異。自閉症患者像是人類與動物之間交流的中點站，因此像我這樣的自閉症患者，正是把「動物語言」翻譯成人類語言的最佳人選。我可以告訴別人，他們飼養的動物為什麼會做某些事情。

我認為這是儘管我有自閉症卻依然能成功的主要原因。研究動物行為很適合我，因為我不太了解人類社會，卻從解讀動物行為中獲得補償。到目前為止，我已經發表了三百多篇論文，每個月有五千多位訪客上我的網站，而且每年還會針對動物管理，發表三十五場左右的演講。此外，還有大約二十五場演講是以自閉症為主題，所以我大部分的時間都在旅途上奔波。在美加兩地，有半數的牛是利用我設計的人道屠宰系統來宰殺。

這些成就，有一大半都要歸功於我的大腦運作方式與常人不同。

自閉症讓我對動物有不同的看法，這是大多數動物專業人員所缺乏的，反而很多平常人可以看到動物的另外一面，知道動物比我們想像的要聰明得多。有很多寵物飼主或是喜歡動物的人會跟人家說：「這個毛茸茸的小東西會思考耶！」可是動物研究人員多半嗤之以鼻，認為那是人類一廂情願的想法。

然而我卻漸漸發現，這些小老太婆說的一點也沒錯。喜愛動物或是長時間跟動物相處的人通常都會有一種直覺，覺得動物不只是表面上看到的那樣，應該還有更深沈的東西，只不過他們說不出個所以然來，也不知道如何形容這種感覺。

我自己則是不經意地發現了這個問題的答案，或者說，我自以為找到了部分的解答。因為我有自閉症的問題，所以除了自己的專業領域之外，也很關心神經科學對於人類大腦研究的進展，這麼做是因我一直在找尋答案，來解決自己生活上的問題，而不只是動物的生活。正因為我在這兩個領域雙管齊下，才會發現人類智慧與動物智慧之間的關聯，這是動物科學家遺漏的部分。

有關自閉神童的研究文獻，啟發了我的靈感。所謂的自閉神童是指那些天賦異稟的自閉症患者，他們能夠根據你的出生日期推算出那一天是星期幾，或是在腦中計算你家的地址是否為質數。他們的智商通常都屬於低能的範圍（並非一直如此），但他們卻天生就做得到一些常人學也學不會的事，不管多麼認真學習或是花多少時間練習。

動物就像自閉神童，事實上，我甚至可以大膽地說，也許動物根本就是自閉神童。動物就像自閉症患者一樣，擁有一般人沒有的特殊才能。至少有些動物擁有特殊的天分，是一般人沒有的，這也跟自閉症患者一樣。我認為，動物天才發生的原因，多半跟自閉天才一樣，自閉症患者和動物的大腦都與常人有些許差異。

可是我們跟動物相處這麼多年，為什麼沒有發現牠們擁有特殊才能呢？因為我們看不到。正常人從來沒擁有過這些特殊才能，所以他們才會視而不見，正常人固然可以看到動物一些聰明的舉動，卻完全不知道他們看到的是什麼。動物天才是肉眼看不到的。

我也不知道動物的所有天分，更不會知道如果有機會的話，牠們可以利用這些天分做些什麼。不過我既然已經看到了自閉神童與動物天才之間的關聯，至少知道要找的是什麼東西，動物如何運用驚人的能力，感知人類無法察覺的事物、熟記人類無法記得的細節與資訊，讓每個個體的生活（包括動物和人類）過得更好。舉個例子來說，如果可以訓練導盲犬協助盲人，可不可能訓練狗來協助那些記憶衰退的中年人呢？我敢打賭，如果你年逾不惑，可能連狗都比你容易記得鑰匙放在哪裡。就算你還不到四十歲，狗的記憶力可能還是比你好。

或者可以讓狗來記住小孩子把遙控器放在什麼地方。我敢說，只要訓練狗，牠就能做到。

當然，我不知道這樣的想法是否屬實，說不定大錯特錯。然而，對我來說，預測動物的天分就像是天文學家預測行星存在一樣，雖然沒有人看得到，但是他們都是以自己對重力的了解來預測行星。而基於我對自閉天分的了解，我也逐漸能夠準確地預測別人看不到的動物天分。

由外而內看動物

我上大學的時候，就已經知道自己想要更進一步了解動物。

那是一九六〇年代，整個心理學界獨尊史基納博士（B. F. Skinner）的行為主義，全國大學生幾乎人手一本《自由與尊嚴之外》（Beyond Freedom and Dignity）。他的理論是只能研究行為，不應該臆測人或動物的腦子裡在想些什麼，因為黑盒子裡的東西，包括智慧、情緒、動機，是你無法測量的。這個黑盒子超越了我們的能力範圍，所以不該被討論。只有行為可以評估，所以值得研究。

對行為主義者而言，並沒有什麼損失，因為根據他們的理論，唯有環境才是最重要的。有些研究動物的行為主義者把這個概念發揮到極致，甚至教導學生，動物沒有情緒和智慧。動物只有行為，而且可以用獎懲和環境中的正面與負面強化作用，來形塑牠們的行為。

獎勵與正面強化作用是同樣的，因為你做了某件事，所以就有好事臨頭。懲罰與負面強化作用兩者剛好相反，懲罰是因為你做了某件事，所以就有不好的事情發生；而負面強化則是因為你做了某件事，所以不好的事情就不再發生或者是從一開始就沒有發生。懲罰是不好的，而負面強化則是好的。懲罰讓你不再繼續做某些事情，不過很多行為主義者都相信，如果要讓動物聽話，懲罰的效果不如獎勵好的行為。

負面強化最難理解。負面強化不是懲罰，而是一種獎勵，只不過從某個角度來說，獎品是負面的，也就是你不喜歡的事情不再發生或是根本沒有發生。比方說，四歲大的孩子又哭又叫，讓你非常頭痛，最後終於你忍不住對著他大吼一頓，嚇得他噤聲。這就是一種負面強化，因為你不想再聽到他的哭聲，所以就吼他讓哭聲停止。下一次他再鬧脾氣，你對他大發雷霆的機會就增加了，因為這一次你的發作已經被負面強化了。

行為主義者認為，這幾個基本概念就足以解釋所有的動物行為，因為動物無非就是一種刺激／反應的機器。或許現在的人很難想像這種概念在當時的力量，幾乎像是一種宗教崇拜。對我和許多人來說，史基納簡直就是神，是心理學界的唯一真神。

結果根本就不是這麼一回事。我見過史基納本人，當時我大概只有十八歲。我曾經寫信給他，提到我製作的牢靠架，他回信提到，我的動機讓他印象深刻，仔細想想，這還真是有點奇怪，行為學派的唯一真神竟然不談我的行為，反而討論內在的動機。我猜想，他大概是走在時代的尖端，因為動機正是當前自閉症研究的最熱門主題。

收到回信之後，我打電話到他的辦公室，詢問我是否可以去拜望他，因為我想跟他討論我自己做的一些研究。

於是他的辦公室來電邀請我去哈佛。這就好比是去梵蒂岡晉見教宗，因為史基納博士是心理學界最著名的教授，還曾經登上《時代雜誌》的封面，一想到要去見他，就讓我非常緊張。我還記得當時走到威廉・詹姆斯大樓（William James Hall），抬頭仰望這棟建築物，覺得「這就是心理學的聖殿」。

然而走進他的辦公室後，卻讓我大失所望，他只不過是個長相普通的凡人。我記得他辦公室裡有一種蔓藤植物，蔓生爬滿了整個房間。我們坐在裡面講話，他開始問我一些很私人的問題。我不記得是哪些問題，因為我幾乎從來記不得談話中的確切字句，這是因為自閉症患者以圖像來思考，所以我們的腦袋裡幾乎沒有文字，只有一連串的圖像。因此我不記得這些問題的文字細節，只記得他問了一些問題。

接著他碰了我的腿，讓我嚇了一大跳。我的穿著打扮並不性感，反而是一件很保守的衣服，我根本沒有想到會發生這種事。所以我跟他說：「你可以看，但是不可以摸。」我千真萬確地記得說了這句話。

不過，我們確實談到了動物與行為，最後我跟他說：「史基納博士，但願我們能夠知道大腦如何運作。」這是那次談話內容中，我記得的另外一部分。

他說：「我們不需要知道大腦如何運作，只要知道操作制約（operant conditioning）就行了。」

我記得在開車回學校的路上，一直反覆思索他說的這句話，後來終於跟自己說：「我不相信！」

我不相信的理由是，因為我有一些問題絕對不是環境造成的。此外，我在大學裡還選修了一門「動物行為學」（ethology，研究動物在自然環境中的行為），教這門課的老師伊文斯（Thomas Evans）提到動物的本能，也就是動物與生俱來、難以改變的行為模式，這種一出生就有的本能與環境毫無關係。

史基納博士在晚年也改變了他的看法。我的朋友雷提（John Ratey）是哈佛大學的精神病學家，曾經出版《人人有怪癖》（Shadow Syndrome，合著的作者正是本書的另外一位作者凱薩琳・強生）及《大腦使用手冊》（A User's Guide to the Brain）等書。雷提跟我提到，他曾經在史基納博士過世之前兩人一起午餐，並問道：「你不覺得我們已經到了走進黑盒子的時候嗎？」

史基納博士說：「我從中風以後就一直這麼想。」

大腦的力量很大，失去大腦功能的人更能深刻體會大腦的力量。史基納博士就是吃了苦頭之後才發現這個事實，中風讓他體認到並非所有的事情都由環境控制。不過在我才剛起步的一九七〇年代，行為主義可說是金科玉律。

我說這番話並不是想與行為學派的學者為敵，這不是我的本意。從某個層面來說，行為主義者和動物行為學家並沒有太大的差異，因為二者都不研究動物的腦子裡在想些什麼，而是從外在觀察動物。唯一的差別是，前者研究的是實驗室裡的動物，後者則是研究自然環境中的動物。行為主義者犯下的嚴重錯誤，就是把大腦排除在研究範疇之外，不過他們以環境做為研究重點，卻是向前跨了一大步。在行為主義當道之前，或許沒有人了解環境的重要性（現在還是不了解）。以肉品包裝業為例，我在這一行做了三十年，設計人道屠宰系統，很多工廠老闆從來沒有考慮到牲口所處的環境。即使牲口出了問題，他們也從來沒想過要去檢查動物的周遭環境，看看是怎麼一回事。大家都只想要我裝的設備，卻從來都不明白，如果環境不好，設備也無法發揮功能。

在工廠裡，所謂的環境不僅指實際的環境，也包括員工處置動物的方式。如果處置動物的方式錯誤，再高級的設備、維修再完善的機器，也都不管用。以我設計的「中道箝制系統」（central-track restraining system）為例，就必須配合良好的動物管理才能發揮功效。這套系統是利用一條輸送帶，與動物身體平行並穿過牠們的胸腹底下，就像讓牠們跨坐在鋸木架上一樣。

在北美地區，有一半的工廠採用我設計的這套系統，因為跟傳統的V字型箝制系統相比，動物比較願意走上新的系統，因此效率相對就比較高。舊的箝制系統只有一個缺點，動物不喜歡走進去。V字型箝制器在使用上沒有問題，也不會傷害到動物，但是動物的腳會擠在一起，牠們就是不喜歡走進一個連腳都沒地方放的空間。我的設計並不是什麼科技上的新發明，只是配合動物的行為，奏效的原因無非是尊重動物的行為罷了。

然而，工廠似乎完全沒有體認到背後的邏輯，自然也就不會了解，如果他們處置動物的方式不當，我的設備就沒有用。他們的焦點總是只有設備。

我喜歡行為主義者的另外一個地方是，他們通常是天生的樂觀主義者。剛開始，行為主義者認為動物學習的法則不但簡單，而且放諸四海皆準，所有動物都適用。所以史基納才會認為我們只要研究實驗室裡的老鼠就可以了，因為所有動物和人類都有相同的學習模式。

史基納對於學習的整體概念完全是聯想主義學派（associationist），也就是說，正面的聯想（獎勵）會增加行為，而負面的聯想（懲罰）則減少行為。即使你要訓練的行為很繁複，只要把整個行為分解成許多小單元，然後每個小單元分別訓練，每次都予以獎勵就可以了。這就是所謂的「任務分析法」（task analysis），不但有助於訓練動物（其實馴獸師一直都是這樣做，只是程度上的差別而已），對於教導兒童或是殘障人士的人來說，也很受用。我就看過一些教導父母如何指導行為的書，提及孩子或成人在一天當中必須要做的各種事情，如起床、穿衣、吃早餐等，並將每個動作分解成許多小步驟。於是像早上起來穿衣服這麼一件看似簡單的事情，都可能牽涉到二、三十個以上的步驟，每個步驟都有一份任務分析表，你得按部就班，教導他們完成每一個動作。

任務分析並不像表面看起來那麼簡單，因為身心健全的人並不知道像綁鞋帶、扣鈕扣等簡單動作，應該如何分解成一連串的小動作。一般的孩童都能夠輕易學會這些事情，所以父母並不需要什麼特殊技能來教他們如何綁鞋帶跟扣鈕扣。如果有一個人完全不會扣鈕扣，你得要教他如何扣上襯衫鈕扣，那麼你很快就會發現，原來你也不會。因為你不知道如何把這個動作分解成一連串的小動作，你只是很自然地就扣上鈕扣。

行為主義者相信，只要找到正確的獎勵或回饋，任何動物或人類都可以學會任何事情，這也是羅瓦斯（Ivar Lovaas）後來研究自閉症兒童的理論基礎。在他最有名的研究中，一群年紀很小的自閉症患者分為兩組，其中一組接受密集的行為治療，而另外一組的治療則非常鬆散。所謂「行為治療」就是指標準的制約操作，讓這些孩子一再重覆羅瓦斯博士要他們學習的行為，如果做對了，就給予獎勵。他的研究結果顯示，接受密集行為治療的孩童，有半數都跟正常的孩童「無異」。

羅瓦斯博士到底有沒有治好任何人？這個問題已經爭議多年，但是在我看來，他能夠讓這些孩子的行為進步到引起爭議的地步，這才是最重要的事實。行為學派的理論讓父母和老師相信，自閉症患者能夠做的事情，遠超過一般人的想像，這也是好事一樁。

行為學家的另外一個貢獻，就是近距離觀察動物和人類的行為，他們從過去到現在都是這麼做。他們能夠很快地發現動物行為上的細微改變，並且指出這種改變跟環境的關係，這也是我在理解動物方面最重要的天分之一。

因此，行為學派雖然有很多問題，但是也有很多貢獻，即使到現在也還很有用。此外，動物行為學家也有其盲點，舉例來說，動物行為學家和行為學派的學者都一致同意，一般人最嚴重的問題就是將動物擬人化。儘管二者反對擬人化的理由不盡相同，像史基納博士就認為將人比喻成動物也是同樣糟糕的事情，但是無論如何，他們都認同將動物擬人化是錯誤的。

他們強調這一點，相當正確，因為人類總是很自然地把寵物視為有四隻腳的人。訓練動物的專業人員總是一再告誡飼主，不要以為寵物跟他們有同樣的想法或感覺，但是大家都積習難改。專業訓犬師羅斯

（John Ross）在他所寫的《狗語》（Dog Talk）一書中，就曾經提到他第一次發現自己也把動物擬人化的故事，而且他還是專業人員哩！他養了一隻愛爾蘭塞特犬，名叫「傑森」，是一隻標準的「垃圾狗」，只要主人一不注意，就會去翻垃圾筒。羅斯猜想傑森應該自己知道做了壞事，因為如果地上亂七八糟，牠一聽到羅斯進門就會一溜煙地跑掉；反之，如果地上很乾淨，就不會跑。因此，羅斯認為這就表示傑森知道把廚房搞得一地都是垃圾是件不好的事，牠覺得羞愧，所以才會跑掉。

直到有另外一位經驗更豐富的訓犬師叫羅斯做一個實驗，他才知道根本不是這麼一回事。他叫羅斯趁著傑森不注意的時候，先把廚房裡的垃圾丟得滿地都是，然後再把傑森帶進廚房，看看牠有什麼反應。

結果傑森的反應正是每次廚房裡有一地垃圾時的反應——逃之夭夭。牠不是因為有罪惡感才逃跑，而是因為害怕，對傑森來說，地板上有垃圾就表示有麻煩。如果羅斯謹記行為學派的原則，只問傑森的環境，不問牠的「心理」，就不至於犯這個錯誤了。

有個朋友也有同樣的經驗，她養了兩隻狗，一歲大的德國牧羊犬和三個月大的黃金獵犬。有一天，小狗在客廳裡大便，後來大狗進了客廳，看到大便就變得很焦躁，開始流口水。如果是大狗在客廳裡大便，然後又在那裡流口水，飼主很可能會認為這隻狗知道自己做了壞事，但因為這是另外一隻狗的傑作，飼主這才知道對狗來說，原來客廳裡有大便本身就是一件不好的事，如此而已。

這兩個故事都是很經典的例子，說明為什麼將動物擬人化不是一件好事，然而事情卻不是到此為止。在我的學生時代，雖然每一個人都反對動物擬人化，可是我卻堅信從動物的觀點來思考問題也很重要。我記得當時紐西蘭有一位偉大的動物心理學家吉爾古（Ron Kilgour），他也是一位動物行為學家，對動物擬人化的問題著墨很多。他早年有篇論文提到一個人養了獅子當寵物，並且用飛機運送，有人以為這頭獅子也許跟人類一樣，需要枕頭讓旅途舒適一點，結果獅子卻把枕頭吞進肚子裡死掉了。這個故事的教訓是，千萬別把動物擬人化，否則反而危及動物的生命。

我看到這個故事的第一個想法是：「好吧，牠並不需要枕頭，但是卻需要一些柔軟的東西讓牠可以舒服地躺下來，像是樹葉或草。」我並不是將獅子當做人類來看待，只是把牠看成一頭獅子而已，至少我一直在試著這麼做。

然而，這樣的想法在行為學派的眼中卻是大逆不道，而動物行為學家也未必認同。仔細想想，兩者都是屬於環境論者，唯一的差別只是他們在研究動物時，這些動物所處的環境不同而已。

我在大學畢業準備要進亞歷桑納州立大學的研究所之前，已經有非常紮實的動物行為學基礎訓練。還好我有這樣的背景，因為亞歷桑納州大正是行為學派的大本營，凡事都是行為學派。我並不喜歡他們在老鼠和猴子身上做一些非常殘酷的實驗，我還記得有一隻可憐的小猴子，陰囊裡被塞了一個樹脂玻璃做的東西，他們就用這玩意電擊猴子，我覺得實在太殘忍了。

我完全沒有參與這些可怕的實驗，因為我反對用動物做為實驗的對象，除非是什麼絕頂重要的知識，比方說，用動物來尋找治療癌症的方法，那就不可同日而語，畢竟動物本身也需要治療癌症。可是他們在亞歷桑納州立大學所做的卻不是那麼一回事，我在心理系唸了一年的實驗心理學，心想：「這不是我要做的！」

即使是連動物也覺得好玩的實驗，我都認為沒有必要：「你能從這些實驗學到什麼東西呢？」史基納博士寫了很多關於強化作用的實驗計畫，詳實記載動物做了特定行為之後獲得獎勵的頻率和持續的程度。他們想出各種不同的實驗計畫來測試強化作用：多變的強化、中斷的強化、延遲的強化——你能想到的，他們都做了。

這根本是不自然的實驗。這些動物在實驗室裡所做的事情，跟牠們在野生環境中完全不同，那麼我們從這些實驗中能學到什麼呢？不過都是動物在實驗室裡的行為罷了。後來終於有人開始把一群實驗室裡的老鼠放到院子裡觀察，結果這些老鼠突然出現了前所未見的繁複行為。

體驗動物的視野：視覺環境

我在亞歷桑納州大唯一有興趣的實驗，是研究動物的視覺錯覺（vision illusions）；我肯定自己對視覺錯覺有興趣，因為我是一個以視覺圖像思考的人。那時候我自己還不知道，不過以視覺思考卻是我開創動物相關事業的起點，這種能力讓我對動物有異於常人的觀點，是其他學生和教授都沒有的，因為動物也是以視覺思考的生物，牠們受到眼中所見事物的控制。

我說自己是個以視覺思考的人，並不表示我擅長繪製建築設計藍圖或是在腦子裡設計牛隻箝制系統，而是說我確實以圖像來思考。在我的思考過程中，腦子裡完全沒有文字，只有圖像。

不管我在想什麼東西都是如此。比方說，如果你跟我提到「總體經濟學」，我想到的是從天花板上垂下來，讓人吊花盆的繩結，所以我永遠也學不會經濟學或代數，因為我無法在腦海中描繪出正確的圖像，也因此我的代數被當掉了，但是在其他的情況，以圖像思考卻有其優勢。早在一九九〇年代，我就知道網路事業會走入絕境，因為我一想到網路，唯一看到的景象就是在兩年之內會遭到荒廢棄置的辦公室和電腦，沒有實體的東西讓我描繪，也沒有實際的資產。替我操作股票的經紀商問我，怎麼知道股市會發生兩次大崩盤？我跟他說：「那些玩大富翁的人開始拿真的錢在胡搞瞎搞時，你就有麻煩了。」

我在思索產品的結構時，所有的判斷與決策也都在圖像中完成。我可以在腦子裡組合自己設計的產品，也可以看到哪裡有問題或是會突出來，如果真的有重大的缺失，我也會看到整個產品垮下來。

在我徹底想通了之後，才會用到文字。我會說：「這個行不通，因為會垮。」最後的決斷是以文字表現，但是決策的過程卻不是。你可以想像我是法官或陪審團，所有思考的過程都是圖像，只有最後的判決是用文字。

如果我是一個人獨處，就會大聲唸出判決；但是如果有旁人在場，我就不會發出聲音，因為我知道不應該這樣做。在唸大學的時候，我經常大聲說話，因為這有助於我組織自己的想法；有時候還會有一連串很簡短的評論，例如，「好，我們來試試看！」或是「喔，我想到了！」我用的語言都很簡單，複雜的只有圖像而已。

如果要跟別人說話，我就利用儲存在腦中「錄音帶」裡的詞彙或文句來翻譯這些圖像。那些孩子戲稱我是「錄音機」，雖然刻薄了一點，但是倒也不假，因為我確實是一台錄音機，而且唯有如此，我才會說話。至於我現在說話不再像錄音機，是因為腦子裡已經儲存大量的詞彙和文句供我任意組合，另外，我多場演講的經驗也俾益良多。如果有人批評我每次演講都一模一樣，我就會開始在腦子裡抽換投影片，也就是抽換詞彙和語言。

小時候，我並不知道以圖像思考讓我與眾不同，我還以為每個人思考時都可以在腦海裡看到圖像。因此，當我不喜歡實驗室裡的工作，開始學習動物在自然環境中的行為時，也就自然而然地把焦點放在視覺環境上，這並不是有意識的抉擇，純粹只是自然的反應。

行為學派的學者習慣了以語言文字來思考，從來沒有想過視覺環境，因此他們在討論動物做了什麼事情，環境會給予獎勵或懲罰時，指的多半是食物或電擊。對這些用史基納盒子做實驗的人來說，這倒也是合情合理，畢竟盒子裡沒什麼東西好看，只要搞砸了，就給予電擊。（史基納盒子是一種特製的籠子，多半以塑膠玻璃製成，行為學家拿來做實驗，觀察老鼠的行為。盒子裡除了一根槓桿之外，什麼都沒有；如果有獎賞的話，或許還會有一些可以開關的指示燈。）大部分的史基納盒子都不會電擊動物，但是如果實驗中會用到懲罰，最常見的形式就是電擊。

然而在自然環境中並沒有電擊，也不會因為去碰了桿子就有食物可以吃，唯有密切觀察視覺環境才能獲得食物。後來行為學家也終於了解到視覺對動物的重要，因為有一個著名的實驗就是教猴子如何去推動桿子，只要碰到桿子，就讓牠從窗子向外眺望，猴子不需要食物做為獎勵，只要能夠看到窗外就行了。動物需要看到東西，牠們想要看到東西。

我在實驗室裡研究視覺錯覺的時候，也開始去牧場觀察他們豢養的牛群，結果發現牛經常不願意走進通往牢靠架的狹窄走道。我看到牠們躊躇不前，露出驚恐的神情，就十分自然地想到，「我們必須從動物的觀點來看，一定得親自走進那個走道，才會知道牠們看到的是什麼東西。」

於是我從動物視線的角度，在走道內拍了照片，甚至還用黑白底片，因為我認為動物看到的世界是黑白的。（後來的研究發現，牠們可以看到彩色世界，不過色譜的範圍沒有人類這麼廣。）我想了解牠們看到的是什麼東西。

這時候我才知道，其實只是一些很平常的東西，像是陰影或垂懸的鐵鍊，讓牛感到恐懼而停下來。牧場的人都覺得我的計畫很可笑，他們無法理解我為什麼要鑽進去看牛群看到的東西。現在我才體會到，原來我也是以自己的方式將動物擬人化，跟那些拿枕頭給獅子的人沒什麼兩樣，因為我自己以圖像思考，就以為牛也是一樣，只不過我的想法碰巧是對的。

如果你想了解環境對動物行為的影響，就必須知道動物眼中看到的是什麼東西。我記得有一次到一間工廠，他們在靠牆的地方擺了一座黃色的金屬梯，牛群穿越狹窄的走道時必須經過這個梯子，但是牠們都不願意從梯子旁邊走過，四隻腳像釘在地上一樣，動也不動；後來終於有人發現問題所在，於是把梯子漆成灰色，問題就迎刃而解。我在牧場和屠宰場裡合作的對象有管理階層，也有實際做事的基層員工，而我發現後者往往比前者更了解動物。

如果一頭乳牛看到黃色的雨衣在柵欄上迎風飄搖，牠就會開始驚恐；但是如果你不是用圖像思考的人，甚至根本不會注意到有一件黃色的雨衣掛在柵欄上，因為這種事情在一般人的眼中，並不像在我或乳牛的眼中那麼明顯。

因為我不知道其他人是以文字思考，不像我是以圖像思考，因此有很長一段時間，我始終想不透，為什麼有這麼多訓練動物的人會犯一些明顯的基本錯誤？當然不是所有的人都會犯錯，因為我在肉品包裝業界也看過很多擅長處理動物的人，不過每當我看到動物專家做一些蠢事，總是感到很意外——為什麼他們看不到自己做錯了呢？

我特別記得一個案例，某家牧場的老闆找我去處理危機，因為他養的牛都不肯走進通往牢靠架的狹窄走道，讓他束手無策，甚至打算要把整個處理牛群的設備拆掉重建。

問題並不是牛害怕打針，因為大部分的牛並不知道走進牢靠架就是要打針，更何況很多動物根本感覺不到打針的痛。對於這一點，剛養狗的人總是感到意外，他們看到愛犬在獸醫檢查時發抖畏縮，但是打針的時候卻連眼睛都不眨；有些獸醫認為這是因為狗並沒有預期疼痛，而狗主人卻會，想到打針比實際挨針還要更痛。

因此那個牧場的問題一定是他們在處理牛群的過程中出了什麼差錯，只不過老闆找不出問題的癥結，而且這個問題還不能拖，因為他不能不替牛群注射疫苗。牛群跟小孩子不一樣，小孩子注射疫苗是預防小兒麻痺或百日咳這些現在已經很少見的疾病，但是牛群卻非常容易感染到牛的病毒性痢疾或是像肺炎這樣的呼吸道疾病。如果不打預防針，這些傳染病很可能會蔓延，導致百分之十的牛群死亡。因此牠們一定得注射疫苗；要注射疫苗，就非得把牠們趕進牢靠架不可。這些牛不願意走進牢靠架，老闆就亂了手腳。

牧場上的情況愈來愈糟，工人甚至開始使用電擊棒，那是一種用玻璃纖維製成的桿子，前端分叉，會輸出電流來電擊動物。電擊棒固然可以迫使牛群移動，但是使用電擊棒卻是一件愚蠢的事，因為電擊會導致動物恐慌，甚至會立起來，危及工作人員。此外，因為電擊棒讓動物更緊張，而動物在壓力之下免疫力就會衰退，容易感染疾病，換句話說，醫療費用就會增加。更何況，壓力會使動物體重降低，可以出售的肉就相形減少，而且受到電擊的乳牛泌乳量也會銳減。

其實壓力也有礙人類的成長，只不過大部分的人都不知道。大家只知道小孩子會有發育不良的狀況，當他們受到虐待或是疏於照顧時，會導致壓力侏儒症（stress dwarfism）。這些孩子的生理狀況一切正常，也有足夠的飲食和營養，但是卻怎麼樣都長不高。壓力侏儒症並不常見，但是有證據顯示，受到壓力的孩子，就像受到壓力的動物一樣，成長速度比情緒穩定的孩子緩慢。研究人員很早就發現，焦慮的成年人體內成長激素比較低；另外，一九九七年的一項研究也顯示，焦慮的女孩身材會比情緒穩定的女孩矮（但是焦慮的男孩子卻不會）。

我猜想假以時日，我們也會發現焦慮的男孩子身材會比較矮小，因為焦慮的雄性動物體型都比情緒穩定的雄性動物小，人類沒有理由例外。我想，德國孤兒院的案例，或許就足以顯示壓力有礙男孩子的成長。這個著名的案例是發生在二次大戰後德國的兩家孤兒院，其中一家的院長非常和藹慈祥，另外一家則是由一位生性刻薄的女士負責管理，她經常在院童的朋友面前取笑這些孩子，只對其中八個她特別喜歡的孩子有好臉色。

這些孩子都沒有足夠的食物，身材也都比同年齡的正常孩子瘦小。這時候發生了一個狀況，正好可以做為自然的實驗來觀察：德國政府撥款讓好院長管理的院童有額外的糧食配給，但是同時，好院長辭職了，另外一家孤兒院的壞院長受聘接任，她的八個寵兒也跟著轉到新的孤兒院。醫生持續觀察所有院童成長的情況，結果發現第一家孤兒院的院童雖然獲得了額外的食物配給，但是因為院長帶來沈重的壓力，因此院童成長的情況反而不如另外一家。他們吃得多，但是卻長得少；只有院長的八個寵兒長得比其他孩童都高大。由於這兩家孤兒院都兼收男女院童，所以我猜想壓力也會讓男孩子的成長減緩。

至於壓力對動物的影響就完全沒有模糊地帶：壓力絕對不利於動物成長，換言之，壓力絕對有害利潤。因此即使是完全不在乎動物感受的飼主，也不喜歡使用電擊棒，因為讓動物受到壓力就等於製造財務損失。

我走進牧場，不到十分鐘，就發現問題的癥結。

要把動物趕進牢靠架，首先必須讓牠們走進倉庫裡一個叫做「群聚牛欄」（crowd pen）的圓形柵欄裡，這個部分都沒有問題，牛群很順利地走進柵欄。

接著，牠們要一隻一隻地走進一條狹窄的曲槽走道，通往牢靠架；牛群就是在這裡停步不前，不願意走進曲槽。全世界各地的牧場都使用一模一樣的設備，都沒有問題，因此沒有人知道究竟是怎麼回事，因為這裡的設備跟其他地方都沒有兩樣。

但是我一眼就看出問題，走道裡太暗了。牛群在大白天從室外走進沒有燈光照明的室內走道，明暗對比太過強烈，所以牠們才會害怕走進黑漆漆的空間。

這話聽起來也許出人意外，因為像牛、鹿、馬這類獵物動物，通常都喜歡黑暗，因為牠們躲在暗處才有安全感，至少比曝露在日光下的感覺要安全。然而，黑暗並不是問題，癥結在於明暗的對比，要牠們從明亮的陽光下走進黑漆漆的室內，而動物向來不喜歡從明到暗。牠們不喜歡暫時目盲的經驗，例如站在暗處突然遭到白光照明。我甚至發現牛群不願意走向刺眼的燈泡，因此在走道入口使用間接的燈光照明就能解決問題。

我一看到設備擺放的位置就知道問題出在哪裡，接著又問了牧場主人幾個問題，像是牛群在不同時間和不同天候中的行為，而他的答案更進一步證實了我的推測，因為他想起同樣的設備在晚上就沒有問題，在陰天的情況也還好，只有在陽光普照的大白天才完全無法發揮作用，但是沒有人注意到這個行為模式。

我想，如果牛群有這種反應，有幾種方式可以因應。牛在黑暗中的視力很好，也習慣在黑暗中可以看得一清二楚，這一點跟人類不同；因此從明處走到暗處，在瞳孔放大前的幾秒鐘暫時失去視力，對人類來說是習以為常，但是卻會讓牛感到恐慌。此外，牛群也不像人類一樣住在有電力照明的屋子裡，晚上還開著車子跑來跑去，因此牠們的心理狀況中並沒有「眼睛適應光線驟變」這一個項目。況且，動物對於圖像世界非常敏銳，如果說光線驟然劇變會造成牠們生理上某種程度的痛楚，我一點也不意外。人類也不喜歡從明處突然走進暗室，而對牛來說，這樣的衝擊遠超過牠們的心理負荷。

當牛群從太陽下走進曲槽走道，或許牠們會以為自己瞎了；就像是我們開車，如果每次進入地下道就突然什麼都看不到，或許你也會不願意再進入地下道了。牛群的反應就是如此。

我總是跟人家說，如果你的動物出了問題，試著去看看動物所看到的東西，體驗動物所經歷的事情。有很多東西會讓動物感到不安，如氣味、路徑改變、曝露在未曾經歷過的環境中等，這些因素都要納入考量。在感官的範疇內，任何事情都可能會造成動物不安，但是別忘了先問問自己，你的狗、貓、馬、牛可能看到什麼東西而感到不安？

回到剛剛的牧場，他們只要讓農舍裡亮一點就行了；如果他們能夠從動物的角度來看這條曲槽走道，自己就可以解決這個問題，因為解決之道就在眼前，這可不是比喻的說法，而是真的就在他們面前，原來蓋這座農舍的人設計了一道拉門，只不過一直都是關著。

我跟牧場主人說，只要把門拉開，讓光線透進來就行了。這時候我才知道，從牧場成立以來，這道門始終沒有開過，他們甚至不知道這個門可以拉開。於是他們找了幾個壯漢，用肩膀頂著門，使勁推了幾分鐘把門推開，他們的問題就迎刃而解，牛群也乖乖走進曲槽走道。

看得到與看不到

就是類似這樣的牧場諮詢工作讓我開始出名，大家都說我跟動物之間確實有一種神奇的聯繫；也正是這些情況讓我百思不解，因為對我來說，問題的解答都再明顯不過，為什麼其他人就是看不到？這是怎麼回事？

我花了十五年才終於理解其他人是真的看不到問題所在，或者說在經過很多訓練與練習之前是看不到的，因為他們不像動物或自閉症患者以圖像的方式來思考。

正常人總是說，自閉兒「活在他們自己的小世界」，而跟動物相處久了，你也會發現正常人也是一樣，這一點讓我覺得很有趣，因為有個美麗的大世界等著我們去探索，但是許多正常人卻不曾跨出自己的世界。狗的聽覺聲域涵蓋很廣，當中有許多人類聽不到的聲音；同樣，自閉症患者和動物也可以看得到很廣的視覺世界，是正常人看不到或是視而不見的。

這不只是一種比喻的說法，有很多東西真的是正常人所看不到的。心理學家西蒙斯（Daniel Simons）

是伊利諾大學視覺認知實驗室的主任，他曾經做過一個著名的實驗叫做「我們之間的大猩猩」（Gorillas in Our Midst），顯示人類的視覺認知能力有多低。在這個實驗裡，受測試的人必須看一捲籃球比賽的錄影帶，並且計算雙方球隊傳球的次數；每個人都全神貫注在數球員傳球的次數，過了一會兒之後，一個女人假扮成大猩猩走進畫面裡，停下來對著鏡頭用力捶打胸膛。

結果看過錄影帶的人竟然有一半沒有看到大猩猩！

甚至當實驗人員提示他們，「你有沒有看到大猩猩？」他們還會反問，「看到什麼？」所以他們並不是不記得假扮大猩猩的女人，因為如果一個人忘記了某件事，只要有人提示，應該就會想起來；這些人是根本就沒有看見她，或者是視而不見。

實驗人員為了測試他們的理論，換了一捲錄影帶做實驗，這一次，錄影帶中的一名演員突然換成另外一個人，穿著完全不同的服裝，但是仍然有百分之七十的人沒有發現。即使在現實生活中，他們也不會注意到這樣的改變。在實驗中，有一名金髮男子穿著黃襯衫拿表格給學生填寫，然後把填寫好的表格拿到書架後面歸檔，結果從書架後走出來的卻是穿著藍襯衫的黑髮男子。這不是同一個人換裝改扮，而是完全不同的另外一個人，不過在受測試者的眼中似乎並沒有什麼不同，因為有百分之七十五的人不知道自己看到的是不同的兩個人。

然而，最駭人聽聞的應該是美國太空總署針對民航機飛行員所做的實驗。研究人員要求飛行員在模擬飛行器中操作例行的降落程序，不過在其中幾次的模擬降落過程中，研究人員加入大型民航機停放在跑道上的畫面，這是飛行員在現實生活中不可能碰到的情況（至少我們希望不會），結果有四分之一的飛行員竟然降落在這架飛機頭上，他們根本就沒有看到這架飛機。

我看過這次研究的照片，有趣的是，如果你不是飛行員，一眼就會看到停放在跑道上的飛機，不可能沒有看到，即使沒有自閉症的人也可以看得一清二楚。我敢打賭，唯一對這架飛機視而不見的人就是民航機飛行員，因為如果你是專業人士，一心只期望看到專業人士在正常情況下應該看到的東西，那麼你有百分之二十五的機率可能會沒看到畫面上這架橫放在跑道上的飛機。

這是因為正常人的視覺認知系統建立在看見他們習於見到的事物之上，如果他們習慣在籃球場上看到大猩猩，那麼就會看到大猩猩；反之，他們就看不到，這是一種「不注意的盲目」（inattentional blindness）。

我不知道以視覺思考的人在實驗中的表現會怎麼樣，但是我猜測他們看到大猩猩的機率一定高於以文字思考的人。我幾乎可以拍胸脯保證，那些會遭到猛獸捕殺的獵物動物，絕對不可能看不到大猩猩，這是可以肯定的；而且我猜掠食動物也一定看得大猩猩。所謂掠食動物是指像貓狗一樣會捕捉其他動物做為食物的動物，而獵物動物則是遭到掠食動物捕殺的動物；還有另外一類比較不常聽到的動物則是腐食動物（如兀鷹），牠們雖然也是肉食動物，但是卻不會撲殺牠們所吃的動物。所有的動物（包括人類在內）都至少屬於這三類動物的其中一種，有些動物（包括許多靈長類）則跨越類別，不只屬於一種。人類屬於掠食動物的成分高於獵物動物，但是卻兼具這兩類的特質；以牙齒大小來說，我們像獵物動物一樣沒有防備能力，不過一旦人類發明了工具，就成了掠食動物。

正常人很難看到讓牛群害怕的東西，為了讓工廠老闆有個參考的依據，我列了一份會導致牛群恐懼的項目清單，大部分跟視覺有關，如懸垂晃動的金屬片、水中的倒影、光點、強烈對比的色彩、嘶嘶作響的風聲和對著牠們吹氣等。我跟工廠老闆說，如果你有三項「不好的」缺失，就必須把三項全部改正過來；如此一來，你的動物就會乖乖地走進曲槽走道，你也可以把電擊棒丟到一邊去了。

以視覺思考的各種生物，不管是人類或其他動物，都會特別注意細節；不但看得到所有的細節，也因此有所反應。我們並不知道箇中原因，不過經驗告訴我們，這是個不爭的事實。有好幾位室內設計師告訴我，「我可以看到所有的細節。」室內設計師最慘痛的夢魘就是遇到一位隨隨便便的包工，因為設計師可以看到成品的每一個小缺失。即使是其他人根本不會注意到的小地方，如水泥牆壁沒有糊平，對於以視覺思考的人來說，都難逃他們的法眼，足以令他們抓狂。在他們的視覺環境中，只要一個小地方出了差錯，就會讓他們坐立難安；對動物來說也是一樣。

我想，這恐怕也是正常人對於動物最難以理解之處。以文字思考的人不可能隨心所欲地轉變成以視覺思考，反之亦然。

——

我期盼本書可以幫助一般人在思考時少一點文字、多一點視覺。我做了三十年的動物科學家和一輩子的自閉症患者，希望我從生命中學到的經驗，可以協助大家跟動物重新建立關係（希望跟自閉症患者也是一樣），並且能從不同的角度看待牠們。

我衷心期望我的經驗可以協助大家都能看得到。

第二章　動物認知裡的世界

一般人最大的問題就是過度依賴大腦思考，太理智，我稱之為「思想抽象化」（abstractified）。我跟政府部門及肉品包裝業者打交道的時候，就必須跟「思想抽象化」奮戰不懈。目前我大部分的工作是確保所有做為食用的動物都經由人道屠宰，雖然有愈來愈多人支持動物福利運動，但是改革工作並未因此變得比較容易，反而愈來愈難，因為現在政府部門訂定政策法規的人雖然都唸過大學，卻從未真正走進肉品包裝工廠，更不要說是在裡面工作了。這是最糟糕的事情。我一再跟他們強調，「你們一定得親自到工廠去看看才行。」

一九六〇年代，我到阿姨在亞歷桑納州經營的觀光農場作客時，情況完全不同；那也是我第一次知道美國農業部在做些什麼。當時，全美國西部、西南部和墨西哥的牲口都遭到螺旋蠅蛆的襲擊；螺旋蠅蛆是蒼蠅在動物傷口產卵孵化而成的幼蟲，而且不論是什麼樣的傷口——刀傷、咬傷，甚至新生動物的肚臍（螺旋蠅蛆也能攻擊人類，牠們喜歡在鼻孔附近處卵。）蠅卵孵出來的蛆會吃掉動物身上的肉；其他的蛆吃的是腐肉，而蠅蛆吃的卻是活生生動物的肉，有致命的殺傷力。

在美國農業部採取任何措施之前，阿姨都是人工將馬匹傷口裡的蠅蛆一隻一隻挑出來。她用小鉗子把蛆揪出來，甩在地上，然後一腳踩死，然後再用驅蟲軟膏（看起來像是塗在屋頂上的黑色混凝土）塗滿傷口，以免蒼蠅又回來產卵。如果不這樣做的話，馬匹就會死亡；感染蠅蛆非常恐怖。

農業部的野外研究人物利用螺旋蠅蛆繁殖系統一種奇怪的習性，找到了根絕這種蟲害的方式。螺旋蠅蛆的成長過程是從卵孵化成蛆，然後再變成蛹，最後才是成蟲；農業部培育了一批蠅蛆，將雄蠅成蛹時以放射線照射，讓牠們不孕。接著，他們把這批蛹放進小紙盒裡（有點像是中國餐廳的外帶盒），從飛機上空拋下來；這批雄蠅從盒子裡飛出來，跟雌蠅交配，然後產下來的蟲卵就不會孵化。

這個計畫空前成功，從一九五九年開始，美國跟墨西哥攜手合作，到了一九八二年，墨西哥的最後一例螺旋蠅蛆感染，美墨兩國至今都不曾再出現過螺旋蠅蛆。我還清楚記得那段日子，每年夏天都可以在農場上找到七、八個像這樣的小盒子，上面有「美國農業部」的字樣，旁邊還印著小故事說明這些盒子的用途，並且表示不會對人造成傷害。

這是最早的生物科技，效果卓著。政府拯救了數以萬計，甚至以百萬計的動物；他們並沒有徵求任何人的同意，就逕自動手做了。

如今的政府不可能發動這樣的計畫，因為有些環保人士會說：「我們必須保護這些蒼蠅。」然後就會有一些一輩子從來沒見過螺旋蠅的人開始鼓吹要拯救這些蒼蠅，以免牠們絕種，而整件事就淪為意識型態之爭，完全與現實脫節；農業部必須提出環境影響評估報告，然後就會有人上法院提出抗告，整件事沒完沒了。

有更甚者，像這樣的計畫可能還沒有到環保人士開始阻撓之前，就已經胎死腹中，因為要推動這樣的計畫，一定要由實地進行野外勘察的工作人員來負責；可是現在的負責人全都是以抽象思考，整天陷入抽象的論辯與爭議，完全沒有以現實為基礎。我認為這也是政府內部有這麼多派系鬥爭的一大原因，因為在我的經驗中，愈是抽象思考的人，思想就愈激進。他們陷入無止盡的口水戰，跟現實世界中實際發生的事情脫節，唯有發生緊急狀況，所有的人才突然不得不動起來，也只有到了這個時候才可能有些作為。

——因此一九六〇和七〇年代是黃金年代，在那時候負責擬訂法規和經營工廠的人，都是實際在動手做事的人。

我發現負責擬訂保護動物法規的人，如果沒有實際在業界工作的經驗，總是抱持著一種毫不寬待的態度；如果工廠違反了一、兩條規定，就必須面臨關廠的命運。

如果你對肉品包裝業一無所知的話，這樣的政策聽起來很不錯，至少不管發生什麼事，都沒有動物會受到傷害。

然而，在現實生活中卻不可能做得到。假設某家工廠違反了一、兩條規定，主管機關立刻下令關廠；可是關廠會造成軒然大波，因為你要關閉一家雇用許多員工的大廠，管理階層會立刻提出抗議，於是提出違規報告的稽查人員就會受到排山倒海而來的壓力，要求他們更動報告，好讓工廠能夠回復正常運作。

於是，實際狀況很可能就會變成，工廠復工，此後再也沒有人仔細檢查他們的作業情況，違規事件也持續增加。

事情未必要這樣做。我一再鼓吹，如果真的要保護動物，我們必須設定嚴格的標準。嚴格的標準是可以達到的，但是百分之百的完美卻是不可能的任務。替工廠設定了嚴格的標準，比方說每天有百分之九十五的牛隻必須在第一次就正確的電擊（屠宰），他們的表現總是比零寬容政策下的表現更好，多半還達到標準以上。

但是現在擬訂法規的人，思想都太抽象，以致於出現盲點；他們把重點放在他們對動物的想像，而不是現實工廠裡的實際動物，反而會讓更多的動物受罪。這樣的作法是不對的。

人類眼中的世界

不幸的是，所有的人只要一講到動物，就無可避免地抽象化思考，這是因為人類不僅思想抽象化，連他們的所見所聞也抽象化。人類的感官知覺跟他們的思想一樣抽象化。

所以，那些工作人員才會百思不解，不知道為什麼牛不願意走進黑漆漆的房子裡，因為他們看到的並不是實際存在的擺設，而是他們腦子裡對這個擺設的一種抽象、引申的概念。在他們的腦子裡，這裡的擺設跟其他同業的設施完全一樣，而在紙上作業時也確實是如出一轍，但是在實際生活中卻有所差異，只是他們都看不到而已。我說的不只是管理階層，即使是每天與動物為伍、必須把牛趕進農舍的基層人員，也同樣視而不見。

這就是人類與動物之間的最大差異，也是有自閉症和沒有自閉症的人之間的不同：動物與自閉症患者看到的並不是關於事物的概念，而是實體本身；我們看到的是這個世界的組成細節，而正常人則把這些細節揉在一起，融入他們認知這個世界的引申概念。

我經營的諮詢公司，絕大部分都是幫正常人看一些他們看不到的事物，這是我一直在做的事。不久之前，我才接到一家肉品包裝工廠打來的電話，要我去看看廠裡的動物，因為牠們的腰部出現大片瘀傷；腰部是指牛的肋骨到後腿之間的部位，也是牠們身上最值錢的地方，因為這裡正是牛排用肉所在的位置，因此沒有人樂見牛隻的腰部瘀傷，因為瘀傷就表示肌肉內部出血，而在屠宰過程中，出血的部分都要全部切除，換言之，可以出售的肉就減少了。即使延後到瘀傷復元再屠宰也無濟於事，因為瘀傷復元之後會留下堅韌的肌肉和軟骨；軟骨是一種結痂組織，不管多小的傷痕（即使打預防針留下的針孔也不例外）都會形成軟骨結構。為了避免打預防針留下傷疤，肉牛業花了很多功夫訓練畜牧業的從業人員和牧場工人學習正確的打針方式，讓針頭只戳到皮下組織而不傷及肉質。

我到了那家工廠，看到牛群身材健美，顯然受到良好的照顧，但是每一隻牛的腰部兩側都有大片瘀青，沒有人知道是怎麼回事。明明還好好的，才一轉眼的功夫，就在腰部出現了一大塊黑青。

我到了牧場，親自走進曲槽走道去看個究竟；這是我到現場之後做第一件事，因為只有真的身歷其境，才能解開動物的謎題。一定要到動物去的地方，做動物做的事情才行。

結果問題就出在曲槽走道，因為在走道的一側有一塊尖銳的金屬突出物，大約有三吋長，牛隻走過就會撞到。這塊金屬小東西，在我看來是再明顯不過，但是牧場上所有的人都瞪大眼睛，始終沒有發現；我想，如果有任何一隻牛在撞到這個東西時叫了一聲，工人就一定會發現，不過牠們都悶不吭聲，因為撞擊的力道雖然足以讓動物留下瘀痕，卻還不至於讓牠們感到疼痛。

動物眼中的世界

我說動物和自閉症患者可以看到真實的世界而不是想像中的概念，是指看到細節；這也是我們在理解動物如何認知這個世界的時候，最重要的，即動物可以看到人類看不到的細節。牠們是以枝微末節為導向的生物，這就是關鍵。

我花了三十年的時間才發現這一點。三十年來，我把各種會驚嚇到動物的小事情整理成一長串的名單，名單愈來愈長，但是我卻始終都不知道，原來「看到細節」才是動物與人類之間的根本差異。我發現讓牛感到驚恐的第一件小事，就是地上的陰影；牛看到陰影會停步，然後牧場工人就拿出電擊棒，因為他們完全不知道牛為什麼感到害怕，也無從解決問題。三十年前，我第一次看到牛因為陰影而感到驚恐，牠們到現在還是一樣。

我發現的第二個細節，是牛害怕走進黑暗的地方。這讓我想到明暗對比差異是影響動物行為的重要因素，這固然是事實，但是卻沒有想到其實細節本身才是重點。

一直要到一九九九年，麥當勞請我幫他們執行動物福利稽查工作（這是我在三年前為美國農業部所制定的規範），我才發現動物感受的細節遠比人類要多出許多。當時，麥當勞有一份名單，臚列了他們採購牛肉的五十家肉品包裝工廠，並且宣布這五十家工廠都必須通過我的查核，否則就要予以剔除。

麥當勞本來就設有稽查人員檢查供應廠商的食品安全問題，因此他們要求我訓練這些稽查人員以查核動物福利。訓練稽查人員事小，但是要讓所有的工廠都配合執行卻不是那麼簡單，即使他們有意願配合，也不容易達到標準，所以我必須協助他們找出問題的癥結。

這些工廠要通過查核的其中一項標準，就是員工不可以在百分之二十五以上的牛群身上使用電擊棒，任何工廠若是不能把電擊棒使用率降到百分之二十五以下，就必須分析問題並予以矯正。可是有時候工廠裡就是沒有人知道為什麼牛群會停步不前。

而我親自去工廠勘察時，總是發現兩種情況：

第一，問題一向都是小細節，通常是人類根本不會注意的枝微末節，像是曲槽走道的入口太暗，或是金屬的反光太刺眼讓動物止步。

第二，工廠若是要降低電擊棒的使用率，就必須把所有會驚嚇到牛群的枝微末節全都改掉，不能只改一、兩項或是大部分的細節，一定要全部都改。

這份名單上有一家豬肉工廠，他們有四個地方必須改進，三個跟光線有關，另外一個則是要架設一些金屬柵板，讓豬看不到有人在牠們眼前走來走去。這是多數人都不會注意到的細節：儘管牧場上養來供人食用的牛和豬都算是家畜，但是除非牠們從小就習慣跟人群接觸，否則並不會自然馴服。因此，當牠們走進曲槽走道時，若是看到有人在面前走來走去，就會變得焦躁不安。所有的家畜，包括貓狗在內，都必須經過社群化的過程才會習慣與人類相處。這家工廠必須改善四個缺點才能降低電擊棒的使用率，不能只改其中三個，就放手不管。

結果證明，所有的工廠都是如此。其實沒有任何一家工廠有幾百億個缺失有待改進，最多大概只有六項；但假設他們有四項缺點，就必須全部改善才能奏效。對動物來說，所有的細節都是同樣要不得，也是同等重要；我到這時候才發現細節是問題的關鍵，此後才開始在演說、著作和出版品中大力鼓吹細節的重要性。

唯有視覺敏銳的人才會像動物一樣對細節有反應。我認識一位室內設計師，她親自監督家裡浴室的改裝工程，發現承包工人在一塊大理石磚上留下了一條裂縫，讓她無法忍受。只要她一走進浴室，就一定看到那條裂縫，好像裂縫會自動跳到她眼前似的，每次都讓她覺得很生氣。她知道自己與眾不同，因為可以注意到多數人看不到的細節，不過這也讓她在工作上表現傑出。

專研自閉症的匹茲堡大學神經學家敏好（Nancy Minshew）也差不多在這個時候發表關於自閉症患者認知過程的新書，證實我對動物和細節的看法。她的腦部掃瞄實驗顯示，自閉症患者對於事物細節的注意力遠超過整體。因為我已經注意到動物和自閉症患者之間有這麼多相似處，而敏好發現自閉症與注意細節之間的關聯，讓我更有理由相信，我對動物的觀察是正確的。

驚嚇到農場動物的細節

如果工廠裡有牛或豬不願意走進窄巷或曲槽走道，以下就是我給工廠老闆的檢查表：

1. 水坑刺眼的反光

我在一家工廠裡看到豬群一走進走道就往後退，迫使工人拿出電擊棒逼牠們向前進；這家工廠沒有通過動物福利稽查，因為電擊棒的使用率不應該超過百分之二十五，但是廠裡的員工幾乎對每一隻豬都用到電擊棒。通常豬不會害怕走進曲槽走道，但是這家工廠裡的每一隻豬都會停下腳步，甚至往後退。

我在曲槽走道裡四肢著地，模擬豬走在裡面的情況；或許工廠經理會以為我瘋了，不過這卻是找到問題癥結的唯一方法：你必須把視線放在動物眼睛的水平，從同樣的角度去看事物。

果然，四肢著地之後，我立刻就看到地板上一灘灘的水，造成許多小小的刺眼反光；工廠地板總是濕漉漉的，因為動物必須經常沖水，保持清潔。沒有人看到這些反光，即使他們知道要找反光的地方，也還是看不到，因為人類眼睛的水平位置跟豬的眼睛不一樣。

一旦找出問題之後，我又手腳著地，趴在地上，假裝自己是一隻豬，並且要求工人用桿子移動頂上的大吊燈，直到每一個小小的反光點都消失不見為止。這樣就沒事了。反光消失之後，豬就乖乖地走進曲槽走道，工廠也通過稽核。

2.金屬光滑表面的反光

我第一次發現這個狀況是看到牛在走進不鏽鋼製成的單槽走道時，只要閃閃發亮的不鏽鋼走道牆壁晃動，燈光的反射也跟著震動搖晃，牛就會停下腳步。那次只要移動燈光的位置就行了；但在另一個有同樣問題的工廠裡，卻得把整個走道牆壁都固定不動才解決這個問題。

儘管所有會反光發亮的表面都可能驚嚇到動物，不過都對牠們來說，會搖晃的反光還是比靜止不動的反光嚴重；有好幾次，我們不但要移動燈光的位置，同時還得固定金屬牆板才行。造成反光晃動的原因很多，例如機器震動、牛群撞到金屬牆板，或者是水沿著斜坡流到地面上已經存在的水坑，造成地面的反光像是發亮的河流一樣跳躍晃動。

3. 搖晃的鐵鍊

我是在科羅拉多州一家大型的牛肉工廠裡發現這個問題。這家工廠裡的曲槽走道入口掛了一串鐵鍊，是閘門鐵栓的一部分；鍊子本身並不長，大約只有一呎，左右搖晃的幅度也只有三吋，不過這樣就足以嚇到牛群了。牠們繞到這裡，看到鐵鍊就停下腳步，看著鐵鍊左右搖晃，牠們的頭也跟著擺動。或許你會以為這個問題已經很明顯了，不過工廠裡的員工仍然視而不見；即使牛頭已經跟著鐵鍊的律動左右搖晃，人類還是看不到。我甚至不敢確定廠裡的員工到底有沒有發現牛頭在搖晃，更別說是鐵鍊了；他們直接訴諸暴力，拿出電擊棒，又吼又叫，驅趕牛群向前進。

4. 金屬碰撞的聲音

這是很普遍的現象，在牧場和工廠裡都隨處可見，金屬門、拉門、牢靠架都可能發出聲響，業界的人說這叫做匡鐺作響，只要有用金屬材質就這種聲音。因此我建議採用塑膠材質的拉門軌道，這樣在拉門的時候就不會有金屬碰撞的聲音；另外，有一家叫「音滅」（Silencer）的公司生產一種超靜音的牢靠架，也很管用。

5.高頻率的噪音

例如，卡車的倒車警報器、發動機的高頻率噪音。

我記得第一次碰到這種情況，是在內布拉斯加州的一家大型牛肉工廠，他們才剛安裝了我設計的屠宰系統，但是工廠內的輸水系統卻會發出高頻率的嘶嘶聲，讓動物變得焦躁不安，因此我的設計也無法發揮作用。後來我們更換管線，消弭了噪音，動物也鎮靜下來。

6.空氣的嘶嘶聲

這是另外一個隨處可見的現象。像空氣嘶嘶作響或是水管裡傳出來的吱吱怪聲，都是屬於高頻率的噪音，非常接近呼救訊號（幾乎都是高頻率的聲音）。人類通常只會注意到少數幾件事情，這種高頻率噪音就是其中之一，尤其是間歇性的聲音，因為人類從動物老祖宗身上遺傳到一種內在的警報系統，到現在都還會發揮作用。所以我們想要吸引別人注意時，都會選擇高頻率的間歇聲音，如警車、救護車、垃圾車的倒車警報器等，幾乎都會發出這種聲音，設計這些系統的人出於本能地選擇了動物用來傳送呼救訊號的聲音。

7.風直接吹向動物

我知道牛群不喜歡吹風，但是卻不知道為什麼。如果狂風吹起的時候，牛群正好在室外，牠們一定會把屁股朝向迎風面。此外我聽說過狗也很討厭風直接吹到牠們的臉上或耳朵裡，似乎有很多小孩喜歡做這樣的事，因此我聽過很多類似的故事。

8. 掛在柵欄上的衣服

我特別指出「衣服」，因為我碰到的狀況幾乎都是衣服惹禍；事實上，不管什麼東西掛在柵欄上都可能驚嚇到動物。這通常發生在有人覺得熱了，就把外套或襯衫脫下來，隨手掛在欄杆上；有時候則是把毛巾或地毯晾在上面，也是一樣不好。我曾經在一座農場上看到一個塑膠罐用繩子綁在柵欄上隨風晃動，也造成了同樣的問題。

最糟糕的情況是在柵欄上掛了黃色的衣服。我第一次碰到這種情況是在科羅拉多州的一家工廠，這個問題跟我先前提過把鮮黃色的梯子架在灰色的牆壁上是一樣的，沒有牛願意朝著一片突兀的鮮黃色走去。

9. 會晃動的塑膠製品

任何會晃動的東西都會嚇到動物，不過我發現問題通常都是塑膠製品，因為業界的人幾乎什麼東西都會用到塑膠製品。他們用膠帶貼住窗縫防止冷風吹進來或是綑綁漏水的水管，而這些膠帶總是脫落，然後隨風搖擺。塑膠製品總是有辦法出現在任何地方，尤其是現在有了新的食品安全規範，從業人員從一大捆塑膠布上裁下一大片做雨衣、圍裙、護腿；工廠讓員工利用塑膠布製作任何他們想要的東西，可是最後卻總是卡在某個地方搖來晃去，驚嚇到動物。紙巾若是受到風吹舞動也同樣會嚇到牛或豬；我就看過五、六家工廠出現這個問題。

10.慢速轉動的風扇葉片

我在好幾個地方碰到這個問題。動物不會受到啟動的電風扇影響，這一點跟自閉兒不一樣。許多自閉症兒看到風扇或是任何快速旋轉的東西，就會目不轉睛地盯著看；我不知道為什麼，但是我猜也許他們可以看到風扇的葉片旋轉——雖然速度很快。我見過一些有閱讀障礙的人，他們就可以看見快速轉動的風扇葉片，所以我猜想，許多有自閉症的人也看得到。那些看到的人跟我說，那是非常擾人心神的經驗，非常累人。

律動本身也有一種吸引力。我自己對風扇並不著迷，但是卻很迷戀電腦上幾何圖形的螢幕保護程式，真的會不由自主地盯著看個不停；因此辦公室若是有電腦安裝了幾何圖形的螢幕保護程式，我就必須背對電腦螢幕或是請使用電腦的人把它關掉。

至於讓動物感到困擾的，則是風扇關掉了之後，隨著微風慢速轉動的葉片；我們必須用大塊的三夾板或金屬片把風扇遮起來，否則一切免談，因為動物根本就不願意移動。我曾經去過一家有風車磨坊的農場，那裡的動物簡直快瘋了，只要一起風，牠們就不肯動。

11.看到有人在面前走動

又是一個要用到三夾板的案例。我先前也提過，牛通常在十八個月大就要屠宰，豬則只有五個月大，因此費功夫訓練牠們讓人牽著走並不划算，因此牠們也就不能像受過訓練的馬匹一樣，可以接受韁繩引導，也不能自在地跟人類一起行走。

12.地板上的小東西

例如，在泥濘黃土地上有一只保麗龍杯。

對於這種情況，我曾經有非常慘痛的經驗。有一次我爬到牛欄曲槽上方的狹窄通道，結果發現有人在這裡放了一個白色的塑膠水瓶，我一不小心把水瓶踢下去；在水瓶著地的那一刻，我忍不住罵了一句髒話。水瓶就掉在曲槽走道的入口，我知道一定會惹麻煩。果然，在地上看似無害的小水瓶，對那些重達一千兩百磅的母牛來說，卻是巨大的障礙，好像有人在那裡砌了一大堆的鵝卵石似的。

最後，我們不得不關閉整個動線，因為動物都擠在群聚牛欄，不肯走進曲槽。派人下去撿又太危險，因為群聚牛欄的空間很小，十五頭沒有受過訓練的牛擠在裡面，如果有人走進去，勢必會被擠死。工作人員只好站在牛欄外面驅趕牛群，直到有一隻牛踩到塑膠瓶，把白色的瓶子踩爛變成土黃色，這群牛才願意踩著變成土黃色的塑膠扁瓶，安安分分地走進曲槽。這個部分的動線整整關閉了十五分鐘，整個工廠則損失了五分鐘；以每分鐘兩百美元計算，這個失誤造成了一千美元的損失。

13.地板材質的變化

例如，牛或豬從金屬地板走到混凝土地。

問題出在對比太強烈。

14.地板上的排水柵口

同樣的問題，強烈對比。排水柵看起來跟地板的差異太大。

15.設備的顏色突然改變

強烈對比的顏色變化是最糟糕的情況，像是柵門漆成一個顏色，牛欄內部又漆成另外一個顏色，這就絕對不行；我看過的另外一個問題則是走道漆成灰色，但是走道的盡頭卻是閃亮的金屬設施。

16.曲槽走道的入口太暗

另外一個對比的問題，從明處走到暗處。

17.明亮的光線，如刺眼的陽光

如果牛群走近建築物時，正好有太陽從屋頂照射下來，那可就束手無策了。這種情況會有很大的問題，但是卻沒有解決的方法，除非你把屋頂延伸到整個廣場，否則就只好忍耐了。

18.單向柵門或是防退閘門

兩者指的是同樣的東西，防退閘門跟牛群平常在農場上看到的門長得不一樣，這種門是從底部往前推開，而不是向兩側拉開，看起來就像是一般房子裡的狗門，只不過大小可讓牛或豬通過。工廠在單槽走道安裝這種單向柵門，是為了避免牛隻倒退，撞到排在牠們背後的長龍；豬或牛推開柵門走進去，就像狗推開活板門一樣，然後柵門就在牠們身後自動關閉，不像狗門是活動的，所以只能向前推，不能向後推。

動物不喜歡推這種柵門，問題出在牠們必須穿過去。這種防退閘門會干擾動物，所以我也不喜歡用；我總是善待動物，讓牠們高高興興地向前走，所以乾脆把柵門拉起來固定，讓動物眼不見為淨。

——

對待任何動物都必須列一份像這樣的清單，但是每一種動物的清單都不一樣；例如蝙蝠有聲納系統，而狗卻沒有，因此干擾蝙蝠的清單上一定會有跟聲納有關的事物，在狗的干擾清單上卻不會有這種東西。但是任何動物的干擾清單都必須跟這份一樣極度、極度詳盡才行。

動物視覺與人類視覺的分別

雖然我臚列的這份清單是以豬牛為對象，不過如果仔細想想，這十八個干擾動物的細節確實有共通之處，因此可以據此推斷可能干擾其他動物的東西。

第一，這十八個細節當中，有十四個都跟視覺有關；如果干擾其他大部分動物的細節中的比例也是如此，我一點也不覺得訝異。但是，你若想要推斷什麼樣的細節可能干擾或驚嚇到動物，就必須進一步了解動物的視覺才行。

動物的視覺跟人類有很大的差別，舉例來說，你常聽到人家說：「狗的視力不好。」這句話本身確實有幾分道理，因為狗的視覺並不敏銳，沒有辦法看到事物的微小細節。視力高達20/20的人類擁有非常敏銳的視力，讓很多動物都望塵莫及；換句話說，大部分的動物不會受到細微事物的驚嚇，因為牠們根本看不到。

一般狗的正常視力大約是20/75，也就是說，視力正常的人類站在七十五呎以外的地方可以看到的東西，狗卻必須走近到二十呎以內才看得清楚；因此同樣的東西，狗必須站得比人近才看得到。這倒不是因為狗有近視眼，而是因為在狗眼睛的視網膜裡，錐細胞的數目比人類少。上過生物課的人應該還記得，視網膜裡的錐細胞負責分辨顏色和白天的視線，而桿細胞則負責晚上的視線；簡單地說，狗是犧牲了銳敏的視覺，換來較好的夜視能力。不管任何東西，在狗的眼裡看起來都不像在人類眼中那麼清晰，即使近在眼前也不例外，所以牠們才會看不到掉在地上的小片狗餅乾；除非牠們親眼看到餅乾掉下來，否則大部分的狗都看不見雜色磁磚地板上的狗餅乾（雖然有些狗還是看得到）。

話雖如此，不同品種的狗，乃至於相同品種的狗之間，視覺敏銳的程度還是有很大的差異。有份研究報告指出，百分之五十三的德國牧羊犬和百分之六十四的洛威拿犬都有近視眼，或許有人會問：沒近視對狗來說會有很大的影響嗎？反正牠們看到的東西本來就是一片模糊。然而研究顯示，確實會有影響；以視覺敏銳的程度來說，有近視眼的狗就遠不如視力正常的狗。有趣的是，儘管德國牧羊犬近視的比例很多，但是在一個非常嚴格的導盲犬訓練課程中，參加的牧羊犬卻只有百分之十五有近視眼，或許有近視眼的狗早就被退訓，只是教練不知道罷了。

人和動物之間還有一個很大的差異，就是大部分的動物都有廣角視野。像馬、羊、牛這類獵物動物，兩眼之間的距離都很大，所以真的像是後腦勺長了眼睛，可以看到腦後的事物。所以有些拉車的馬必須要戴眼罩，否則會受到背後的東西干擾。而大部分的賽馬不戴眼罩也是基於同樣的理由，馴馬師要他們知道在身後追趕的馬匹究竟在什麼地方、跑得有多快。

獵物動物並沒有三百六十度的全景視野，不過雖不中亦不遠矣。牛和馬的正後方就是牠們的盲點，所以你必須很小心，不要從正後方靠近，因為牠們看不到，可能因此受驚而踢你一腳。獵物動物的另外一個盲點是正前方，因為牠們的眼睛位在頭部兩側，分得太開，反而看不到正前方。

儘管獵物動物的雙眼分居兩側，但是牠們仍然有深度知覺（depth perception），只不過跟人類深度知覺的不同。人類是利用雙眼同步視力（binocular vision）看到深度，也就是說，兩眼從不同的角度看同樣的事物，然後大腦再把兩個角度看到的視線組合起來，就形成我們眼中的景深。

至於獵物動物的兩眼距離實在太遠，因此有很多研究人員以為牠們左眼看到的東西跟右眼完全不同，所以不會有雙眼同步視力；然而有一項針對綿羊所做的實驗顯示，牠們至少有一點點雙眼同步視力，因為牠們在視覺懸崖（visual cliff）實驗中能夠看到懸崖。在原始的視覺懸崖實驗中，研究人員把嬰兒放在厚玻璃桌上，玻璃的厚度足以支撐嬰兒在表面爬行；在玻璃桌面下則是方格圖案，有一半是直接貼在玻璃下方，另外一半則鋪在地板上，跟桌面有一段距離。這就是視覺懸崖，並不是真的懸崖，即使嬰兒爬過懸崖也不會掉下去。但是小嬰兒卻不會爬過懸崖的邊界，即使媽媽站在桌子的另一邊呼喚他們也是一樣，因為他們看到懸崖，就本能知道有危險。以綿羊做實驗的結果發現，綿羊也同樣不願意走過懸崖，這表示牠們能夠感受到深度的差距。（不過綿羊在移動時顯然沒有深度知覺，只有在靜止不動時才會看到深度。）

我們看鬥牛表演時也許都注意到，鬥牛在奔向鬥牛士之前會先低下頭來；邊境柯利犬在趕羊的時候也會有同樣的動作，頭低到肩膀以下，然後瞪著羊群。動物會這樣做的原因，是因為牠們的視網膜跟人類不同，人類的視網膜有個視凹（fovea），也就是在眼球後方的一個圓點，讓人有最好的視線；而家畜或是像羚羊、瞪羚這些在空曠原野狂奔的動物則沒有視凹，而是視條（visual streak）。視條是橫跨視網膜後方的一條直線，如果看到動物低下頭來看著某樣東西，那就表示牠們可能在調整景象的位置，跟視條對齊。大多數的專家都認為視條有助於動物掃瞄地平線。

研究人員也發現，在目前已經測試過的肉食動物中，視條發育最完善的兩種動物，也正是速度最快的兩種動物，印度豹（cheetah）和灰狗（greyhound），牠們的視條上密布感光細胞，讓牠們的視覺格外敏銳。視覺愈敏銳，就能從愈遠的地方分辨出條碼上的細長條，而不只是一個灰色的方塊。此外，視覺超級敏銳的動物也能夠分辨出沙灘上不同的沙粒。

顏色與對比

動物和人類視覺的第三個大差別，就是感知顏色與對比的能力。在上述十八個細節之中，至少有十個是強烈對比的影像，如金屬表面的明亮反光、水坑的刺眼反光等；至於其他視覺上的干擾也有一些跟對比有關，如地板上的白色保麗龍杯或塑膠杯、掛在柵欄上的衣服等。在我的網站上也有一些強烈對比的照片，其中一張是黃土地上有一個白色的咖啡杯，另外一張則是一隻鮮黃色的靴子放在灰色的地板和欄杆上；這些都會干擾到動物。

如果你要把動物趕到一個太亮或是太暗的地方，強烈的光線對比也是一大問題。我已經提過牛群因為光線太暗而不願意走進放置牢靠架的建築物，不過牠們也不願意直接走進太亮的地方。強烈的光線變化會干擾到動物，因此在走道的入口不能有直接的光源，像是沒有燈罩的吊燈或燈泡，否則牛群就不願意走進去。最好是從頭頂上打光，沒有陰影，就像是陰天的室外光源，有時候可以利用白色的半透明塑膠燈罩，製造出這種自然光的效果。

對動物來說，慢速旋轉的風扇葉片也是一種強烈對比的刺激，因為牠們對於對比的感受跟我們不一樣。啟動的風扇因為轉速快，看不到葉片，所以就不成問題；可是慢速轉動的風扇葉片會形成閃爍跳躍的光影，或許我們不覺得，但是對動物而言，這就是一種強烈對比。

動物對於明暗對比的感受比人類敏銳，這是因為牠們的夜視能力比較強；良好的夜視能力與超強的對比視覺有關，但是色彩視覺就相對較弱。我第一次發現動物擁有令人驚異的對比視覺，是我還在用黑白相機拍攝牛群走道的時候；當時連我都沒有注意到地面上有塊陰影，直到照片洗出來之後才恍然大悟。至於我只能在照片上發現陰影的原因，則是因為在除掉色彩之後，明暗對比會更強烈。陰影在黑白的情況下看得比較清楚，因此二次大戰期間，盟軍特地召募完全色盲的人（不只是藍綠色盲，而是看不到任何顏色的人）來分析偵察機拍到的照片，他們一眼就可以看到用網子偽裝的坦克車，這是一般色彩視覺正常的人所看不到的東西。

動物似乎把地板上強烈對比誤認為是視覺懸崖，牠們的行動看起來像是暗處比亮處要深，這也是路面上牛群路障（cattle guards）能夠發揮作用的原因。牛群路障是指在路面上挖一個坑洞，然後用金屬柵欄覆蓋在坑洞表面；如此一來，汽車可以從上過駛過，而牛群如果願意嘗試的話，自然也可以走過去，不過牠們不敢，因為可以從柵欄縫隙看到腳底下有個兩呎深的坑洞。

對牛來說，由於明暗對比太強烈，因此這個兩呎深的坑洞，在牠們眼中可能就像是個無底洞。薩克斯（Oliver Sacks）在《火星上的人類學家》（An Anthropologist on Mars）一書中，提過一位藝術家在車禍中喪失了色彩視覺，此後連開車都變得困難重重，因為路樹投射在地面上的陰影，在他眼中看起來就像是萬丈深淵，好像車子會掉下去。失去了色彩之後，光線的明暗對比就成了深度的對比。由於牛的色彩視覺比正常人差，而且牠們看到的顏色主要都是黃綠色譜，所以牠們看到的明暗對比，可能就跟薩克斯博士筆下的藝術家一樣，都成了深度的對比。

不管是什麼原因，牛群的行動跟薩克斯博士筆下的藝術家是如出一轍。製造牛群路障所費不貲，因此交通部多半是用一般的畫線機器（就是在道路上畫分道線的機器），橫越公路畫一大束白色的線，跟人行穿越道同一方向；這是窮人的牛群路障。

如果牛群橫越公路的意願不強，二十條彼此間隔六吋的白線就足以嚇阻牠們，因為強烈的對比讓牠們感到害怕。若是牠們意願夠強，例如把母牛放在公路的一邊，而小牛放在另外一邊，那麼這幾條白線就不管用了。如果牛群餓慌了，也會不管三七二十一，橫越公路到另一邊尋找更好的草地覓食。然而一般說來，在路面上畫線還是有用的。

要預測動物看到強烈對比的視覺刺激，就必須先知道動物的色彩視覺。分類非常簡單：鳥類可以看到四種基本色（紫外線、藍、綠、紅）、人類和部分靈長類只看到三種（藍、綠、紅）、其他的哺乳類動物只有兩種（藍、綠）。有雙色視覺（dichromatic vision）的動物看得最清楚的顏色分別是黃綠色（安全反光背心的顏色）和藍紫色（接近鳶尾花的紫色）；換句話，幾乎對所有的動物來說，黃色都屬於強烈的對比色，任何黃色的東西都會很刺眼，所以在使用黃色的雨衣、靴子和機器時，要特別小心。

真正的問題是新奇

強烈的明暗對比會讓雙色視覺的動物受到干擾或是感到恐懼，如果是大型動物，而你打算把牠們從甲地趕到乙地，那麼強烈的明暗對比會讓牠們裹足不前。

然而，倒也不是所有的強烈對比都會嚇到動物，只有新奇或是沒有預料到的強烈視覺刺激才會。假設牧場上的乳牛每天走進擠乳房時都會看到鮮黃色的雨衣掛在門上，牠們會習以為常，也就不成問題；是那些在屠宰工廠或是牧場上第一次看到鮮黃色雨衣掛在門上的牛，才會停止前進。所以新奇陌生才是關鍵。

很多牛群走道上使用的防退閘門也是一樣，牛沒有見過這樣的門，所以就不願意穿過去。對所有動物、有自閉症的人、小孩子，乃至於所有的正常成年人來說，新奇陌生都是一大難題，雖然相較之下，正常的成年人比較善於處理這個問題。對於未知感到恐懼是普遍的現象，一件從來沒有看過的東西會讓你無從判斷好壞或是安全與否，而你的大腦卻一定要做這樣的判斷，因為這是大腦的工作。研究人員發現，即使是一串沒有意義的字，也會引起正面或負面的情緒，沒有所謂的中立這回事。因此一旦你無法辨識某件東西，就會感到焦慮，因為你無法判斷好壞。

在牛的視線中，任何新奇的物體或影像都會讓牠們感到焦慮，如果你正好要把牠們移往新奇物體或影像所在的方向，連門兒都沒有。

如果你不強迫他們，又是另外一回事。雖然新奇的事物讓動物感到害怕，但是牠們總是會主動探索。我在替《亞歷桑納農牧雜誌》（Arizona Farmer Ranchman Magazine）撰文的時候就發現，如果你把攝影設備放在田野上，牛群會好奇地主動靠近，看個究竟；但是如果你揹著同樣的設備靠近牠們，牠們立刻一哄而散。當然動作也是一個問題，如果我只是拿著這些設備站著不動，牛群也會靠過來。

我同時也發現，如果蹲下來貼近地面，牠們就不會那麼害怕。起初我只是想利用天空做背景拍牛頭的照片，所以才蹲下來拍照，這樣草地才不會入鏡；結果卻發現我如果蹲下來，反而可以非常靠近牛群拍照，因為牠們不會跑掉。這些照片非常精彩——巨大的黑色安格斯（Angus）牛頭，襯著藍天為背景。最後我決定平躺下來，看看會發生什麼事。結果牛群全都靠過來，又聞又舔、又聞又舔，而這些都是在牧場上沒有受到馴服的牛。

牛靠過來研究你的時候，動作都差不多。先是頭伸過來聞一聞，這一定是第一步，然後伸出舌頭，但是並不會直接舔，必須等牠們沒有那麼害怕之後，才會開始舔你，牠們會從頭髮開始舔起，然後咀嚼一下，此外牠們也喜歡舔舐和咀嚼你的靴子。我通常不讓牛舔我的臉，因為牛舌很粗糙，可能會刮傷眼角膜，不過有時候我還是會閉上眼睛，讓牠們舔個過癮。我不在乎牛舌舔我的脖子，也會讓牠們舔我的手；我想牠們說不定喜歡我身上鹽份的味道。

有時候我會親吻牠們的鼻子。

我發現躺在一群重達一千磅、沒有受到馴服的動物之間，其實是安全無虞的，不過這並非什麼獨特的發現。早在一九七〇年代，許多墨西哥人非法越界來美國的牧場打工，如果有邊界警察來巡邏，他們就鑽進獸欄裡的牛群，五個大漢躺在地上，讓上百隻布拉曼牛（Brahman）擠來擠去。布拉曼牛的身型巨大，背上有個隆起的肩峰，如果你善待牠們，牠們是很溫馴的動物；但是對不認識牛的人來說，兇惡的長相會讓人望而生畏，因此邊界警察不敢走進牛欄捉人。

不過邊界警察也不必進去捉人，因為他們根本沒有看到任何非法勞工躺在牛群裡。這些墨西哥人必須完全靜止不動，一旦有任何動作，牛群就會散開，曝露他們的藏身之地。仔細想想，這五個人的處境的確很凶險，一隻重達千磅的布拉曼牛和牠九十九隻朋友在你的身邊蹭來蹭去，一個不小心就可能把你踩成肉泥。聽起來是很危險，不過我也不曾聽說有任何人因此受傷。

牛群會主動靠近新奇事物的原因，是出於好奇心。所有的動物都是好奇寶寶，那是天性，也是不得不，因為動物若是不好奇，就不容易找到牠們需要的東西或是避開牠們不需要的東西。好奇是謹慎的另外一面，動物必須要有好奇心以驅使牠們去探索環境，尋找食物、飲水、交配對象和藏匿的居所。人們總是說：「好奇惹禍。」此話或許不假，好奇確實會給動物帶來很多麻煩；不過，動物和人類也可能因為過度謹慎，不願意探索新事物，反而錯失了需要的東西。

過度謹慎也可能讓你錯失危險的訊號。動物和人類一樣都要防患於未然，其中一個辦法就是注意危險的訊號，並且立刻採取行動，而不是等到跟餓狼面對面之後才想辦法脫身。好奇心驅使動物探索環境，尋找危險的訊號。

因此，牛群會主動探索掛在柵欄上的黃色雨衣，但是如果你強迫牠們從黃色雨衣前面走過，牠們反而動也不動，這些行為都其來有自。因為任何新事物都可能有危險，因此動物在還沒有把鼻子湊上去聞個仔細之前，都一定會避而遠之。如果牠們被困在單向走道裡無處可逃，唯一的對策就是拒絕向前移動。

——

同樣的檢查表也可以用在馬匹身上，一方面是因為牠們跟牛一樣都屬於獵物動物，另外一個原因則是兩者的生活和環境相當類似。因為我大部分的工作都跟牛群有關，因此並沒有針對可能驚嚇到貓狗的細節列舉詳盡的檢查表。但是我可以肯定，同樣的原則也一定適用於貓狗的身上，儘管牠們屬於掠食動物，並沒有太多的天敵讓牠們憂心。所有的動物，無論是掠食動物或獵物動物，都會對新奇的事物感到戒慎恐懼，這是天性。

至於什麼樣的新事物可能驚嚇到狗呢？這就很難說了，因為狗都跟人類生活在一起，隨時都可能接觸到新事物，除非是天生膽小的狗，否則牠們看起來似乎並不會像牛那麼在意強烈對比的新奇事物。

然而我覺得事實並非如此。想要觀察新奇的視覺刺激對狗有什麼效果，萬聖節會是一個很好的時機。我看到的情況是，狗並不喜歡萬聖節的鬼怪服飾！有一天，有位朋友在她家樓上的工作室工作，家裡養的拉不拉多就躺在腳邊。這時候她兒子穿著電影《驚聲尖叫》裡的服裝走上樓來，大家應該知道我說的那套服裝：深黑色的斗篷、慘白的面具，還有半截大紅色的舌頭懸在嘴邊，再也沒有什麼顏色比這個更強烈對比了！（除非舌頭是黃色的。）那隻拉不拉多看到這個景象，立刻跳起來，狂吠不已。

我的朋友也嚇了一大跳，因為她可以從腳步聲分辨出上樓的人是她兒子，他並沒有穿特殊的鞋子，因此腳步聲跟平常沒有兩樣，但是狗一看到面具，還是像發瘋似的又吼又叫。

這個例子再次證明了檢查表上的主要原則，十八個細節當中，任何一個都足以讓動物表現失常。儘管我朋友的兒子聽起來、聞起來都跟平常無異，但是對那隻拉不拉多來說，只要看起來異於尋常，就是陌生人，問題就是這麼簡單。顯然動物在判斷新奇的東西是什麼、需不需要感到害怕時，使用的是額外的感官系統，而不是平常所用的系統。

這隻拉不拉多在看到隔壁鄰居的前院多了一個萬聖節的稻草人時，也同樣嚇得狂吠不已。我的朋友牽著狗出去散步，看到那個稻草人，拉不拉多立刻對著假人怒嚎，頸後的汗毛直豎，如臨大敵。同一個鄰居有一次在後院草地上放了一具鐵雕像，是一個大約一呎高、全黑的青蛙，結果嚇到了我朋友的另外一隻狗。牠的反應跟拉不拉多看到稻草人的反應完全一樣，狂吠不已、汗毛直豎、扯著皮帶想要掙脫項圈。

另外一個會干擾到貓狗的項目是會動的東西，寵物的飼主應該很容易就看得出來。對任何你想得到的動物來說，突如其來的動作都會吸引牠們的注意，尤其是快速的動作；快速的動作會刺激神經系統，促使獵物動物轉身逃走，卻讓掠食動物急起直追。無論如何，快速的動作都一定會吸引你的注意力，因此二手車賣場才會到處旗幟飄揚，因為你不可能看不到鮮艷的色彩、快速的動作。牧場設備中會晃動的零件，總是誘發牛群想要逃命的天性；如果一整群牛突然開始逃竄，那就會像四十輛車發生連環追撞車禍一樣，一發不可收拾。

聲音

最後一個干擾動物的細節就是聲音。任何新奇、高頻率的聲音都會讓牛群停止動作，因為這些聲音會啟動牠們大腦裡對緊急呼救聲的反應機制，斷續間歇的高頻率聲音尤其糟糕。斷斷續續的聲音會讓動物捉狂，比持續不斷的喧囂（不論是高頻或低頻）更能干擾動物的情緒，因為心裡會期待下一次聲音響起，因此心情始終處在緊張狀態；而且這種反應機制又關不掉，因為間歇的聲音啟動了定向反應（orienting response）。人類對於這種反應不太有自覺，但是若是長期跟動物相處就會知道，任何動物在任何時候聽到突如其來的聲音或是出乎預期之外的事情，都會停下手邊的動作，轉頭尋找聲音的來源。

我在伊利諾大學研究豬的時候，只要有小飛機飛過農場上空，就會看到這種定向反應。養在農舍裡的豬看不到飛機，但是只要聽到飛機接近農場，所有的活動都會嘎然而止，每一隻動物都靜止不動，全神貫注地傾聽外來的聲音，大約兩秒鐘之後，才又恢復正常活動。在馬廄也可以看到這種定向反應，每次垃圾車倒車進垃圾場，只要倒車警示器一響，所有的馬都同時把頭伸出來，提高警覺，看起來好像是向垃圾車致敬似的。

我認為這種定向反應是意識的起點，因為動物必須有意識地決定要如何處置這種聲音。獵物動物要決定是否需要趕快逃命，掠食動物則要決定是不是要追趕什麼東西呢，當然，掠食動物也可能需要逃命，所以可能有兩種不同的抉擇。

間歇性的聲音會不停刺激定向反應，所以在聽到這種聲音時，如飯店裡的電梯昇降或是烘乾機裡斷斷續續的聲音，都會讓你徹夜難眠。有位朋友跟我說過她兒子的故事。他才九歲大，患有自閉症，喜歡不停地開門關門；有一天她覺得精神不濟，因為她兒子鬧了一晚上睡不安穩，於是她需要打個盹兒。可是才剛躺下來，她兒子就開始玩她臥室旁邊洗衣房的拉門，不停地開開關關，而且每一次關上門之後，他都會等幾秒鐘，正好足以讓她睡著，就在她剛要進入夢鄉之際，又立刻傳來拉門軌道的轆轆聲，接著就是門撞到牆邊門柱砰的一聲。雖然隔著牆傳來的聲音悶悶的，但是她說在十分鐘之後，她就快捉狂了。中國的水刑也是根據這個原理，如果水柱一直沖到你頭頂上，儘管你不喜歡，還是可以不去理會，但是如果水滴是間歇性地滴在頭上，那就真的是一種酷刑了。

視而不見

有趣的是，假設要趕進餵食場走道的是人群而不是牛群，那麼在這張檢查表上，唯一會干擾到人類的因素，就是間歇性的聲音。檢查表上的其他細節根本不會影響到人類，如搖晃的鐵鍊、閃閃發亮的水坑、刺眼的金屬反光、活動的小塑膠片、慢速旋轉的風扇葉片，甚至持續的高頻音，無一會對人類造成干擾。

究其原因，則是人類對這些細節根本視而不見。

我先前提過「我們之間的大猩猩」這個錄影帶實驗，有個女人假扮成大猩猩，走進一場籃球比賽，對著攝影機捶打自己的胸膛，結果觀看錄影帶的人有百分之五十都沒有注意到她。如果有百分之五十的觀眾都看不到一個女人假扮成大猩猩的話，那麼肉品包裝工廠裡的員工看不到搖晃的鐵鍊，也就不足為奇了。

《不注意的盲目》一書作者，紐約市社會研究新學院（New School for Social Research）的邁克（Arien Mack）以及在加州大學柏克萊校區任教直到一九九五年去世為止的洛克（Irvin Rock）教授指出，人類不會有意識地看到任何物品，除非是直接而專注地看著那個東西。也就是說，人類在經過曲槽走道時，不會看到閃閃發亮的水坑、刺眼的金屬反光或是搖晃的鐵鍊，更不會受到干擾；除非刻意去尋找這些東西，否則在人類的眼中，這些東西根本就不存在。正常人都看不到他們不注意的東西。

根據我自己對事物的感受以及長期跟動物相處的經驗，動物和自閉症患者的確是異於常人，因為即使沒有特別注意，也能看得一清二楚。像是搖晃的鐵鍊對我們來說就顯得很突兀，一定會攫取我們的注意力，也不管我們想不想要注意到這些事情。

在正常人的眼裡，環境中幾乎沒有什麼事物會特別引起他們的注意，也就是說，人類幾乎不可能從一開始就看到全新的事物。或許人類跟動物一樣，都不喜歡新奇陌生的事物，但是人類卻不會受其影響，因為他們根本沒有注意到這些事物的存在。人類的本能是看到他們預期中的事物，因此幾乎不可能會期望看到從來沒有見過的東西，因為這些東西不曾在人類的腦海裡留下記憶。

針對不注意的盲目所做的研究令人震驚，因為心理學家始終以為，在視覺世界中有各式各樣的東西會自動吸引人類的注意，例如擋在飛行跑道上的飛機，然而事實卻非如此。有些事物確實會吸引人類的注意，例如看到或聽到自己的名字、超大型的物品或是卡通裡快樂的笑臉（這一點倒是出乎我的意料之外），卡通裡憂傷的臉就跟其他事物一樣，沒有特別注意就不會看到，但是快樂的笑臉卻能夠攫獲人類的注意力。

我希望研究人員能夠拿動物或自閉症患者來做比較研究，因為我猜想動物和自閉症患者如果不是天生缺乏不注意的盲目，要不然就是不像常人那麼嚴重。從動物的行動來看，牠們絕對是明察秋毫，沒有任何風吹草動可以逃過牛的法眼，因此牧場主人才必須修正所有錯誤的細節，否則牛群會看得一清二楚。

自閉症患者亦然。我認識一位有自閉症的男孩，就跟走過曲槽走道的牛一樣會受到搖晃閃亮的東西干擾。這個十六歲的男孩從幾年前開始突然注意到學校走廊上的螺絲釘，每次換教室的時候，他就會在走廊上停下來，觸摸每一個螺絲釘。他倒不是像牛群一樣感到害怕，不過卻同樣停下腳步，因此從一個地方到另外一個地方，就好像永遠走不完似的。還好，輔導他的老師以幽默的態度看待這件事，認為這個孩子是在檢查螺絲釘，確保每一個螺絲釘都栓得好好的，沒有鬆脫，「他是想確認這個房子不會塌下來。」也許此話不假。

我始終認為自閉症患者會特別注意細節，是因為我們習於視覺圖像而不是語言文字，我想這是左右腦的差異所造成的，因為大部分的人都是左腦控制語言，右腦掌握視覺。

然而研究發現，自閉症患者的左右腦都有問題。我根據自己的體驗以及在工作上跟動物相處的經驗，提出一個假設，我們若是專注研究大腦的另外一個基本差異，也就是大腦上半部與下半部的差異，那麼我們就會更了解動物和自閉症患者。正常人看不到（或許也聽不到、聞不到、嚐不到或是感覺不到）細節的原因，是受到了大腦上半部的額葉（frontal lobes）阻礙；至於動物和自閉症患者會注意到細節，則是因為動物的額葉比較小或是發育不全，而自閉症患者的額葉則沒有發揮正常的功能。

我會在下一節詳細說明。

蜥蜴腦、狗腦與人腦

拿人類和動物的大腦來做比較，肉眼能見的唯一差別就是人類的大腦新皮質（neocortex）明顯較大。（通常「大腦新皮質」和「大腦皮質」是指同樣的東西，但是有些研究人員用「大腦新皮質」來稱呼大腦皮質中六層比較新的部位，不過我則是兩者交互使用。）大腦新皮質在大腦的最上層，包括額葉和主宰高級認知功能的其他結構。

大腦新皮質受到皮質下（subcortical）或大腦下層結構的重重包裹，這些結構正是人類和動物的情緒與生命支持功能之所在。在人類的大腦結構中，新皮質的體積比下層結構要厚得多，就如桃子和桃核的比例。然而在動物的大腦裡，皮質的體積就小得多，如果同樣用桃子來做比喻的話，有些動物的「桃子」體積跟「桃核」一樣大，新皮質的體積就跟大腦下層結構一樣大。

通常愈聰明的動物，大腦新皮質就愈大，但是如果拿掉新皮質，就無法光用肉眼來分辨人類和動物的大腦。關於這一點，我倒是有第一手的經驗，我在伊利諾大學唸研究所時曾經在課堂上討論人腦與豬腦的差別，結果卻讓我相當震驚，因為我比較人腦和豬腦中像杏仁核這樣的下層結構，根本看不出任何差別，人腦和豬腦看起來一模一樣。但是如果比較兩者的新皮質，就有很大的差異，人類的新皮質不但體積比動物大，而且皺褶也比較多，任何人用肉眼一看就知道，連顯微鏡都不需要。

比較人類和動物的大腦可以看出兩件事。

第一，人類和動物的大腦不一樣，所以他們用不同的方式來體驗這個世界；

而且，

第二，動物和人類的雷同之處，多到令人咋舌。

要了解動物跟常人之間為什麼有這麼大的差異，但是卻又如此相似，我們必須知道人類的大腦實際上是三個不同的腦層層相疊，而且這三個腦分別在演化史上的三個不同的時間點出現。更有趣的是：每一個腦都有自己的智慧、自己的時空感、自己的記憶和自己的主觀性，幾乎就像是我們的腦子裡有三個不同的分身，而不只是一個腦。

最早演化出來、同時也是最古老的腦，位在頭顱裡的最下方，稱之為爬蟲類腦（reptilian brain）。其次則是位在中層的腦，稱為古哺乳類腦（paleomammalian brain）。最後演化、最新的腦則位在頭部的最高層，是新哺乳類腦（neomammalian brain）。粗略地說，爬蟲類腦的功能相當於蜥蜴的腦，主宰基本的生命支持功能，如呼吸；古哺乳類腦則相當於哺乳類動物的腦，主宰情緒反應；至於新哺乳類腦則是靈長類的腦，特別是人類的腦，主宰理智和語言。所有的動物都有一些新哺乳類腦，只不過靈長類和人類的比較大，也比較重要。

三個腦由神經系統相互連結，但是每一個都有自己的個性和控制系統，「上層」不能控制「下層」。以前的研究人員相信，大腦最上層的部位可以控制一切，不過現在已經沒有人相信這個理論。換言之，或許我們人類真的有動物性，跟人性有所區隔，正因為我們的腦子裡有動物的腦，所以才會有異於人性的動物性。

我們之所以會有三個不同的腦，是因為在演化的過程中，還有用的東西就不會丟掉。假設某個結構、蛋白質、基因或任何東西還能發揮功能，大自然就會在新演化出來的動植物身上一用再用。這就是演化上所謂的保存（conservation），生物學家說，演化會保存還有作用的演化結果。

最早提出人腦三分論的麥克林（Paul MacLean）相信，演化只是在原來的腦上面再加一個新腦，並沒有改變舊腦。他稱之為三腦一體論（tribune brain theory）。

換句話說，如果你主掌大自然，看到世界上已經有很多蜥蜴跑來跑去，呼吸、吃喝、睡覺、醒來都沒有問題，那麼在演化狗的時候，就不會大費周章地創造一套全新的呼吸系統給狗用。於是蜥蜴腦負責呼吸、吃睡，而狗腦則形成社群的支配階級、養育後代。

同樣的過程在大自然演化人類時又重來一遍：把人類的腦疊在狗腦上面；於是你有蜥蜴腦負責呼吸、吃睡，有狗腦讓你成群結隊，也有人腦讓你創作寫書。其實，演化比較像是加蓋房屋，而不是把舊房子整個拆掉，然後重新蓋一棟新房子。

見林不見樹

大腦新皮質比狗腦或蜥蜴腦高明之處，在於其串聯的功能；整個新皮質就是一個大型的聯結皮質（association cortex），把各種不同的事情串聯在一起，這是動物腦所不及的。舉例來說，人類有愛恨交織的複雜情緒，可以對同一個人又愛又恨，但是動物就不行，牠們的情緒比較簡單、純淨，因為愛與恨在牠們的大腦裡分屬不同的類別。

另外一個例子則是人類可以很快地把兩種不同的情境歸納在一起，動物則不能。引申歸納就是把某種情境或事物跟另外一種類似的情境或事物聯結在一起，動物在這方面的能力較差，因此在訓練動物的課程中有一個很重要的部分，就是教牠們如何把訓練的情境跟現實生活聯結在一起。例如，狗在訓練學校裡學會做某些事情，但是回到家裡卻不會做同樣的事情，就是因為在狗腦裡，學校和家庭分屬兩種不同的類別，而狗腦不會自動產生聯結。我在其他章節還會再詳談這個問題。

在大腦裡流動的所有資訊，最後都集中在新皮質區的額葉，也就是額頭正後方的位置，這裡負責把所有的事情串聯在一起。

儘管較大的新皮質區讓人類得以「飽學多聞」，但是我們也為此付出了代價，別的暫且不說，較大的額葉可能讓人類更容易受到腦部傷害或是各種形式的大腦功能障礙。我一直在想，或許這正是動物很少有智能不足的原因吧！專家對美國智能障礙人口比例的估計，從百分之一到百分之三不等，但是這個數字跟動物比起來仍有天壤之別。當然這也可能是因為我們並不知道動物出現智能障礙會有什麼癥狀，但是我還是懷疑動物智能障礙的比例較少，是因為牠們的額葉本來就比較不發達。

不論是腦部嚴重受創、智能障礙、年紀老化或者只是缺乏睡眠，額葉的功能始終是最早衰退的。而且更糟糕的是，如果因為意外或中風導致大腦任何部位受損，即使額葉沒有直接受創，最後還是這裡會出問題。

過去研究人員總是認為最後才演化出來的結構最脆弱，不像其他比較古老的結構經過時間淬煉，早就練就一身銅皮鐵骨。然而紐約大學醫學院的神經心理學家高德伯（Elkhonon Goldberg）卻有不同的看法，他在《大腦總指揮》（The Executive Brain）一書中對額葉功能有精彩詳盡的描述，並且指出額葉比較脆弱的原因還牽涉到另外一個因素，就是大腦的其他部分都跟額葉有所聯結，因此任何部位受損，都會改變這個部位輸入額葉的資訊，一旦輸入的資訊改變，輸出的結果自然也會跟著產生變化。儘管額葉本身的結構完整無缺，但是只要額葉沒有接收到正確的資訊，就無法輸出正確的結果，因此不管額葉本身是否受損，所有的腦部創傷到最後看起來都會像是額葉受損。

我認為他的理論是正確的，因為自閉症患者絕大部分的問題都出在額葉，而我們的額葉在結構上卻沒有問題。一位研究自閉症的重量級學者曾經跟一位記者朋友說過，如果拿自閉兒的腦部掃瞄結果跟一位六十歲的企業總裁做比較，自閉兒的腦部結構看起來還好一些；換言之，一般人隨著年紀漸長出現的腦部萎縮會讓大腦看起來比自閉兒的大腦更「不正常」。自閉症患者的大腦和正常人之間確實有一些差異，但是這些差別很小，即使用一般的核磁共振掃瞄也看不出來，更何況人與人之間的大腦結構本來就有些許不同。

當然，大腦差異很小並不表示影響不大。這位學者也指出，大腦結構差異可能很小，但是卻事關重大，他還說，從自閉症患者的腦部解剖來看，自閉症沒有理由不能像心理疾病一樣用藥物治療。

以目前所有的資訊來判斷，我可以假設自閉症的問題不是出在額葉本身受損，而是傳到額葉的資訊輸入錯誤。

正常人也會發生資訊輸入錯誤的情況，像是極度疲勞或是嚴重失眠，都可能影響額葉的功能，而且老化對額葉的傷害也遠超過大腦的其他部位。

講到這裡，又回到了動物的主題。好消息是，即使額葉失去功能，還有動物腦做為後盾，這也是實際發生的情況。動物腦是人類的原始設定，所以動物才會在許多方面看起來跟人類如此相似，而人類也像動物，尤其是在額葉功能無法發揮的情況下。

我想，這也是像我這樣患有自閉症的人會跟動物有特別聯繫的主要原因。自閉症患者的額葉功能幾乎從來不會像正常人一樣，因此我們的大腦功能就介於人類和動物之間。我們使用動物腦的機率比正常人高出許多，這是不得不。自閉症患者比正常人更像動物。

人類擁有肥大額葉的另外一個代價，就是對於很多事物視而不見，動物和自閉症患者就不會如此。常人看不到細節，只看得到全景，這就是額葉的功能，讓你見林不見樹。動物則可以看到全景中的所有枝微末節。

極度感官：解開貓之謎

動物對於世界的感官認知有過人的能力，因為牠們有極度感官（extreme perception）。牠們的感官世界極為豐富，相形之下，人類簡直是又聾又瞎。

或許這也是很多人認為動物有超能力的原因。動物以感官認知外界事物的能力令人瞠目結舌，讓人類望塵莫及，唯一的解釋就是牠們有超感官的認知能力。英國有位科學家甚至還寫了許多專書，討論動物的超能力。然而動物並沒有超能力，只是有超級敏銳的感覺器官。

以貓為例，牠們會知道主人回家的時間。我的朋友珍住在城市的公寓裡，養了一隻貓，這隻貓總是知道她已經在回家的路上；她的丈夫在家裡工作，每次在她到家的五分鐘之前，他就看到這隻貓起身走到門口，坐下來等著她開門。因為珍並不是每天都在同一時間回家，顯然這隻貓並不是靠時間感來做判斷。不過動物的時間感也是精確得令人難以置信，例如佛洛伊德每次診斷病人時，他養的狗都在一旁相伴，他從來都不用看錶就知道時間到了，因為那隻狗總是會讓他知道。自閉兒的父母跟我說，他們的孩子也會做同樣的事情。珍和她丈夫唯一能想到的理由就是那隻貓有超能力，牠能接收到珍發出「我快要到家」的腦波訊息。

珍要我找出愛貓能夠預測她快要到家的原因。因為我沒有去過珍的公寓，所以利用我母親在紐約市的公寓做為解答謎題的模型，想像著我母親養的灰色波斯貓在公寓裡走來走去，眺望窗外。也許珍的貓是從窗戶看到她走在街上準備回家，雖然牠無法從十二層樓高看到珍的臉龐，但是卻可能認出珍的肢體語言。動物對肢體語言非常敏感，也許那隻貓認得珍走路的姿態。

接著我又想到是不是聲音的線索。因為我用視覺思考，所以我在想像中使用「錄影帶」來看那隻貓在公寓裡的動作，看牠如何從聲音中獲得主人在五分鐘之後就會到家的線索。我在心裡，想像著那隻貓把耳朵貼近門與門框之間的縫隙，或許牠可以聽到珍在電梯裡的聲音；但是當我播放我母親從一樓大廳走進電梯的錄影帶時，卻發現有好幾天她都是一個人搭電梯，一句話也沒有說，只有在電梯裡還有其他人的時候，她才會開口說話，而且還不是每次都會跟人交談。

於是我問珍：「妳的貓總是在門口等妳，或者只是有的時候會在門口？」

她說貓總是等在門口。

那就表示那隻貓每天都會聽到珍在電梯裡。我又問了一些問題，最後她終於給我解開這個貓之謎最重要的關鍵，她公寓裡的電梯並不是按鍵式自動操作，而是有人負責操縱，因此珍走進電梯時，或許會跟操作電梯的人打招呼。

我的腦海裡立刻閃現新的影像，想像我母親公寓裡的電梯也有一個操作員。創造這個影像的方式跟電腦繪圖是一樣的，我先從記憶中抽出電梯的影像，然後再加上我有一次在波士頓的麗池飯店所看到的電梯操作員的影像——身穿黑色燕尾服，手上戴著白手套——我從麗池飯店的記憶檔案中，抽出這個黃銅色電梯控制面板和身穿燕尾服的操作員，把他們加進我母親公寓的電梯裡。

這應該就是謎底。珍的公寓裡有電梯操作員，因此當她在一樓搭電梯時，她的貓就已經聽到她說話的聲音，所以才會跑到門口坐著等她回家。那隻貓並沒有預測她要回家，對牠來說，珍已經到家了。

不同的感覺器官

貓的聽覺很靈敏，所以珍的貓就是利用我們人類沒有的感官能力。動物擁有各種人類所缺乏的感官能力，反之亦然（色彩視覺就是我們有而動物卻沒有的例子）。狗可以聽到狗哨的聲音，蝙蝠和海豚利用聲納來「看」遠處移動的物體（飛行中的蝙蝠可以看到在三十呎外飛行的甲蟲，並且予以分類），堆糞蟲可以感知月光的偏光——我知道堆糞蟲是昆蟲，不是動物，不過昆蟲的腦子比動物更小，因此牠們的感官系統竟然能夠感知到這麼細微的事物，就更神奇了。

動物的極度感官跟人類有兩大差異：第一，動物有不同的感覺器官；第二，動物在大腦中處理感官資料的方式不同。以珍的貓為例，我所討論的大部分是生理功能上的不同，貓可以聽到人類所聽不到的聲音。

在動物的世界中，類似這樣的例子成百上千，有許多甚至是我們還一無所知的。最好的例子就是大象的寂雷（silent thunder），人類一直到一九八〇年代，才由康乃爾大學的研究人員潘恩（Katy Payne）發現，原來大象是利用人類耳朵聽不到的低頻聲波彼此溝通聯繫。在此之前，研究大象的人始終不明白，象群家族是如何彼此協調，讓遠在幾哩外的家族成員也能一致行動。象群家族可能分散好幾個星期，但是卻能同一時間在同一地點會合，牠們勢必會互相聯絡，只不過聯絡方式遠超過人類所能看到或聽到的範圍。

潘恩也是運氣好，因為她是在奧瑞岡州波特蘭動物園的象欄旁邊，感覺到「空氣的震動」，因此才猜到可能是低頻的聲音。她小時候在教堂聽管風琴演奏時，也有相同的感覺，所以她開始設想，或許象群是利用人類聽不到的低頻聲音彼此溝通。這個方法也解決了長距離聯繫的問題，因為低頻傳送的距離遠超過人類所能聽到的聲波。

結果證明她的猜測是正確的。大象以低於人類聽覺範圍的聲音，彼此「吼」出訊息。在白天，牠們至少可以聽到遠在兩哩半以外的同伴呼叫，在夜裡，由於氣溫逆轉，傳送的距離倍增，甚至可以長達二十五哩，這是非常可觀的距離。

現在又有人發現，也許象群是透過地面傳送聲音，而不是經由空氣傳送。史丹佛大學的生物學家歐康娜—羅德威爾（Caitlin O'Connell-Rodwell）就是研究這個主題；她相信象群可能是利用震波傳播（seismic communication）——也就是踩踏地面製造地表震動——跟遠在二十哩外的同伴溝通。

她在納密比亞的伊托沙國家公園（Etosha National Park）觀察象群生態時發現，在另外一群大象抵達之前，她所觀察的象群開始「格外留意牠們腳下的地面」，並且會把重量換到不同的腳上、身體向前傾或是舉起腳來。這些動作表示他們在用心傾聽。

歐康娜—羅德威爾博士認為，也許動物把腳掌的肉墊當做鼓面來用。她和研究小組也解剖了象腳，看看腳掌是否有巴齊尼氏和梅西納氏小體（pascinian and meissner corpuscles），這是大象軀幹上用來偵測震動的特殊感官，如果在腳底也有的話，就可以證明象群是利用震波彼此溝通。很多動物都利用踩踏地面來溝通，包括鼬鼠和兔子。所以我們若是發現大象也用這種方式溝通，一點也不足為奇。

如果大象真的有特殊的受體來偵測震動，那麼就是動物有極度感官的最佳範例，因為牠們不但構造不同，而且還有不同的感覺器官。動物有各種人類付諸闕如的感官受體，海豚就是另外一個例子，海豚額頭隆起的部位底下有個油囊，那就是牠們的聲納。海豚利用油囊裡的油（功能是「集中」聲音）送出聲音，向外傳送到水中的其他物體，聲音反射回來之後，海豚的大腦會形成這個物體的聲波圖，藉以判斷是什麼東西。人類不能利用聲波，因為人類沒有任何接受聲波所需要的感官結構。

人類也有動物所沒有的感官受體，像視網膜中大量的錐細胞，就是人類看到顏色的接收器。

我一直在談視覺，但是在不同動物身上，其他的感官也都會不一樣。最近有人開始研究新世界與舊世界靈長類視覺和嗅覺之間的關係，也有令人驚喜的成果。所謂舊世界靈長類是指眾所皆知的著名靈長類動物，如大猩猩、黑猩猩、狒狒、紅毛猿、短尾猴、人類等，而新世界靈長類則是指我們通稱為猴子的小型動物。新世界靈長類多半生活在中南美洲的樹上，鼻子扁平，還有具備攫取功能的長尾巴，像金獅猴、松鼠猴、白面猴、狨猴皆是。

舊世界靈長類，如狒狒、黑猩猩、短尾猴等，都擁有三色視覺，但是大多數的新世界靈長類（如蜘蛛猴、狨猴、戴帽猴）卻只有雙色視覺。（有些雌性的新世界靈長類也有三色視覺，但是並非全部都有。）

有趣的是，舊世界靈長類和人類對於費洛蒙的嗅覺能力卻很差；費洛蒙是動物身上散發出來的化學訊號，是一種溝通的形式。（多數人都以為費洛蒙是一種性的訊號，就像女性在月經期散發的費洛蒙，但是實際上只要是用來溝通的任何化學物質都是一種費洛蒙，例如螞蟻會留下一種味道，讓其他的螞蟻跟進。）大約在一年前，研究發現舊世界靈長類和人類都在一個叫做TRP2的基因上出現太多突變，導致基因無法正常運作，而這個基因正是費洛蒙傳送途徑的一部分，因此舊世界靈長類（含人類在內）的費洛蒙系統，就在演化的過程中失靈了。

結果可能是我們有了三色視覺之後，就失去了費洛蒙系統。密西根大學的演化生物學家張建之（Jianzhi George Zhang）以電腦模擬的方式推估TRP2基因從什麼時候開始退化，結果發現TRP2開始走下坡的時間，幾乎跟舊世界靈長類開始發展三色視覺的時間一致，都在距今兩千三百萬年前。

可能是因為，一旦舊世界靈長類可以看到三種顏色，就開始用視覺尋找交配對象，而不再用嗅覺了。這個理論或許也可以說明另外一個現象，就是許多雌性的舊世界靈長類動物在成熟期都會有鮮紅腫脹的性器官，而新世界猴子卻沒有。一旦猴子不需要良好的嗅覺來協助繁殖，牠們的嗅覺能力也就自然地開始退化了。

發生這種情況的原因，是因為演化的原則向來就是沒有用的就消失。如果嗅覺遲鈍的猴子跟嗅覺靈敏的猴子都一樣可以交配繁殖，那些嗅覺差的猴子也就會把帶有嗅覺缺陷的基因傳給下一代，而嗅覺基因上任何新的自發突變都不會被篩選掉。舊世界靈長類就是這樣失去了靈敏的嗅覺，在繁殖過程中出現的正常突變不斷累積，直到所有的靈長類都沒有正常運作的ＴＲＰ２基因為止。於是視覺改善的代價就是失去了牠們的嗅覺。

相同的腦細胞，不同的處理過程

到目前為止，我談到了動物認知的感覺器官或感官受體，動物有異於人類的感覺器官，讓牠們可以看到、聽到或是聞到人類所不能的東西。然而，這還不是故事的全貌，有趣的還在後頭，即大腦處理資訊的差異。

對任何生物來說，所有的感官資訊都必須經由大腦處理，就最基本的腦細胞或神經元而言，人類和動物都有相同的神經元。沒錯，我們使用的方式不同，但是細胞是一樣的。

因此理論上來說，只要我們能夠學會像動物一樣運用腦子裡的感官處理細胞，也可以擁有動物的極度感官。我認為這不只是理論而已，事實上已經有人用動物的方式來運用他們的感官神經。我的學生荷莉有嚴重的閱讀障礙，但是卻有極敏銳的聽覺，甚至連還沒有打開的收音機她都可以聽得到。任何電器用品只要插著電，即使電源沒有開，也會有電流不斷通過，而荷莉聽到的就是關掉電源的收音機裡傳出極細微的訊號傳輸。如果她說：「NPR電台正在播出討論獅子的節目。」那麼我們打開收音機，就一定會聽到NPR電台在播有關獅子的節目。荷莉可以聽到牆壁裡電線傳出來的嗡嗡聲，而且聽得一清二楚。此外，她對動物也很有一套，可以從動物呼吸的細微變化，分辨出動物的感覺，這種變化是我們其他人都聽不到的。

患有自閉症的人對聲音幾乎都極度敏感，若要我形容聲音帶給我的影響，唯一可用來比擬的就是直視太陽，生活環境中連正常的聲音都會讓我難以招架，這是很痛苦的經驗。大部分的自閉症專家都說這只是超級敏感，此話固然不假，但是我認為自閉症患者同時也有超級的感受力，他們能夠聽到常人所聽不到的聲音，像是隔壁房間裡有人剝開糖果紙之類的聲響。

視覺也有同樣的情況，很多自閉症患者跟我說，他們可以看到日光燈的閃爍，荷莉的視覺就是如此，因此她在日光燈下幾乎不能做任何事。我們的生活環境都是根據常人認知系統的規格和限制所建構的，而這個系統跟正常動物的認知系統不一樣，也跟正常的異常人類系統（如有閱讀障礙的人或是有自閉症的人）不同。可能有很多人都無法適應正常的環境，但是更糟糕的是，大半的人都不知道自己不適應，因為他們只生活在這個環境中，根本無從比較。

有些研究人員說，像荷莉這樣的人之所以會發展出超級敏銳的聽覺，就是因為他們的視覺處理過程一蹋糊塗，換句話說，超級敏銳的聽覺是一種補償。研究人員總是用這樣的理由來說明盲人聽覺格外靈敏的原因，認為他們以聽覺來彌補看不到的缺陷。

我相信這是事實，但是卻非全貌。我認為能夠聽到關掉的收音機裡傳出來的聲音，是已經存在每個人大腦裡的一種潛力，只是我們無法觸及，而一個有感官障礙的人不知怎地卻找到了通往這種潛力的路徑。

有兩個理由支持我的想法：第一，在文獻中有許多案例是在頭部受傷之後，突然發展出極度感官。薩克斯在《錯把太太當帽子的人》（The Man Who Mistook His Wife for a Hat）書中提到一個醫學院學生，吸食大量毒品（主要是安非他命），結果有天晚上夢見自己變成一條狗，隔天醒來之後，發現自己突然（真的是在一夜之間）有極敏銳的感官，包括極靈敏的嗅覺。他走進病房，還沒有看到人就已經認出了二十個病患，純粹只憑嗅覺。他說，他可以聞到他們的情緒，這是很多人懷疑狗能做到的事情。他還可以憑氣味，分辨出紐約市的每一條街道、每一家商店，而且有一種強烈的衝動想要去聞或碰觸東西。

他對色彩的感受也變得比較靈敏，突然可以看到一種顏色有十幾種深淺不同的層次，這是前所未有的事情，比方說，十幾種不同深淺的褐色。

這些變化都發生在一夜之間，並不是他失去了某種感官，然後慢慢發展出靈敏的嗅覺來彌補失去的感官，他只是夢見自己變成一條狗，第二天一早醒來，就發現自己像狗一樣可以聞到很多氣味。超人克里斯多夫・李維（Christopher Reeve）在發生意外之後，也有類似的經驗，他突然就有了令人難以置信的靈敏嗅覺。

關於這個醫學院學生的故事，還有一件重要的事值得一提，就是他從來沒有任何重大的腦部傷害，薩克斯博士認為服藥過量或許是主要原因，但是也無從證實。這個學生繼續在醫學院裡讀書實習，一切如常，而他的視覺和嗅覺則在三個星期之後恢復正常。當然，他的大腦裡或許真的有部分受損，但是即便如此，我們也看不出來能夠像狗一樣去聞別人的氣味對他有什麼的補償作用，彌補了哪些失常的功能。最有可能的解釋就是他早就擁有像狗一樣靈敏的嗅覺，並且能夠看到五十種深淺不同的褐色層次的潛力，只是不知道如何運用而已，而大量吸食安非他命，不知怎地替他開了一扇門，通往大腦的這個部分。

我認為每個人都有極度感官潛力的另外一個原因，則是基於一個已經存在的事實，動物有極度感官，而人類有動物的腦。人類一天到晚都在用自己的動物腦，唯一的差別是他們不知道這個腦子裡有什麼東西，我在最後一章還會討論到這一點。動物能夠看到的事物，有很多是常人也看得到的，只不過他們並不知道自己看到的是什麼；常人的大腦利用他們看到的詳細原始資料（raw data），形成一個概括性的概念或綱要，然後放進他們的意識。於是，褐色的五十種層次變成一個褐色。常人只看到他們預期會看見的東西，因為他們無法有意識地體驗原始感官資料，只能看到大腦利用原始感官資料所創造出來的綱要。

常人看到和聽到的是綱要，而不是原始的感官資料。

我無法證明人類感受到的事物跟動物一樣，但是卻可以證明人類接收的感官資料遠超過他們自己的認知。這正是「不注意的盲目」研究中一個重要的發現：常人並不是沒有看到假扮成大猩猩的女人，而是這個女人在到達他們的意識之前，就被大腦排除了。

我們知道人類可以看到很多東西而不自知，是學者在隱性認知（implicit cognition）與潛意識感受（subliminal perception）等領域鑽研多年的成果，《不注意的盲目》的兩位作者邁克博士和洛克博士在他們的研究中，也採用了這些研究中的部分實驗方法。例如他們要求受試者指出在電腦螢幕上只出現兩百毫秒的十字架，哪一邊比較長；然後在某些受試者的電腦螢幕上，會出現像「grace」和「flake」等字樣——大部分的人都沒有注意到螢幕上還有文字，因為他們都只注意十字架，所以看不到文字。

然而，邁克博士和洛克博士卻指出，許多人都無意識地看到了文字，因為在實驗之後，他們給受試者這些字的前三個字母，「gra」和「fla」，並且要他們就這三個字母，寫下任何出現在他們腦子裡的字，結果有百分之三十六的人回答「grace」和「flake」，至於控制組（也就是電腦螢幕上沒有文字，因此並未在潛意識裡看到任何文字的人）則只有百分之四的人會回答「grace」和「flake」。這個差距很大，唯一的解釋就是在潛意識裡看到文字的受試者，的確看到了「grace」和「flake」這兩個字，只是他們自己不知道而已。

所以我們知道，人類認知到的事物遠超過他們所意識到的。邁克博士和洛克博士說，不注意的盲目是在大腦的高階處理（high level of mental processing）時才發揮作用，也就是說，在任何事物進入意識之前，大腦已經處理了很多原始資料。常人的大腦處理程序是先接收感官資料，然後大腦會判斷這是什麼東西，這時候才根據事情是否重要，再決定要不要告訴你。因此在常人意識到環境中的某件事情之前，大腦已經進行了許多處理程序。（邁克博士和洛克博士使用高階一詞，表示在進階的處理程序，未必指大腦的較高層級；他們並沒有涉及神經心理學，只討論認知心理學。）

然而，有些事物卻總是能夠突破障礙，進入意識。我曾經說過，不管人是如何專心地做其他事情，只要看到一段文字中出現自己的名字，就幾乎一定會注意到，而且也會注意到卡通的笑臉。但是如果稍稍改變這張臉，例如把嘴角上揚的笑臉改成下垂的哭臉，常人就會視而不見了。這又進一步證明，大腦允許任何事物在進入意識之前，就已經完全處理了感官資料。以笑臉來說，大腦必須先處理資料，知道這是一張臉，甚至能到知道這是一張笑臉的程度，才讓這張笑臉進入意識認知，否則我們看到哭臉的機率應該跟笑臉一樣多。看到自己名字也是同樣的道理，假設你的名字叫「傑克」，那麼在一段文字中若是出現傑克這兩個字，就會格外顯眼，但是「吉克」卻沒有這樣的效果；這表示你的大腦已經處理了傑克這兩個字，並且知道這就是你的名字，然後才會讓傑克進入你的意識。

我們不知道人類為什麼會有不注意的盲目，也許是大腦過濾干擾的一種方式。假設你在看籃球比賽，一個假扮大猩猩的女人闖進你的視線，大腦就直接把她過濾掉，因為她不應該出現在球場上。而且她跟你正在做的事情（觀賞球賽）完全不相干，於是你的無意識大腦看了這個女人一眼，判定她是一種干擾，就把她過濾掉。

能夠過濾干擾是件好事，你只要去問問那些無法過濾干擾的人，像是有注意力缺乏過動症的人，就知道了。如果環境中的任何感官細節都一直攫取你的注意力，就會造成資訊負荷過重，也就無法發揮理智的功能。

人類雖然有能力過濾扮成大猩猩的女人，但是卻因此付出了代價，那就是常人無法不過濾干擾。正常的大腦不管你要不要，都會自動過濾不相干的細節，你無法告訴大腦，如果有異常的情況發生，一定要讓我知道。因為大腦運作的方法並非如此。

有自閉症的人和動物就不一樣了，我們無法過濾任何東西。世界上的數十億感官細節都一一進入我們的意識，讓我們難以招架。自閉症患者的感官認知跟動物倒底有多接近，我們無從得知；也許兩者之間還有很大的差異，畢竟動物的感受認知對動物來說是正常的，而自閉症患者的感受認知對人類來說卻不是正常的現象。

話雖如此，我還是認為許多乃至於大部分的自閉症患者，有很多關於這個世界的體驗都跟動物體驗到的是一樣的，那就是大量、糾結的枝微末節。我們看到、聽到、感受到的所有一切，都是其他人所無法認知的。

第三章　動物情感

公雞強暴犯

我們在繁殖動物時，經常對動物的情緒做一些奇怪的事。像幾年前，我剛開始跟養雞業接觸時，曾經去看一座養雞場，結果在雞舍裡發現一隻遍體鱗傷的母雞躺在地板上，剛死去不久，讓我大為震驚。

我趕緊去找養雞場主人，問他：「這是怎麼一回事？」

他跟我說這是公雞的傑作，公雞殺了母雞。他說得一派輕鬆，好像這種事情對公雞來說再正常不過似的，他倒也不是樂見公雞殺了母雞，只是覺得這是大自然的一部分。

我知道這不可能是自然的行為。若是公雞殺母雞是自然行為，那麼天底下就不會有小雞了，但是養殖業者總是忘記生命的基本事實。有位養殖駱馬的女士前一陣子跟我說，有一隻公駱馬一直想要咬掉另外一隻公駱馬的睪丸，我告訴她，這絕對不是自然行為，如果野生駱馬總是咬掉其他駱馬的睪丸，那麼世界上的駱馬早就絕種了。

那位養雞場主人說，他養的公雞有一半都是強暴殺雞犯，我聽了嚇一大跳。自然界沒有任何物種是有一半的雄性動物會殺掉正值生育年齡的雌性，這些公雞一定有什麼嚴重的問題。

因此我一回到家，立刻跟一位學生討論這件事；這位學生的家裡在後院養雞當做副業，她從未聽過公雞會殺母雞的事情。接著我打電話給一個好朋友韋鐸斯基（Tina Widowski），她是雞的專家，她也說這絕對不是自然行為，正常的公雞不會殺死母雞。

韋鐸斯基告訴我公雞殺手是怎麼回事。加拿大貴芙大學（University of Guelph）的鄧肯（Ian Duncan）曾經研究雞的行為，結果發現有半數的公雞大腦裡意外喪失了求偶的程式。正常的公雞在交配之前會先跳一段求偶舞，這是牠們大腦預設的本能行為，也就是動物行為學家所說的「固定行動模式」（fixed action pattern），所有的正常公雞都會。

這種求偶舞會啟動母雞大腦裡的另外一種固定行動模式，牠們會蹲下來，擺出預備接受性行為的姿勢，讓公雞得以跳到牠們身上。母雞若是沒有看到求偶舞就不會蹲下來，這是牠們大腦預設的行為模式。

可是有半數的公雞不會跳求偶舞，也就是說，母雞不會在牠們面前蹲下身體。於是這些公雞就霸王硬上弓，成了強暴罪犯，一旦母雞企圖逃跑，公雞就用雞趾和雞爪，把牠們抓得遍體鱗傷，甚至一命嗚呼。

單一特徵繁殖

這些公雞強暴犯是「單一特徵繁殖」（single-trait breeding）所產生的副作用。所謂「單一特徵繁殖」就是在繁殖動物時只是選擇性地保留一、兩種養殖業者想要保存的特徵，如快速生長（減少飼料成本及縮短飼養時間）、厚實肌肉（增加每隻雞的肌肉量）。養殖業者只想要這一、兩種特徵，其他的都棄之不顧。

單一特徵繁殖並不是只要讓生長快速、肌肉厚實的雄性跟同樣生長快速、肌肉厚實的雌性交配就可以了，因為下一代的繁殖能力會出問題，生出來的小雞本身就有生殖障礙。因此業者必須選擇生長快速、肌肉厚實而且生育能力良好的母雞，跟只有生長快速和肌肉厚實的公雞交配。他們不擔心公雞的生育能力，只要母雞有良好的生育能力，即使公雞的生育能力較弱，還是可以讓母雞的卵受精。最後的結果就是混種小雞，也就是兩種不同血統混合的成品，我們吃的雞肉和雞蛋都來自混種雞。

單一特徵繁殖在養雞業的成效特別快，因為雞的繁殖周期很短。受精的雞蛋只要二十一天就可以孵化，而剛孵化的母雞也只要五個月就可以產下受精卵，換言之，一年之內就會出現兩個世代，不消三、五年，基因系譜就會完全改頭換面。

單一特徵繁殖的問題是，繁殖過程只專注在某一種特徵，最後其他的特徵也會改變，出現意想不到的結果。公雞強暴犯就是這樣來的。

公雞強暴犯是在經過好幾年、至少三個不同的單一特徵繁殖程序之後才產生的結果。養雞業的首要目標當然是讓雞快速生長，以便儘快送到市場銷售，於是業者讓快速生長的母雞跟快速生長的公雞交配，結果就生下了快速生長的小雞。實際情況當然更複雜，因為他們必須運用各種精密的基因計算過程，不過基本原則仍然是從生長快速的父母繁殖出生長快速的下一代。

這跟所有單一特徵繁殖一樣，都有一些意想不到的結果，只不過後果不像公雞強暴犯那麼嚴重，快速生長的小雞比較容易出現腿部和心臟的缺陷。有心臟缺陷的小雞翻白肚的機率就比較高，翻白肚是小雞心臟衰竭的另外一種說法，因為小雞心臟病發時就是整隻雞翻過去死掉，故得其名。

第二個目標就是繁殖出胸肌更大的雞，因為大家都比較喜歡吃雞胸肉。這個單一特徵繁殖程序也很成功，小雞的胸肌確實長大了，但是也出現一些嚴重的問題：小雞的肌肉太厚實，以致雙腿無法承擔身體的重量，許多小雞甚至因此跛腳，無法走到飼料口覓食，有些則是雙腿水腫，扭曲變形。

這些小雞可能都很痛苦，因為研究顯示，這些跛腳雞會捨棄一般口味的飼料，轉而選擇摻了止痛劑、味道較差的飼料，這就證明了這些小雞確實身受其苦。

此外，牠們翻白肚的機率也很高，因為牠們的心臟不足以應付巨大身軀所需要的血液流量，就像是用金龜車的引擎拉一輛十輪大卡車一樣，最後心臟就力竭而衰。

這種大胸脯雞對養殖業者來說簡直就是一場災難，沒有人願意飼養跛腳又受苦的小雞，就算不考慮小雞的福利，也沒有廠商願意把扭曲變形的雞腿送到市場上販售。業者勢必要改善這種情況才行，於是他們開始繁殖比較強壯、比較可以存活的小雞，也就是說，著重健康和生長茁壯的能力，而不至於養不大就一命嗚呼。

但是他們也不願意回頭去繁殖胸肌較小的雞，因為他們嚐到了甜頭，自然不願意放棄既得利益；於是他們現在要生長快速、胸肌厚實，而且雞腿強健、心臟正常的小雞。養雞場跟電腦軟體公司沒什麼兩樣，如果小雞3.2版出了問題，他們不會回頭去用小雞3.1版，而是加以改良，推出小雞3.3版。

於是過了幾年之後，他們繁殖出來的雞不但體型大、身體健康，而且還有厚實強韌的雞腿和勇猛強健的心臟，看起來似乎是他們夢寐以求的雞種，可是大自然卻投出一個變化球，其中一些公雞卻變成強暴殺雞犯。沒有人知道控制小雞心臟和骨骼的基因如何跟求偶行為的基因扯上關係，也不知道箇中原由，但是兩者顯然脫不了關係。

這種情況經常發生，養殖業者過度選擇某一特徵，最後就出現扭曲的演化。

而且更糟糕的是，這些變化都非常緩慢，因此養殖業者和養雞場都沒有發現他們製造出一批怪物，也沒有人注意到雞舍裡發生了什麼事。隨著公雞的侵略行為愈來愈囂張，人類也不自覺地調整了他們對公雞正常行為的認知，於是就成了異常變正常的案例。這就是選擇性繁殖的最大危機，已經是屢見不鮮。

選擇壓力

不管是無心或是有意，人類一直在改變施加於動物身上的選擇壓力（selection pressure）。選擇壓力是指環境會影響或選擇同一物種中的某些成員可以存活到交配繁殖年紀，而某些成員則不可以的過程。選擇壓力有助於強化、推廣某一物種中新出現的特徵，失去選擇壓力則會導致某些存在已久的特徵逐漸退化乃至於消失。

舊世界靈長類就是遭遇到這種情況。也許牠們碰到隨機的基因突變，有了更好的色彩辨識能力，而改良過的色彩辨識能力在覓食的時候實在太好用了，因此擁有最佳色彩視力的動物就有最高的機率得以存活到交配繁殖的年紀。等到牠們生了下一代，這種可以辨識三原色的視力當然又讓牠們在覓食時佔了優勢，可以找到足夠的食物哺育牠們的後代，因此牠們的孩子（大部分也都繼承了這種可以辨識三原色的視力突變）也有比較高的機率，可以存活到交配繁殖的年紀。這就是選擇壓力強化某種特徵的過程，讓具備這種特徵的動物享有繁殖上的優勢，經過幾個世代之後，牠們的基因就會遍及這個物種的所有族群。

同時，既然視力在覓食過程中扮演更重要的角色，或許嗅覺就變得沒有那麼重要，換言之，嗅覺靈敏的動物跟嗅覺遲鈍的動物在繁殖後代的機會均等，不管嗅覺好不好，都有同等的機會繁殖下一代。於是靈敏嗅覺的基因就喪失了選擇壓力。

最直接的後果就是舊世界靈長類的嗅覺開始退化。動物在繁殖的時候，即使最簡單的基因複製都會出錯，因此突變的情況屢見不鮮。有些突變很好，有些則不好，還有一些突變不會造成任何差異。選擇壓力就是保存、推廣好的基因突變，篩檢出不好的突變。一旦喪失了選擇壓力，某種特徵就會在例行基因突變的狂潮中遭到淹沒，於是逐漸弱化，甚至完全消失。

異常變正常

對家禽家畜來說，我們就是環境，人類製造出選擇壓力。假設你是養雞業者，只准生長快速的公雞和母雞交配繁殖，這就是一種選擇壓力，讓生長快速的雞佔有繁殖優勢。

這只是刻意選擇壓力的一個例子而已，事實上，人類一直在製造選擇壓力而不自知。比方說，我們經常聽到醫生抱怨病人沒有完成抗生素用藥的療程，因為病人若是沒有把醫生處方的抗生素全部吃完的話，就是不經意地製造了選擇壓力，讓具有抗藥性的菌株佔有成長優勢。病人的抗生素如果只了吃一半，殺死抵抗力較弱的細菌，卻會留下抵抗力較強的細菌繼續繁殖。如此經過幾個世代之後，就會出現連抗生素都無法殺死的超級細菌。

對於家禽家畜來說，人類就是演化過程的主要推手，因為我們一直在改變這些動物的身體和情緒，而且速度之快，遠超乎我們的想像。在這方面最有趣的一個研究，是把基因系譜完全相同的老鼠分成兩組，分別送到兩個不同的實驗室，讓牠們在不同環境中待了五年，而研究人員則照常做實驗。這兩個實驗室都從最早的一批老鼠中繁殖後代，因此可以相互對照比較。

經過五年之後，研究人員測試這兩組老鼠的後代，發現牠們對於自然的恐懼有截然不同的程度。他們讓每一隻老鼠都接受開放空間（open arena）測試，也就是把老鼠單獨放在一個約莫大型餐桌的明亮空間裡，然後觀察牠們探索陌生環境的程度。老鼠是獵物動物，天性不喜歡開放、明亮的空間，只有膽子最大的老鼠才會在開放空間裡探索周遭環境，大部分的老鼠都會躲在一邊，靜止不動。

最原始的兩組老鼠探索陌生環境的程度都一樣，但是只經過五年之後，其中一組的後代卻比另外一組更感到恐懼。

有趣的是，在實驗室裡根本就沒有人發現他們的老鼠變了，也沒有人試圖去培養出對恐懼有不同容忍程度的老鼠。這兩組老鼠就在兩個不同的實驗室裡，對不同的環境產生不同的反應，很自然地在演化上漸行漸遠。這是一種非刻意的選擇性繁殖。

研究人員並不知道這些老鼠為什麼會在演化的路上分道揚鑣，只知道結果就是如此。這兩個實驗室都只用這批老鼠做一些正常的心理實驗，並沒有特別的研究計畫，也沒有太大的差異可以解釋兩組老鼠的後代在個性上的歧異。

我猜想這兩個實驗室的成員可能對於侵略行為有不同的反應，只是他們自己不知道而已。假設我是在第一個實驗室裡負責照料這批老鼠的小姐，其中有幾隻老鼠會咬人，我就把牠們丟掉，因為我不喜歡會咬人的老鼠。而在另外一個實驗室裡也同樣有幾隻老鼠（數量相同）會咬人，畢竟牠們系出同源，但是這個實驗室裡負責照顧老鼠的人也許是個大老粗，他都戴著手套，也不怕老鼠咬人，因此就讓這些老鼠留下來。於是在第一個實驗室裡，咬人的基因就被篩檢出來，但是在第二個實驗室裡卻得以存活，並且繁殖下一代。

這樣就可能在開放空間的實驗中造成差異，因為恐懼和侵略性是彼此相關的，通常比較害怕的動物，性格會比較溫和，因為極度恐懼的動物總是害怕衝突鬥毆。當然極度恐懼的動物在某些情況下，侵略性也可能增強，這一點在後面還會詳述，不過就一般而言，恐懼會抑制侵略行為。在大多數的情況下，會咬人的老鼠可能都比較不害怕，因此第一個實驗室把咬人的老鼠淘汰掉，就等於是選擇偏好恐懼的老鼠，最後當然都培育出高度恐懼的老鼠。

這是一種可能。

不過話又說回來，也可能是二號實驗室裡的大老粗淘汰掉侵略性格強的老鼠，而不是一號實驗室的小姐。或許他在經手動物時太過粗魯，嚇壞了這群老鼠，在這種情況下，咬人的老鼠就是高度恐懼的老鼠，而不是低度恐懼的老鼠。因為在跟其他動物鬥毆時，固然是低度恐懼的動物侵略性比較強，但是在遭到人類粗魯對待時，則是高度恐懼的動物比較容易驚惶失措、張口咬人。如果是他淘汰了咬人的老鼠，那麼就是他選擇了鎮定、低度恐懼的動物，改變了基因遺傳的源頭，讓那些經得起粗魯對待的動物得以留存下來。然而，不論是哪一種情況的結果都相同，總是有一個實驗室在不注意的情況下繁殖出不一樣的老鼠

——以後者為例，就是比較有自信、低度恐懼的老鼠。

我們也許根本無從得知實際的情況如何，但是可以肯定的是，一定有某種不自覺、非刻意的選擇壓力施加在某一組甚至兩組老鼠身上，導致牠們在短短五年之內就有如此重大的歧異。

其實這倒也未必是壞事，因為對動物來說，或許意外的選擇壓力反而沒有那麼危險，不過從來沒有人研究過就是了。至少這種不自覺的選擇性繁殖，影響演化的人為因素並不是有意識地想要改變動物的某一特定層面。也許人類在不知不覺中形塑了動物的某一類相關行為，或者他們並沒有那麼積極地想要改變動物某一種讓他們感到不悅的行為（像是咬人）。說不定，一號實驗室的小姐並沒有丟掉所有表現出侵略性格的老鼠，有些只有一點點侵略性的老鼠還是予以保留，如此一來，基因遺傳的源頭就不至於像正式的選擇性繁殖程序那麼扭曲。

唯有在有意識而且是刻意改變動物某一種身體特徵的情況下，導致違背自然意旨的變化，才一定會出現重大的情緒問題和行為偏差。此外，若是我們改變了動物的外型特徵，就非常、非常可能連情緒和行為特徵也一起跟著改變。畢竟，身體和大腦並不是兩個完全不相干的東西，由兩套完全不同的基因來控制，許多會影響心臟和器官的化學物質，也同樣會影響到大腦，還有許多基因是同時控制身體和大腦的。因此，若是改變了某一個讓小雞可以長出特大號胸肌的基因，那麼這個基因所控制的大腦部分也一定會跟著改變，因為這個經過改造的基因是在不同的地方同時作用。

這是選擇性繁殖所造成的嚴重問題。多年來，我聽說一旦過度選擇某種特徵，到最後就會造成神經系統的傷害。而神經系統受到傷害，就表示情緒受到傷害，至少也會是重大的情緒改變。而更令人憂心的是，人類以單一特徵繁殖技術選擇動物某種外在的身體特徵，卻沒有人注意到隨著身體特徵改變而浮現出來的情緒變化，因為沒有人預料到會有這種情緒變化。養殖業者只監管身體的變化，完全沒有注意到情緒或行為上的改變，因此他們無法領會動物的情緒劇變，直到動物行為走到了極端，拉起警報，他們這才知道又出了一個大問題需要解決。

以公雞強暴犯來說，至少還有好消息，我聽說已經找到了解決問題的辦法。幾個月前，我又去看這群雞，牠們的行為都與正常雞無異。我想也許養雞場剔除了所有的公雞強暴犯，但是我也無法肯定，因為並沒有文字記錄他們到底做了些什麼事情，也沒有對外公布。

母雞精神病

在加拿大曾經發生過另一個扭曲演化的惡例，不過這一次是下蛋的母雞出問題。一般而言，白雞比較神經質、容易受驚，相形之下，褐雞則比較鎮靜、從容自在。不過白雞卻有一個優勢，牠們吃的飼料比褐雞少，但是卻能產下數目一樣多的雞蛋，稱為飼料轉換（feed conversion）。我去看的農場飼養褐雞，但是希望牠們吃較少的飼料而能夠產下較多的雞蛋，於是他們用褐雞跟飼料轉換率較高的白雞交配。（他們不願意直接轉為飼養白雞，因為很多人比較喜歡褐色的雞蛋，而只有褐雞能產下褐色的雞蛋。）

在接下來的幾個世代中，有些雞仍然全是褐色，有些雞的羽毛是褐白夾雜，還有一些則幾乎接近白色。褐色的雞擁有成熟的羽毛，但是白雞的羽毛卻發育不完全，柔軟脆弱，中間的毛桿短小柔弱、沒有支撐力，兩旁的羽枝（就是毛桿兩邊毛茸茸的東西）則更軟，幾乎下垂。

在情緒方面，褐雞最鎮靜，褐白夾雜的雞比較緊張，但是白雞卻極度焦慮、容易受驚，只要有人走進雞舍，牠們就像發狂似地群起亂竄，跳上跳下，牠們的活動力超強，不過行動卻都是驚恐倉惶。等到年紀較長，牠們開始挨著雞籠磨蹭並拔毛，直到個個近乎半裸。此外，牠們也有暴力傾向，只要有機會就會彼此啄鬥，甚至致對方於死地。

然而卻沒有人處理這個問題，因為這個案例也是漸進式的改變，所以人類也逐漸調整他們對於雞隻行為的認知，誤以為這是自然的行為，於是異常又變成正常。最後是一名養殖業者買了一些褐色的哈特萊雞，並且跟白雞放在同一個雞舍裡飼養，兩相對照之下，才看出差別。褐雞下的蛋跟白雞一樣多，雖然餵食的飼料比白雞多了百分之十，但是牠們的情緒穩定，沒有任何焦慮或是受到驚嚇的徵狀，而且老了之後，羽毛也都還完整健全。

我認為母雞出現心理障礙的原因，不像公雞變成強暴殺雞犯那麼神秘難解。純白色的動物（包括人類在內）都比深色皮膚或深色皮毛的動物更容易出現神經系統的毛病，因為黑色素（即賦予皮膚顏色的化學物質）也在動物的中腦內發揮保護的作用，缺乏黑色素的白色動物會出現各種問題。以大麥町狗為例，白色皮毛比例最高的大麥町，已經近乎白化症，這樣的狗比其他同類更容易出現耳聾的毛病，而且經常是無法訓練的笨狗。黑白花色的馬也可能出問題，尤其是有藍眼珠的黑白花色馬匹發狂，更是時有所聞。

有藍眼珠的動物通常問題都不少。我曾經看過一匹雜色的馬，一隻眼睛是棕色，一隻是藍色，牠顯然就有馬匹的妥瑞氏症（Tourette's），每隔六十秒就全身不由自主的抽搐痙攣。另外大家也都知道，讓兩隻藍眼珠的哈士奇狗交配，生出來的後代可能也會有問題。

動物的膚色比毛色更重要。如果皮膚是深色的，那就還好。狗的口腔內部應該大部分是黑色，只有一點點白色的部分。

真正屬於白化症的動物問題就更嚴重了。猶他大學的眼科醫生和視覺科學教授克里爾（Donnell Creel）曾經研究過白化症動物的問題和差異，結果發現研究人員不應該使用患有白化症的動物來做實驗，因為牠們並不正常。即使是藥物實驗，白化症動物和科學家長年在實驗室使用的白老鼠一樣都不合適，因為黑色素跟藥物中使用的某些化學物質有關，因此白化症的動物對於藥物的反應可能跟沒有白化症的動物完全不同。

在野生的環境中，除了北極熊和少數的白狼之外，絕少看到純白色的動物，但是北極熊和白狼的皮膚都是深色的，只有毛是白的，並不是白化症，只有皮膚呈粉紅色或白色的動物才會有問題。在自然界，偶爾會出現一些白化症動物，但是因為牠們與生俱來的種種問題，存活率並不高。有些飼主以人為方式刻意培育出有白化症的杜賓狗，因為純白色的杜賓狗很漂亮，我就堅決反對這種做法，因為這些動物並不正常，會受很多苦。飼養白化症杜賓狗的飼主就指出，這些狗視力差、無法忍受陽光、有皮膚病、脾氣不好，而且通常會有侵略性格。調查顯示，有百分之十一的飼主說他們的狗曾經咬過人。試想，跟人類相處的狗數目這麼多，但是狗咬人的案例卻相當罕見，因此這個比例十分驚人。

由此可見，全白的雞會有很多情緒障礙，也就不足為奇。儘管我們還是不知道培育飼料吃得比較少的雞為什麼會讓牠們的羽毛和皮膚變白，或是飼料轉換率跟羽毛的顏色有什麼關係。但是如果我們仔細研究這些因為選擇性繁殖所造成的非刻意行為改變，或許就能夠更進一步了解情緒生理。

每次我在演講中提到白色的動物，聽眾就會想知道我所說的是否也適用在白人和黑人身上，答案是否定的，因為白人並不是純白色的。白色人種的皮膚仍然有黑色素，如果在陽光下曬太久，就會變黑。白種人的膚色演化跟其他人種沒有兩樣，都是天擇演化的結果，並沒有人為的操縱干預，因此在純白色的動物身上會看到情緒和行為的差異，但是在「純白色」的人類身上卻看不到。

大麥町並不是自然演化的結果，而是人工培育、近乎全白的品種。牠們跟一般有色品種的血統較遠，反而跟白化症動物更接近，但是牠們又不是白化症，只是非常近似而已。

人類如何改變動物情緒？

以上所討論的大部分是單一特徵繁殖所產生的意外變化，不過人類也一直在以比較自然的方式改變動物，這是因為人類主宰了家禽家畜的生活，對於哪些動物可以繁殖，哪些不可以繁殖，人類不但有影響力，甚至還有最後的決定權。

很多時候，或許絕大多數的時候，這樣的改變不是壞事，甚至有些還是好的改變。例如幾年前，我到一家公司的兩個不同繁殖場去看他們培育的豬。他們的繁殖場專門養殖母豬賣給農民，這些豬都屬於相同的基因系譜，在基因血統上非常接近，因為養殖業者大量利用近親交配，維持動物血統的一致性，因此兩個繁殖場的豬在一開始的時候，無論是基因、外形和情緒等各方面，都是一模一樣。

然而我去看的時候，兩地的豬卻已經發展出截然不同的性格。其中一個繁殖場的豬比較容易受驚激動，而另外一邊的豬卻顯然比較鎮定隨和。這個案例跟公雞強暴犯一樣，沒有人發現他們已經培育出全新的豬，因為工作人員從未到另外一個繁殖場去看過，自然也就不會知道兩地的豬在性格上已經分道揚鑣。這就是我所謂的自然，沒有人刻意做什麼事情去影響豬的演化，一切都是自然發生。

我再仔細觀察兩地豬隻的生活環境，立刻就知道箇中原因，豬隻性格比較鎮定的繁殖場一直在不知不覺中挑選脾氣詳和的豬。在繁殖場裡，每一頭母豬都要經過評估才能決定是否能夠成為種豬，工作人員會測量母豬的體重，檢查牠們的牙齒、乳房和體態，所謂的體態是指身體的各個部位比例勻稱。兩個繁殖場的檢查步驟都完全一致，唯一的差別是其中一邊使用了狀況良好穩定的磅秤，而另外一邊的磅秤則小有問題，指針動不動就亂跳，所以太好動的豬就無法被測量到正常的體重，我敢說他們就是因此而不知不覺地篩檢掉敏感好動的豬。

他們並不是有意識地計畫要淘汰掉神經質的豬，只是因為磅秤的缺點「自然」導致這樣的結果。因為在磅秤功能正常的繁殖場裡，無論豬隻是安安靜靜地站在磅秤上或是動來動去，都可以量出正確的體重，因此就沒有這種意外的選擇壓力，而淘汰掉神經質的豬。從這個例子就可以看出，神經質的動物基因跟環境之間的關係。光是繁殖場上的磅秤好壞，這麼簡單的一件事，就足以改變豬所遺傳的情緒表現。

「自然的」人為選擇壓力改變了豬的基因，意外地創造出情緒穩定的動物，這個例子不僅無害，反而對動物有益。多年來，人類和家禽家畜一起共同生活，牠們也因應人類而出現變化。如果豬的演化沒有人類的參與，豬也就不是豬，而是像野豬這樣的動物。因此，我們意外加諸動物身上的選擇壓力，或許有很多對動物有益無害。

不過有一個基因演進確實讓我擔心：現在的豬愈來愈衰弱。

幼犬腦與成犬牙

人為選擇壓力影響動物情緒表現，最明顯的例子莫過於狗了。我很不贊同許多飼主在純種狗身上所做的，比方說，繁殖柯利牧羊犬的人讓狗的臉型愈變愈窄，結果導致牠們的頭顱愈來愈小，腦容量也隨之減少。狗都需要寬敞的頭顱來容納他們的大腦，去看看二十世紀初的柯利犬畫像，就不難發現那個時代的靈犬萊西確實有平坦開闊的額頭。

到了一九八〇年代初，柯利牧羊犬的頭型愈來愈窄。有個從小在農場長大的朋友，在一九五〇和六〇年代就是跟柯利犬一起成長，有一次她跟我說，她竟然沒有認出鄰居所養的柯利犬跟她小時候的玩伴屬於同一個品種。她一直以為像鄰居養的那種「鼻子像針一樣細的柯利犬」是法國柯利犬的一種，是她從未見過、完全不同的品種！（我不知道她是從哪裡聽說這是法國種，總之她就一直這樣認為。）

柯利犬的腦容量變小還不是唯一的問題，牠們的頭顱形狀也愈來愈奇怪，我一直認為柯利犬的臉型愈來愈窄，多少也扭曲了牠們大腦的結構。姑且不論原因為何，牠們的智能的確是每下愈況，我現在都說牠們是沒有大腦的冰錐。原本漂漂亮亮的狗竟然被整成這個樣子，實在是慘不忍睹。

當然，飼主的初衷並不是要把柯利牧羊犬變笨，只是想強調柯利犬最突出的特色，也就是瘦長的狗鼻子，但是在培育超級長鼻子的過程中，卻也改變了正常形狀的頭顱。

人類對混種野狗造成的選擇壓力就非常有建設性。混種狗若是會咬人或是不管看到什麼都要咬得稀巴爛，把家裡破壞得亂七八糟，就很容易被送進收容所或是遭到安樂死；換句話說，牠們的基因也被剔除在遺傳的選擇之外。唯有那些能夠適應跟人類在一起生活的混種狗，才有傳宗接代的機會，也就是那些即使放出庭院也行為良好的狗。（我知道飼主必須替寵物結紮，但是很多人都沒有盡到這個責任，所以才會有這麼多混種野狗。）

但是對純種狗來說，人為的選擇壓力卻迥然不同，而且多半是不好的。比方說，飼主都刻意遵循美國愛犬協會（American Kennel Club）所設定的標準來繁殖他們的寵物，問題是這些準則幾乎是一面倒地傾向外在特徵，而忽略了動物的情緒或行為。而且專業的養狗場也幾乎從來沒有想過，他們所繁殖出來的這些美麗寵物，到了新主人的家中會做些什麼事，通常他們都不會打電話去問那些跟他們購買幼犬的客戶，詢問這些小狗回家之後的行為是否正常。同一胎出生的小狗可能都有情緒或行為上的毛病，只不過繁殖的人都一無所知，於是又繼續繁殖種犬，繼續生出更多有相同問題的小狗。

還有另外一個因素會影響到純種狗的基因，就是飼主對美麗而昂貴的動物比較寬容，就算有些不好的行為也會予以容忍。假設有人花了一千美元買了一條狗，自然就會比一毛錢都沒有花的人更能容忍寵物的壞習慣。而且這個人若是想要讓狗繼續繁殖，自然也不會考慮到無法跟人類共處的狗其實並不應該再生下小狗。

雖然這只是理論，但是比較純種狗和混種狗之間情緒和行為差異的許多案例，都可以證明這個假設：

混種狗的選擇壓力比較有建設性。別的暫且不說，混種狗的身體就比較健康，一些純種狗的特徵，如髖骨發育不良，在脫離純種繁殖系譜一、兩代之後，就自然消失了。

混種狗的情緒也相對比較穩定，其原因有二。第一，混種狗的負面情緒特徵比較不會遺傳下去，因為有重大情緒困擾的混種狗，如侵略性格強烈或是有嚴重的分離焦慮，就比純種狗更有可能送進動物收容所。第二，沒有人會花精神在混種狗身上實施單一特徵繁殖，所以混種狗就不會像公雞變成怪物強暴犯一樣，成了某種怪物狗。

在行為方面，混種狗和純種狗之間最大的差別在於：咬人致死的案例大多都是純種狗惹的禍，而不是混種狗。一份長達二十年的調查顯示，在狗攻擊人類致死的案例中，有百分之七十四的肇事者是純種狗，如果再考量到全國寵物狗數目中只有百分之四十是純種狗，這個比例就很可觀了。

究其原因，可能有好幾個，但是我肯定其中一個就是因為同樣是侵略性格強烈的狗，混種狗遭到撲殺的數目遠比純種狗要來的多。不過我同時也認為，純種狗的情緒和行為也受到單一特徵選擇的副作用影響。飼主在替他們的狗選擇交配對象時，經常會強調單一的突出特徵，例如柯利犬的瘦長鼻子。誠如我先前所提過的，選擇性繁殖單一特徵最後都會導致神經系統的毛病，而強烈的侵略性格正是其中之一，因此純種狗的侵略性格比混種狗強烈，一點也不足為奇。

情緒最穩定的混種狗大概要算是膚色不會太淡的混種狗。至於毛色則無關緊要，只要確認領養的動物沒有太多白化症的特徵就可以了（如藍色的眼睛、粉紅色的鼻子或者身上大部分是白色的毛等），少量的白毛倒是還好，但是應該避免選擇白色或淡色皮膚再加上藍色眼睛或粉紅色鼻子其中之一的組合。

混種狗的侵略性格遠不如純種狗，正是人為選擇壓力對混種狗比較正面而且有建設性的佐證。我認為混種狗在很多方面都比純種狗更容易相處，儘管沒有實際的數據比較兩者之間哪一個更愛咬鞋子，但是卻有很多流傳的軼事證明純種狗比混種狗更愛咬鞋子，至少某些純種狗是如此。

有個朋友跟我提過她養的三隻狗，可以做為兩者比較的典型，她總共養了兩隻混血的黑狗和一隻黃色的拉不拉多。如果你還不知道的話，我可以跟你說，拉不拉多是出了名的愛咬東西。她這三隻狗都是從幼犬開始養起，兩隻混血黑狗幾乎沒有亂咬東西的破壞性格，但是那隻黃色的拉不拉多卻是不管看到什麼都要咬一口：鞋子、玩具、鉛筆、鋼筆、辦公室裡的地毯一角、客廳地板上波斯地毯的邊緣、三張木頭椅子的腿、丟在地上的幾件T恤、兩張毛毯、幾本書、好幾個密封的塑膠儲物盒、一件毛衣、屋子裡所有的球，都無一倖免，甚至連除濕機的電線也被牠咬掉一半。這些只是我朋友記憶所及的損失清單，而且還只有室內的物品而已，至於室外的損失則包括價值四百美元的熱水池蓋、鄰居的大型玻璃窗框，而在後院則有一整株紫丁香花的樹幹被咬穿，就像是遭到水獺的啃嚙。這隻狗現在已經一歲半，還在繼續咬東西，不過情況稍微好轉，一方面是因為他們一直在訓練牠去咬自己的狗骨頭，而不是家裡的其他東西，另外一方面則是因為牠比較成熟了。儘管如此，牠的破壞力仍然不可小覷，我朋友估計，所有的損失至少高達一千美元，這還不包括兩張無法修補的地毯，如果要全部換新，還要花更多錢。

所有的拉不拉多都會這樣亂咬東西，這是牠們的基因，而黃金獵犬也不遑多讓，我想沒有人知道箇中原因，但是以拉不拉多來說，這可能跟牠們過度飲食的偏執有關。（雖然黃金獵犬、拉不拉多和其他所有的獵犬都屬於相同的基因群，但是牠們卻不會像拉不拉多這樣飲食過度，所以牠們愛咬東西應該是有其他的原因。）我曾經聽過一位飼主說他的拉不拉多「逮到機會就吃」，而且不管餵什麼，幾乎是來者不拒，連葡萄和香蕉也一樣。牠們貪吃的程度，到了只要有一片狗餅乾就可以訓練牠們坐下來或是用後腿站立的地步。牠們永遠都會肚子餓，如果讓牠們盡情地吃，體重肯定會直線上升。我懷疑就是這種吃的衝動，讓牠們不管看到什麼都要咬一口，因為荷蘭種的賀斯敦黑白乳牛（Holstein）也是如此。經過培育之後的賀斯敦乳牛要吃下大量的飼料，才會分泌更多的乳汁，而牠們也有一種看到什麼都要舔一舔、咬一咬的衝動，喜歡用嘴去操弄物品。如果不慎把牽引機留在牛欄裡，機器上的油漆可能被牠們舔光，連管線也會咬斷，行為之極端可見一斑。肉牛最多只是好奇地聞一聞，但是乳牛卻會把一切破壞殆盡。或許動物在經過基因改造，增強食慾之後，動口的慾望也隨之增強了吧。

問題是為什麼拉不拉多會有如此驚人的食慾呢？我也不知道答案，不過牠們原本是在紐芬蘭養來捕魚的狗，耐冷耐痛，或許過剩的脂肪有助於牠們禦寒吧。選擇性繁殖所造成的怪癖就是如此神秘難解，如果我們能夠找出拉不拉多為什麼會暴飲暴食的原因，或許就可以知道為什麼有些人吃飽會停下來，而有些人卻怎麼樣都停不了。

再回到混種狗的問題，如果有任何一隻混種狗像拉不拉多這樣亂咬東西，那可就出乎我意料之外了。以我朋友養兩隻混血黑狗為例，兩隻狗都沒有拉不拉多那種把整間屋子都咬光的基因，她養的第一隻混種狗即使在幼犬時期，也從未咬過屋子裡的任何東西。至於第二隻狗則有一段很短的時間喜歡咬東西，但是很快就戒掉這個壞習慣，而且這隻狗對於亂咬東西後受到懲罰的反應很快，因為牠沒有拉不拉多那種與生俱來的咀嚼衝動，所以經過我朋友隨意「訓練」幾次之後，就只是她逮到這隻狗咬了不應該咬的東西時，對著狗大吼幾句而已，就可以輕易地戒掉這種惡習。

狗是人類的另外一個孩子（幼態持續）

拉不拉多的另外一個問題是，牠們是永遠也長不大的孩子。牠們像幼犬一樣喜歡咀嚼，但是用的卻是成犬的牙齒。

人類一直不知不覺地讓狗保持在幼年期，一輩子都長不大。在野生環境中，幼狼的耳朵是塌下來的，鼻子則呈扁平狀，至於成年的狼則有豎直的耳朵和長鼻子。成犬不論在外貌或是行為上，都更近似幼狼，而不像成年的狼。這是因為狗確實是幼狼：就基因來說，狗是青春期的狼。

這是加州大學洛杉磯校區的韋恩（Robert Wayne）所發現的結果。他研究狼和狗的線粒體ＤＮＡ，結果發現狗和灰狼只有千分之二的差異。儘管狗和狼的外貌非常不一樣，但是就基因來說，這不算什麼，因為牠們仍然是狼。

英國南漢普頓大學的顧德恩博士（Dr. Deborah Goodwin）及其同儕也曾經比較過狼和狗，做了一些有趣的研究。她發現長得最像狼的狗，比那些經過培育儘可能在長相上跟狼有所區隔的狗，保留了更多狼的行為，換句話說，狗的長相愈接近狼，行為也愈像狼。以查理王小獵犬為例，牠們已經喪失了一半以上狼的行為模式，所以即使在長大成年之後，看起來仍然像是幼犬。

我實地觀察一隻我認識的狗，在牠身上清楚地看到了實例。那是一隻黑白花色的混血狗，有完美的尖耳朵和末端逐漸變細的長鼻子，奇怪的是牠從來不吠。牠能夠吠，也輕易地學會「說話」（例如吠叫乞食），但是如果放任牠自然成長的話，牠是不會吠的。牠坐在房裡看著窗外的街道，即使有人靠近家門，牠也不會像其他狗一樣狂吠不止，頂多像「打噴噓似的叫幾聲」而已。我猜想或許在狗的表面下，狼的祖先影響了行為，狼不會吠，所以看起來像狼的狗也不吠。

查理王小獵犬的研究發現，幼狼在成長的不同階段發展出不同的侵略行為，從二十天大開始會咆哮示警，到三十天以後就學會長時間凝視，這也是牠們學會的最後一種侵略行為。我們或許都看過狼長時間凝視對手的影片：目光鎖定另一隻動物的臉，惡狠狠地盯著不放，看起來非常嚇人。我在一個網站上看到有人描述在英國的野生動物園裡（就是那種可以開車進去看動物實際生活的園區），遭到狼凝視的經驗：

過了一會兒之後，三隻狼快步上前，在車窗旁邊排成一列，盯著我的眼睛不放。牠們完全不眨眼，目光如劍，是一種經過算計的凝視。那是令人坐立難安的武器，而不只是好奇的表現。

到了第二天，我差不多已經忘了獅子、老虎，但是對狼的凝視卻念念不忘。我不禁想到，為什麼狗就沒有這種令人精神緊張的本事呢？畢竟，狗無非也是馴服的狼，為什麼北京狗沒有這種光是盯著主人看就可以讓人手足無措的能力呢？

顧德恩博士發現，狗之所以不會長時間凝視，是因為狗在相當於幼狼三十天大的時候，無論在情緒或行為上就已經停止發育。在成年的德國牧羊犬身上可以看到幼狼三十天大以前所學會的各種侵略行為，但是幼狼在過了這個年紀之後學會的本事，狗就完全沒有。顧德恩博士同時也發現，哈士奇是唯一有能力可以長時間凝視對手的狗，而哈士奇長得就很像狼。至於吉娃娃則在相當於幼狼二十天大的時候就停止發育，因此更早開始幼態持續的階段。

跟人類一起生活和工作的動物，經常會有意外的繁殖結果，這是人類不小心的傑作，狗就是最好的例證。很多專家相信，狼之所以變成狗的一個原因，就是哺育幼兒的母親收養了失去父母的幼狼，並且跟其他孩子一樣抱在胸前哺乳。如果這個理論成立的話，那麼狗存在的唯一理由就是因為早年的人類真的太過疼愛幼狼，導致某些正好發育不健全的狼在成年之後也有繁殖後代的機會。由於人類比較喜歡跟小狗一樣馴良聽話的狼，久而久之他們所養的狼也就變成這個樣子，就跟磅秤壞掉的繁殖場培育出比較冷靜、乖巧的豬一樣。

如果我們讓狗演化成不一樣的狼，那麼狗是否也讓我們演化成不一樣的人類呢？這個問題很有意思，我們待會再進一步討論。

愛恨分明的動物

哺乳類動物和鳥類都擁有跟人類一樣的核心情感，研究人員最近才發現，說不定連蜥蜴和蛇也能感受到人類的大部分情緒。隨便舉幾個例子好了，澳大利亞的小蜥蜴是忠貞的一夫一妻信徒、美國本土的響尾蛇媽媽也跟哺乳類動物的母親一樣會保護牠們的孩子。有些蛇媽媽會照顧牠們的幼兒，對某些人來說是個很大的意外，因為研究人員一直相信蛇類並不是社群動物，所以母蛇生了小蛇之後就會棄之不顧。我們對於蛇類的社群生活所知有限，但至少現在知道蛇也有社群生活。

我們知道動物擁有跟人類一樣的核心情緒，有部分原因是我們知道這些情緒由大腦產生，而動物在生理解剖上，擁有跟人類一樣的結構。牠們的情緒生理跟人類非常近似，因此情緒神經學，又稱為情感神經科學，大部分的研究都是利用動物來做實驗。動物對於生活中遭遇的各種情況，例如被老虎吞噬或是保護幼兒等，牠們的感覺跟人類是一樣的。

人類情緒與動物情緒之間的主要差別，在於動物沒有一般人感覺到的混合情緒。動物的情緒向來愛恨分明，動物彼此之間或是跟人類之間，沒有那種愛恨交織的關係。這也是人類疼愛動物的一個原因，動物非常忠貞，牠們若是愛你，不論你是美醜貧富，都會愛到底。

這是自閉症患者與動物之間另一個相似之處，有自閉症的人多半情緒也比較簡單，所以正常人才會形容我們天真無邪。自閉症患者的感情很直接，而且跟動物一樣毫無隱瞞，我們不會隱藏自己的感情，也沒有灰色地帶，根本無從想像對同一個人又愛又恨會是什麼樣子。

或許有些人會覺得這種說法是在侮辱自閉症患者，但是我身為自閉症患者，卻一直很慶幸自己不必像我的學生那樣處理各種瘋狂的情緒。我有個成績很好的學生，就是因為跟男朋友分手，導致成績一落千丈，最後遭到學校退學。正常人的生活中，情緒起伏太過戲劇化，動物就沒有這種問題。

小孩子也沒有。小孩子的情緒就很像動物和自閉症患者，因為他們的額葉還沒有發育完全，要到成年初期才會成熟。我在前一章提過，額葉是一個大型的聯結皮質，把所有的一切連在一起，其中也包括愛恨等情緒（或許這兩種情緒應該分開來比較好）。正因為如此，所以狗才會像是人類的另外一個孩子。小孩子的情緒跟狗一樣直接且忠誠，七歲小孩看到爸爸下班回家，會一路衝到門口去迎接，狗也是一樣。我認為動物、小孩和自閉症患者的情緒比較簡單，那是因為他們的大腦缺乏聯結功能，所以他們的情緒是分離獨立的。

當然，沒有人知道為什麼有自閉症的成年人也缺乏聯結功能，因為我們的額葉尺寸跟正常人無異，目前只知道研究人員發現，「在皮質區，以及皮質與皮質下之間有聯結退化的現象」。在我的視覺想像中，大腦就像是一棟企業辦公大樓，裡面有人走來走去，彼此交談，同時利用電話、傳真、電子郵件、信差等方式傳遞訊息，在大企業裡有無數的管道可以傳遞訊息。而自閉症患者的大腦也是一棟同樣龐大的辦公大樓，只不過裡面沒有電話，沒有電子郵件，沒有信差，也沒有人到處走來走去，大樓裡的人只有透過傳真才能彼此溝通，結果傳遞出去的訊息就比較少，一切都走樣。有些訊息得以順利地傳送出去，有些訊息則因為傳真機誤印或是夾紙而遭到扭曲，還有一些訊息則根本送不出去。

重點是，儘管自閉症患者有正常尺寸的新皮質，也有正常尺寸的額葉，但是我們的大腦運作起來卻像是額葉太小或是發育不全，運作情況就像是小孩子或是動物的大腦，只不過背後的原因不同。

如果大腦的各部位都彼此分隔，而且缺乏溝通的管道，結果就會形成簡單直接的情緒。小孩子也許在這一刻對父母親發脾氣，但是要不了多久就忘得一乾二淨，因為生氣和快樂分別屬於不同的情緒狀態。對小孩子來說，他們會視情況在兩種情緒之間跳來跳去，但是不會混在一起。

動物也是同樣的情況，強烈的情緒通常像狂風驟雨一樣，來得急去得也快。同在一個屋簷下的兩條狗，也許前一分鐘還彼此互相叫囂，後一分鐘又恢復親密友誼。正常人需要比較長的時間才能夠從憤怒的情緒中恢復過來，成年人甚至在生完氣之後，還會對惹他生氣的人或情境念念不忘。正常人若是對他所愛的人發脾氣，大腦就會把生氣和愛這兩種情緒連在一起，並且牢牢記住，於是對這個人或是這種情況產生混合的情緒，這都得歸功於高度發展的額葉，才能把所有事物聯結在一起。

此外，動物或許沒有像人類一樣的複雜情緒，例如羞愧、罪惡、尷尬、貪婪，或是希望有壞事發生在比你成功的人身上等，這也是動物與人類之間的另一個重大差異。有關簡單與複雜情緒的分野，各個學派都有不同的看法，不過我所使用的定義是以大腦為基礎。所謂簡單情緒是指害怕、憤怒等主要情緒，是從爬蟲類腦和哺乳類腦發展出來的，至於複雜情緒（又稱為次要情緒）雖然也源自爬蟲類腦和哺乳類腦，但是會牽動新皮質。次要情緒是建立在主要情緒的基礎之上，但是會引起更多的思想與詮釋，比方說，羞愧、罪惡、尷尬也許都來自相同的主要情緒，即分離焦慮（我稍後還會有進一步的討論）。此外，文化和成長背景也會教你在什麼時候該覺得羞愧，什麼時候則該感到罪惡或尷尬，但是在大腦裡，三者皆源自於遭到隔離的痛苦。

這並不表示動物在同一時間從未有一種以上的情緒，稍後我會提到乳牛同時感到好奇與害怕。值得一提的是，《情感神經科學》（Affective Neuroscience）的作者潘克西普（Jaak Panksepp）將好奇歸類為核心情緒。從生理的角度來看，動物的大腦確實可能同時啟動一種以上的基本情緒系統，所以理論上，動物有能力體驗到混合情緒。

然而，實際發生的情況則通常是一種情緒取代了其他的情緒，而且某些核心情緒也許會「關掉」其他的情緒。舉例來說，大腦研究顯示，玩鬧與生氣是兩種互不相容的情緒，只要看過兩隻狗打架玩鬧就可以知道。然而鬧著玩偶爾也會擦槍走火，變成真的打架，一旦發生這種情況，兩隻狗都會毫不留情，沒有任何跡象顯示快樂玩鬧與生氣打架的情緒同時並存（如友善搖尾或露齒微笑）。一旦假戲真做，狗的肢體語言和口語溝通就全部都是生氣的訊息。

狗不需要佛洛伊德

動物與人類之間還有一個巨大的差異：我認為動物沒有佛洛伊德在人類身上所描述的防衛機制，如投射、移轉、壓抑、否認，這些心理反應在動物身上都看不到。防衛機制的作用是抵抗焦慮，所有的防衛機制都是某種形式的壓抑，我們利用壓抑把心裡害怕的東西推擠到無意識心理，而將意識心理放在比較有利的位置。若是比較高等或是比較成熟的防衛機制，如幽默、利他心理、理智化等，則是利用幽默、同理心、思想等方式抑制「真正的」情緒（也就是恐懼）。

我認為動物沒有佛洛伊德所說的這種防衛機制，因為動物和自閉症患者似乎從不壓抑情緒，就算有情緒壓抑，程度也很輕微。我自己就沒有佛洛伊德說的防衛機制，所以看到正常人的防衛反應，往往讓我感到驚奇，其中最令我意外的就是否認。每當我看到包裝工廠裡出了問題，我就會說：「這樣行不通。」其他的人立刻就覺得我太悲觀。其實不然，因為旁觀者清，局外人一看就知道他們的作法有問題，只不過當局者迷，他們的防衛機制遮蔽了眼睛，除非他們願意找出問題所在，否則永遠也看不到問題的癥結。這就是否認，我始終無法理解，也無從想像。

這是因為我缺乏無意識心理，正常人可以把不好的事情從意識心理推擠到無意識心理，但是我不行。當然，壞事不可能永遠都鎖起來，但是正常人至少還有免於受到這些壞事干擾的自由。這也是我不能看暴力電影的原因，因為像強暴或酷刑等畫面會一直停留在我的意識心理層面，揮之不去。唯一方法就是在心裡想些別的事情，阻隔這些不好的畫面，但是儘管如此，這些血腥畫面還是會不時跳出來，就像網路上的彈跳出來的視窗一樣。在我腦海的圖像中，正常人的大腦有內建程式封鎖快顯視窗干擾，而我卻沒有，因此必須有意識地點選另外一個視窗才能取代跳出來的視窗。

我也不知道為什麼我的大腦缺乏無意識心理，但是我認為這跟我的「母語」是圖像而不是文字有很大的關係。許多研究顯示，大腦裡主宰語言的部分會隔絕圖像記憶，語言並不會消除圖像記憶，所有的圖像仍然存在腦子裡，只不過語言會把圖像阻絕在意識心理之外。心理學家把這種現象稱為語言遮蔽（verbal overshadowing），稍後在探討動物思考方式的章節中，還會有進一步詳述。目前我們暫且下這樣的結論，儘管我不知道為什麼我似乎缺乏無意識心理，但是我認為這絕對跟語言上的障礙脫不了關係。對我來說，語言不是天生的能力，所以在大腦裡主宰語言的部分並沒有壓抑圖像的能力。

我知道，從缺乏無意識心理到沒有防衛機制，這中間還有一段距離，不過我的親身體驗讓我相信這是事實。沒有人曾經測試動物是否有防衛機制，但是牠們的行動看起來好像是沒有，你絕對不會看到動物在遭遇危險狀況時，表現出自己覺得很安全的樣子。或許你會看到狗在害怕時，故意表現出不害怕的模樣，可是那是另外一回事，因為狗很清楚哪裡有危險，不過卻用狗的標準策略，避免進一步刺激威脅牠的另外一隻狗。

有個朋友養了兩隻狗，一隻是母的柯利牧羊犬，個性溫和；另外一隻則是雄糾糾的黃金獵犬（或許你從不覺得黃金獵犬也會雄糾糾，不過這隻確實如此）。如果我朋友只帶柯利犬出門遛狗，經過街上兩隻兇惡的德國牧羊犬時，這隻柯利犬就像是又瞎又聾似的，直視前方，完全無視於兩隻惡犬，因為直視對方是一種挑釁行為，因此牠刻意避開視線，以免刺激牠們。

我們可以斷定這隻柯利犬在單獨面對其他狗的時候，只是假裝不害怕，並非壓抑自己的情緒而真的不覺得害怕，這是因為牠沒有把注意力轉向發生事情的方向。只要周邊有事發生，所有的動物都會注意到那個方向，這是一種自動機制。既然沒有任何一隻狗可以真的無視兩隻衝著牠狂吠的德國牧羊犬，這隻柯利犬勢必是有意識地凌駕牠最基本的注意反應，而主動地忽略其他狗。

四種核心情緒

研究人員已經指認出四種主要情緒，並且予以詳盡分析。這些都是動物在出生不久之後就發展成熟的情緒：

1. 憤怒
2. 追逐獵物的衝動
3. 恐懼

4. 好奇／興趣／期待

此外，大部分的動物還有四種主要的社群情緒，只不過還沒有詳盡的研究：

1. 性吸引力及慾望
2. 分離焦慮（母親與幼兒）
3. 社群依附
4. 玩鬧嬉鬧

我們對於恐懼、憤怒和追逐獵物的衝動都知之甚詳，因此這些情緒都應該有個別的章節予以討論。憤怒和追逐獵物的衝動在第四章，恐懼則在第五章，至於本章的其餘篇幅，則討論到好奇／興趣／期待以及四種社群情緒。

好奇不會殺死貓或是任何動物

哺乳類動物和鳥類都會對周遭環境感到好奇或興趣，也會期待有好事降臨。在替狗準備食物的時候，就可以看到這種期待的情緒對動物來說有多好玩了，只要開始把乾狗糧倒進狗食盆子，狗就會露出咧嘴大笑的神情，尾巴也會快速地搖個不停。在狗的生活中，準備吃飯永遠都是快樂的時刻。

這種晚餐時刻的搖尾微笑，來自一個最基本的情緒，這種情緒並沒有單獨的名稱，至少需要兩個詞彙才能形容，即便如此，也還不一定可以掌握其精髓。潘克西普博士說，他所能想到的最佳形容詞就是：濃厚的興趣、全心的好奇，以及熱切的期待。

或許大腦路徑一旦啟動，人類或動物就會依情況不同而感受到好奇、興趣、期待三種情緒的混合。人類似乎無法形容大腦的這個部位受到電流刺激時到底是什麼感覺，但是通常都會這麼形容，「有一種感覺，好像有非常刺激有趣的事情正要發生。」在動物的腦子裡，如果這種好奇興趣的路徑受到刺激，牠們的行為似乎也表現出相同的感覺，牠們會變得精力旺盛、動作興奮，像發狂似地開始亂跑，到處嗅個不停、探索覓食。

潘克西普博士把大腦的這個部位稱為搜尋路徑（SEEKING circuit）。動物和人類都有一種強烈的基本衝動去搜尋牠們生活所需，我們都仰賴這種情緒才得以存活，因為對環境感到好奇與濃厚的興趣，不但可以幫助動物和人類找到好東西，像是食物、棲身之所或配偶等，同時也可以讓我們遠離不好的東西，像是掠食動物。

我們從一項研究中得知，好奇／興趣／期待或者搜尋都是一種正面的情緒。這項研究名為「大腦電流刺激」（electrical stimulation of the brain，簡稱為ＥＳＢ），醫生在動物的大腦裡植入電極，然後刺激大腦的不同部位，看動物有什麼反應。大腦中主宰搜尋的部位主要位於下腦丘（hypothalamus），屬於哺乳類動物腦，其中最重要的化學物質是多巴胺（dopamine），當下腦丘受到電流刺激時，多巴胺的分泌就會增加。下腦丘主宰性激素與食慾，所以搜尋情緒源自此處也不無道理，因為所有的動物都花很多時間在搜尋食物和配偶。

我們知道動物喜歡處於搜尋狀態，因為研究人員在自我刺激的實驗中讓動物自己來控制電極，而當電極植入好奇／興趣／期待系統後，動物會一直打開電流，狂奔猛嗅，直到筋疲力竭為止。

很多人在唸大學時都讀過這些實驗的文獻資料，因此我必須特別說明，有關這些研究的詮釋在近年來已經徹底改變。過去，研究人員以為這個路徑是大腦的愉悅中心，有時候也稱之為回饋中心，而既然多巴胺是跟搜尋路徑息息相關的神經傳導物質，因此他們也認為多巴胺是「愉悅」的化學物質。我在唸大學時，老師就是這樣教的，那時候我總認為，在ＥＳＢ實驗中的動物一定是一直處於性高潮的狀態。

事實上，多巴胺跟很多藥物上癮也有密切的關聯，使用古柯鹼、尼古丁和其他刺激性物質都會導致大腦分泌大量的多巴胺，因此跟愉悅中心的理論不謀而合。研究人員認為，有人使用藥物上癮是因為這些藥物讓人感到愉悅，所以多巴胺一定就是大腦中的讓人感到愉悅的化學物質。

然而研究人員現在卻有不同的看法，有充分的證據足以證明，像古柯鹼這類藥物會令人感到愉悅的理由，是因為這些藥物強烈刺激搜尋系統，而不是任何愉悅中心。在自我刺激實驗中，老鼠所刺激的是好奇／興趣／期待路徑，才讓牠們感覺愉悅。對於發生的事情感到刺激，產生濃厚的興趣——也就是大家所說的「飄飄欲仙」！

這種新的詮釋至少有三種不同的證據。第一，動物大腦的這個部位如果受到刺激，會表現出強烈的好奇心，第二，人類如果在這個部位受到刺激，則會說他們感到很興奮，興致盎然。

第三個證據則是決定性的論點。當動物看到食物可能就在附近的跡象時，大腦的這個部位就會開始運作，但是等到牠們實際上看到食物，這個部位就停止運作。搜尋路徑是在尋找食物的過程中才會發揮作用，一旦找到食物或是正在享用食物的時候，反而沒有作用，因此是搜尋的過程才讓人感到愉悅。

仔細想想，倒也沒有那麼意外。畢竟享受尋找食物的過程，本來就是人類和動物與生俱來的本能，所以獵人外出打獵，並不一定會吃掉捕獲的獵物，他們喜歡的是打獵本身。人類因個性與興趣的差異，會享受各種不同的狩獵搜尋。有些人喜歡在跳蚤市場尋寶，有些人喜歡上教堂或是參加哲學討論會，尋找生命最終的意義，而這些活動都源自大腦的同一個系統。

動物也會喜新厭舊

在自然環境中，不同的動物會有不同程度的好奇心。

比方說，老鼠是超級探險家，不管在什麼樣的環境中，牠們都非常積極探索每一個角落和縫隙。牛的天性就沒有那麼好奇，或許是因為牠們的體型夠大，而且又被人類畜養了這麼久，所以環境中的威脅就沒有這麼多，也不需要四處張望。

有些乳牛的好奇心會比其他牛強烈。賀斯敦乳牛就非常好奇，喜歡用舌頭探索周遭環境。如果我在滿是賀斯敦乳牛的牧場上躺下來，牠們會靠過來，舔我的靴子，有時候牠們還會舔馬的屁股。

如果說野生動物的好奇心常比家禽家畜要強烈，一點也不足為奇。我的助手馬克養了一隻野生種的卡羅萊納犬，名叫「紅狗」，牠的基因比美國愛犬協會列管的純種狗更接近野生的老祖宗。紅狗就非常好奇，每到一個陌生的地方，就狂聞猛嗅，什麼東西都要探個究竟。有一次，我們帶牠到一家洗狗公司，隔壁就是麥當勞，結果牠就像瘋了似的，到處聞、到處查探，不管我們怎麼叫牠都無動於衷。

馬克還養了另外一隻老狗叫「安妮」，是一隻小型的澳洲牧羊犬。牠就比較親善，雖然個性也很好奇，但是至少到了洗狗公司，還肯聽我們的話。家禽家畜的好奇心不像野生動物那麼強烈，或許也是人為選擇壓力所造成的差異，因為野生動物需要在自然環境中保衛自己，而家禽家畜則有人類照顧，不需要自己去找食物或棲身之處，所以就不像野生動物那麼需要好奇這種情緒。

我所謂的新奇搜尋（novelty seeking），也就是動物碰觸、探索新事物並且與之互動的慾望，或許跟好奇心如出一轍。所有的動物都跟人類一樣喜新厭舊，如果你拿一些不錯的玩具給動物玩，過幾個星期之後，再給他們一些沒有那麼好玩的新玩具，就算新玩具不像舊的那麼好玩，牠們還是比較喜歡新的。我在伊利諾大學所飼養的豬也是一樣，我給牠們一些好東西，像是稻草讓牠們打滾或是電話簿讓牠們撕扯，但是不管舊玩具有多好玩，只要我拿新的東西進來，牠們立刻就會放下手邊的舊玩具，來玩新的東西。所有的豬都寧可玩劣質的新玩具（像是既不能啃、也不能躺的金屬鏈子），而將好玩的舊玩具（如稻草或電話簿）棄之如敝屣。

因此，小孩子無論有多少玩具，總是還想買新的，至於成人則會一直買新衣服和新車。新鮮本身就是一種享受。

喜歡新奇事物的情緒或許是源自搜尋系統，這是為了好奇而好奇，並不是為了尋找食物或棲身之處。人類和動物都要善用自己的能力，而好奇正是一種重要的本能，所以人類和動物都需要新的事物來刺激他們的大腦。比方說，鸚鵡就需要很多新鮮的事物才不會因為長期拘禁而捉狂。研究人員對單獨飼養的鸚鵡做過實驗，結果發現在鳥籠裡放愈多的新東西，鸚鵡就愈不容易出現跟壓力相關的啄毛行為。（鸚鵡也非常需要人類作伴，牠們是高度社群化的鳥類。）

到目前為止，我只有這個理由來解釋新奇事物為什麼既可怕又好玩。我們對於大腦的搜尋系統所知太少，但是有個朋友的經驗卻是很好的例證。她的兒子痛恨任何改變，所以她一直在教導他，希望他能夠更容易適應環境，不過他也喜歡新玩具，這是他唯一喜歡的新東西。

有一天我朋友問兒子說，他反對任何新的嘗試體驗，但是又一直纏著她買新玩具，這不是很矛盾嗎？結果他說：「我不喜歡新的事情，但是我喜歡新的物品。」動物的行為正是如此。

動物迷信

好奇心不但幫助動物找到生活所需，也幫助牠們學習。我知道這句話聽起來像是老生常談，但是好奇心究竟如何幫助動物學習呢？這就不是老生常談了。

原來，動物和人類一樣都內建有研究人員所謂的確認偏見（confirmation bias）。牠們生來就相信，如果兩件事接連發生，就絕對不會是意外，而是第一件事導致第二件事發生。

舉例來說，如果在鴿子籠裡安裝一個會發光的按鈕，而且總是在食物出現之前亮起來，那麼要不了多久，鴿子就會一直去啄那個發光的按鈕以獲得食物。這是因為確認偏見讓牠們相信，第一件事（按鈕發光）

導致第二件事（食物出現）發生。鴿子不小心啄到了發光的按鈕，然後食物就出現了（因為只要按鈕一亮，就一定會有食物出現），幾次之後，牠就會認定只要按鈕發亮時去啄一下，就會有食物出現。

鴿子的行為跟人類一樣，有人認為只要帶著幸運的兔子腳，他所屬的棒球隊就會贏球，因此史基納才把這種行為稱為動物迷信。投手帶著兔子腳投了幾場好球，就如同鴿子啄了發亮的按鈕得到食物一樣，兩者都認為其中必有因果關係。

確認偏見是動物和人類大腦裡的內建程式，有助於我們學習，這是因為我們天生的假設認定，如果第一件事發生之後緊接著發生第二件事，那麼就一定是第一件事導致第二件事發生，我們天生的假設並不是認為兩件事同時發生純屬巧合。對動物和人類來說，巧合這個概念都是相當高級的思想，我們在大腦裡的預設程式會把相互關係視為因果關係，就是這麼簡單。所以在統計學課程中，老師必須正規地教導學生，兩件事彼此相關未必就是因果關係。不過在現實生活中，確實有很多情況是第一件事導致第二件事發生，所以確認偏見有助於我們把兩件事聯想在一起。

這種內建式的確認偏見有個缺點，就是會產生許多毫無根據的因果聯結，也就成了迷信。大部分的迷信或許是肇因於兩件毫不相關的事情不小心聯結在一起，比方說，數學考試及格的那一天，你正好穿了藍襯衫，接著在比賽中得獎那一天，又穿了同一件藍襯衫，此後你就認定藍襯衫是你的幸運服。

動物也因為這種確認偏見而產生各種迷信，我就見過迷信的豬。養豬場餵豬的時候，經常發生豬隻爭食的情況，於是農民使用一種由電子控制的餵食豬欄，一次只餵一隻豬，避免牠們爭先恐後地搶食飼料。每一隻豬的脖子上都裝了一個電子項圈，作用就跟辨識門禁卡一樣，豬走到餵食豬欄的門口，掃瞄器讀取電子項圈之後就會開門讓豬進去，隨後立刻把門關上，以免其他的豬跟進。餵食豬欄非常牢固，其他的豬無法把嘴伸進去咬同伴的尾巴或屁股，所以在裡面的豬可以安心進食。

豬走進餵食豬欄之後，必須仰頭把嘴湊近餵食槽，在這裡有另外一個掃瞄器讀取這隻豬的編號，據以計算這隻豬應該吃的飼料量。

有些豬以為是項圈讓牠們進入餵食豬欄，所以只要看到地上有鬆脫的項圈，就會撿起來並放到餵食豬欄前，想用項圈打開餵食豬欄的門。以這個例子來說，確認偏見讓牠們對現實得到正確的結論。

然而其他的豬同樣根據確認偏見，卻對豬欄裡的餵食槽產生各種迷信。我就看過一些豬，走到餵食豬欄前等門打開，進去之後就走近餵食槽，然後開始出現一些故意的動作，例如不停地踩踏地面。牠們會不斷地重覆同樣的動作，直到正巧把頭湊近了餵食槽，讓掃瞄器讀取項圈，把飼料送進來為止。顯然牠們曾經有好幾次踩踏地面之後就正巧有飼料送進來，所以就誤以為這是獲得飼料的原因。人類產生迷信的方式，跟動物如出一轍。我們的大腦也有相同的預設程式，看到聯結與相互關係，而不是巧合與偶然，此外，大腦的預設程式也讓我們相信，相互關係就是因果關係。大腦的這個部位讓我們學會應該知道的事情，找到維繫生命所需要的事物，但是同一個部位也讓我們產生妄想和陰謀論。

動物朋友與家人

除了四種主要情緒之外，所有的動物和鳥類都還有四種基本的社群情緒：性吸引力及慾望、分離焦慮、社群依附、玩樂與吵鬧的快樂情緒。

性吸引力及慾望

在性方面，我們也可以看到一些稀奇古怪的演化結果，這都要歸因於人類的干預。例如，在美國的養豬戶開始選擇比較精瘦的豬，因為美國人喜歡吃瘦肉，到目前為止，這些精瘦的豬都還算健康，但是性格卻迥然不同，特別容易緊張，而且動不動就會受到驚嚇。沒有人知道這是什麼原因，但是可能跟髓鞘質有關係，髓鞘質（myelin）是包圍在神經細胞軸突外的一層油脂物質，具有保護作用，讓訊號在腦細胞之間的傳輸不受干擾。髓鞘質是由脂肪構成，因此在繁殖脂肪較少的豬隻時，很可能也影響到髓鞘質的形成。髓鞘質較少的動物就會比較神經質，因為抑制訊號，也就是告訴其他神經元不要啟動的化學訊號，無法順利地從某一個神經元傳輸到另外一個神經元，所以牠們無法鎮定下來。至少這是一種說法。

此外，瘦豬的繁殖力也比較低。在中國，所有的豬都很肥，所以母豬生的仔豬比美國豬要多。一頭中國肥母豬一胎可以生下二十一隻仔豬，相形之下，美國的瘦母豬一胎才生十到十二隻仔豬，遜色多了。至於中國肥公豬則是性慾旺盛，伊利諾大學曾經引進一批中國公豬，結果只要工作人員一不注意，牠們就溜出豬圈，找母豬交配播種，這是美國豬做不到的事。牠們滿腦子都是性，而且還會為了性，大玩脫逃失蹤的把戲。所有的中國肥豬情緒都相當鎮定，性能力超強，而且母豬也是很好的媽媽。

性慾對任何動物來說都是很強烈的情緒，因此照料動物的人類也責無旁貸地必須處理這個問題，無論是讓動物絕育或是傳宗接代，都是一項挑戰。

不讓動物繁殖最簡單的方法就是閹割，但是卻未必能夠完全阻絕與繁殖相關的行為，尤其是等動物長大後才閹割，許多跟性有關的行為都已經定型了。我小時候養的暹羅貓「畢利」就是一個例子，牠被閹割的時間較晚，這時候牠已經有到處灑尿的行為。有一次我們搬家，暫時把一些畫放在新家的走廊上等著要掛起來，結果畢利在畫框玻璃上看到自己的倒影，就在每一幅畫上灑尿。我們總共有三十五幅畫，其中二十幅完全遭到破壞，最後只好丟掉，其他的雖然很臭，不過我們還是掛在牆上。

如何讓豬墜入愛河

性吸引力和配偶選擇，就跟其他複雜行為一樣，必須經過學習。性行為本身是與生俱來的固定行動模式，就跟公雞的求偶舞一樣，是動物一生下來就在大腦裡，不用人家教也知道該怎麼做。但是牠們卻必須從其他動物身上學習哪些動物可以交配、哪些不可以。

多年來，動物在選擇交配對象時搞不清楚狀況的事證不勝枚舉，足以證明這個論點。羅格斯大學（Rutgers University）的一位鳥類學家曾經寫了一本書叫做《我的鸚鵡老大》（The Parrot Who Owns Me），書中就提到類似的情況。有隻三十歲大的鸚鵡，因為原來的飼主過世，因此作者就收養了牠，結果這隻鸚鵡愛上了新主人，認定她就是終身伴侶，於是每年春天都會向她求偶，還會撕碎了報紙做窩、親吻她或是銜著食物跟她分享，甚至在他們夫妻有親暱動作時，還會攻擊她丈夫，然後又因為對她丈夫無禮而表現出抱歉的行為。《潔西卡的大麋鹿》（A Moose for Jessica）是另外一個著名的故事，講述在佛蒙特州有隻麋鹿愛上了一隻名叫「潔西卡」的哈佛特白面牛（Hereford），而且在牧場上追求了七十六天。

繁殖家畜，有的簡單有的難，端視哪一種動物而定。

繁殖牛羊是最簡單的，有些牛羊可以自然繁殖，只要把雄性放到牧場上，牠們就會自己去找雌性交配。唯一要注意的是公牛之間的支配階級問題，最有支配優勢的公牛未必有最好的精子或最好的基因，如果位階高的公牛到處打空包彈，趕走了其他好的公牛，這種情況就很不利，必須放更多的公牛到牧場上，避免只有一隻公牛可以繁殖。

大部分的乳牛都是經由人工授精繁殖，這也很容易；在母牛方面，不需要特別做什麼事情，只要把導管插入母牛的子宮，注入精子就可以了。

至於在公牛方面則比較麻煩，特別是布拉曼牛，這是一種白牛，背部有巨大的隆起，還有一對長耳朵。布拉曼牛對人類很有感情，迷戀人類的寵愛。我很喜歡布拉曼牛，只要你對牠們好，牠們也會對你很好，用舌頭舔你的臉和身體，但是如果你對牠們不好，那就得小心了，因為牠們對你會又踢又撞。

因為布拉曼公牛的感情豐富，所以在取精液的時候必須花很長的時間安撫牠們。往往要花二十分鐘，慢慢地搔牠們的喉嚨和屁股，才能取得精液。牠們在乎的就是這種慢工細活，非得好好地、認真地撫摸牠們，否則牠們就會一再拖延時間，遲遲不肯讓你得逞，有一些牛甚至還要你離開，根本取不到精液。碰到這種牛，你就得讓牠們知道：除非讓你取得精液，否則就不會有人好好地撫摸牠們。

豬也可以自然繁殖，但是養殖業者多半還是採用人工授精。商業用豬的繁殖是一種藝術，我曾經跟一位專業人士交談，他替母豬授精繁殖成功的記錄，幾乎無人能出其右。他跟我說了一些工作上的軼事，就我所知，至今還沒有人在書裡提過。像是公豬在取精液的時候，喜歡讓人抓皮屑（豬的背上會長出很大片的皮屑）；有些比較親密，例如他必須用公豬喜歡的方式捉著牠們的陰莖，然後用正確的方法替牠們自慰。他說，曾經有一隻公豬還要人玩弄牠的肛門。「我必須把手指頭伸進牠的肛門，顯然牠真的很喜歡，」他滿臉通紅地跟我說。我不會透露他的名字，因為我知道他會不好意思，但是他的確是這一門生意中的翹楚。要記得，我說這一門生意，因為這確實是一門生意，公豬讓母豬受孕成功的數目愈高，公司的利潤也跟著水漲船高。

這個人還跟我說，他也要用同樣的方式來伺候母豬。替母牛做人工授精時只要把導管插入牠們的子宮，就會讓牠們受孕，生下小牛，不需要什麼情調或是先做什麼事情引起牠們的性趣。但是對母豬來說，就必須先刺激牠們的性慾，牠們的子宮才會把精液吸進去，如果不這麼做，受精的卵子就會比較少，生下來的豬仔數目也就變少。

因此替母豬做人工授精的人必須能夠判斷母豬是否準備妥當。其中一個徵兆是母豬的耳朵會像「眨眼睛」似的豎起來，我們稱為「爆跳」（popping）。另外，你也可以在母豬的背脊上施加壓力，模擬公豬爬到牠背上交配的感覺，如果牠還站得直挺挺的，就表示牠準備要受精了，繁殖人員稱為「站好等男人」。好的配種人員知道母豬什麼時候會「站好等男人」，他通常會坐在母豬的背上，讓牠有一種公豬壓在身上的感覺，然後再將精液注入母豬體內，有些人則在母豬的背上放重物，也有同樣的效果。

替豬配種的人過去完全忽視這些心理因素，現在則開始注意到這些細節。有一點很重要，配種的人絕對不能做其他壞事，例如注射疫苗或是任何跟獸醫有關的事情（所謂的壞事是從豬的角度來說），如果他做了這些事情，豬會拒絕讓他配種。儘管這個人還是可能替豬授精繁殖，但是豬仔的數目會減少很多。澳大利亞的漢茲華斯（Paul Hemsworth）曾經做過實驗顯示，怕人的母豬生下的豬仔數量比不怕人的母豬要少百分之六，而且豬仔出生後體重增加的情況也比較差。替母豬接生的人必須是牠們所信任的人，所以在牧場上替豬配種繁殖的人只能做這件事，其他事情最好別做。

超高度警戒監獄裡的馬

繁殖豬的工作人員尊重動物的天性，因此工作成效良好。但是繁殖馬的人卻不然，他們把公馬單獨關在馬廄裡，整天無事可做，也沒有人可以互動，幾乎讓馬悶得捉狂。馬是一種社群動物，牠們需要跟其他的馬一起生活；我們把馬匹養在這種超高度警戒的監獄裡，也會破壞牠們的生殖能力。

在牧場上，公馬若是想跟母馬交配，會走到牠的面前嘶鳴，好像在問牠說：「妳想跟我上床嗎？」而且牠要溫柔體貼地徵求母馬的同意，才能成其好事，否則根本難越雷池一步。

但是整天關在馬廄裡的公馬卻變成了性愛狂魔，而且飼主使用的交配程序也令人不忍卒睹。他們先把母馬綁起來，讓牠無處可逃；然後再把馬腿也綑住，如此一來，就算牠不喜歡公馬，也無法踢牠，這時候他們才把公馬放出來，讓牠霸王硬上弓，強暴母馬。整個過程令人作嘔。

我知道飼主為什麼不願意讓馬匹自然交配，因為他們擔心母馬可能會踢傷公馬。然而把公馬變成強暴犯也不是正途，這根本不正常，而且把公馬整天單獨關在馬廄裡，也是很惡劣的做法。從小在孤立環境中長大的賽馬或許真的需要有獨居的馬廄來保護牠們，那是因為牠們的性格已經遭到扭曲，事實上，馬匹不需要獨居的馬廄，牠們需要其他的馬匹共同生活。飼主花在馬匹飼料和居所上的錢，可能毫不吝嗇，但是卻沒有真正深思熟慮。

愛情賀爾蒙

我們對於大腦控制性慾和性能力一事，已經知之甚詳。大家都聽說過雄性激素、雌性激素和成長激素等名詞，也許大多數人也都知道雌雄兩性體內都有這三種激素，只是份量不同而已。但是，另外有兩種重要的賀爾蒙卻並不廣為人知：雌性動物的催產素（oxytocin）和雄性動物的精氨酸加壓素（arginine vasopressin，簡稱AVP）或是加壓素。（有些讀者可能聽過小兒科醫師提起AVP，AVP又稱抗利尿激素或ADH，因為能讓水分滯留在體內，所以小兒科醫師有時候會開這種藥給尿床的小孩。）

催產素在雌性動物生產之前激增，協助她順利成為母親，而在性行為過程中，雌雄兩性的大腦裡，催產素和加壓素都會升高（催產素對雌性動物的大腦比較重要，而加壓素則對雄性比較重要）。兩者都是非常古老的化學物質，是從管催產素（vasotocin）演化而來的，這是一種在青蛙和兩棲類動物體內主宰性行為的化學物質，只要在青蛙的大腦裡注入一點點的管催產素，牠們就會立刻展開求偶和交配的行動。管催產素、催產素和加壓素之間，只有一個氨基酸的差異，因此，我們的性行為還是由青蛙腦控制。

加壓素與催產素不只是性賀爾蒙，同時也是父親、母親和愛情賀爾蒙。科學界有些作家也稱加壓素是單一配偶賀爾蒙，因為終生只跟一個伴侶交配的草原田鼠，體內的加壓素就比表親山區田鼠要高出許多，而後者卻不是單一配偶制的動物。（在哺乳類動物中，大約只有百分之三是單一配偶。）草原田鼠爸爸和媽媽會一起築巢，一起撫養幼鼠長大。神經科學家殷賽爾（Thomas Insel）曾經針對加壓素和田鼠做了很多實驗，結果發現，如果把一批高加壓素的草原田鼠放進一個空間寬敞的大紙箱裡，雄鼠和雌鼠配偶會有一半的時間膩在一起。但是如果把低加壓素的山區田鼠放進同一個箱子裡，他們幾乎絕大多數時間都是獨處，只有百分之五的時間跟其他田鼠共處。

催產素對於這些社群活動來說格外重要，因為催產素是社群記憶（social memory）的基礎，它是讓動物彼此記得的賀爾蒙。有個研究就是利用基因突變而缺乏催產素的老鼠做實驗，結果發現這些老鼠無法形成社群記憶，牠們會記得其他的事情，但是卻完全不記得已經碰過面的老鼠，分明是剛才已經放進牠們籠子裡的老鼠，牠們還是像見到陌生人一樣嗅個不停。（已經彼此認識的動物，即使分離一段時間再見面，也不會像第一次見面時那樣聞個不停，這只要看看狗就知道了。）動物如果沒有社群記憶，顯然就無法維持單一配偶制，而且也不會是好母親，因為牠們根本不認得自己的孩子。

這個發現讓研究人員推測，某些自閉症患者可能是催產素分泌失調，因為自閉症患者似乎也常常不記得他們以前見過的人。不過，這多半是跟自閉症患者臉部辨識能力極差有關，而不是臉部記憶。雖然我們有腦部掃瞄資訊可以證明這一點，但是這顯示一般人對於自閉症還是有很多誤解。此外，還有研究顯示正常人分別使用大腦的不同部位來辨識物體和臉部，但是自閉症患者卻使用大腦中辨識物體的區域同時來辨識物體以及臉部。像我自己就不記得別人的臉長什麼樣子，但是卻可以透過其他方式來記得這些人，例如他們的聲音。也許自閉症真的跟催產素有關，我也不知道，但是我猜自閉症患者無法辨識臉部的問題，應該有其他的因素。

加壓素也讓草原田鼠有強烈的性佔有慾。牠們有交配守護（mate guard）的行為，也就是說，牠們會緊盯著配偶，不讓其他的雄鼠靠近。牠們保護勢力範圍的慾望以及對其他雄性的侵略性都很強烈，即使配偶不在也是一樣。有一個研究就是觀察加壓素和雄性侵略性（intermale aggression）之間的關係，所謂的雄性侵略性，是指雄性動物對另一隻放進同一個籠子裡的雄性動物會產生攻擊行為的傾向。結果研究人員發現，還是處男的雄性成鼠幾乎完全沒有侵略性，但是只要牠們交配過，體內的加壓素增高，牠們就會「表現出長期維持，而且持續增加的侵略性」。在實驗中，研究人員連續七天替剛出生的草原田鼠注射加壓素，然後測試牠們的侵略性，結果發現經過注射的田鼠不但侵略性高出許多，而且攻擊的對象還不限雄性，甚至連雌性也會遭到攻擊。

至於加壓素較低的山區田鼠，則完全不在乎牠們的配偶，也不理會其他雄鼠。一旦牠們交配之後，就立刻失蹤，因為牠們非常不熱衷社群活動。山區田鼠都是獨行俠。催產素是母性賀爾蒙，但是雌性的山區田鼠體內催產素的分泌量也比草原田鼠低，所以牠們一生下幼鼠就棄之不顧，而幼鼠也不在乎，因為牠們都不是熱衷社交的動物。

拿狗媽媽如何對待牠的小狗來做個比較。有一次，馬克的狗安妮意外被鎖在廚房，而牠的小狗則放在隔壁的車庫裡，安妮無法靠近牠的孩子，幾乎要捉狂。牠先是瘋狂抓門，然後猛撞廚房和車庫之間的塑膠隔板，牠就這樣風狂雨驟地又抓又撞，硬是在塑膠板上抓穿了一個洞。「安妮」是小型狗，體重只有三十五磅，但是牠迫切地想要找到自己的孩子，竟然撞穿了一堵牆。

或許犬科動物都有相當高的催產素，牠們本來就是高度社群的動物，而動物一定有相當高的催產素，才會有高度的社群活動。狼通常也是單一配偶的動物，即使不是純粹的一夫一妻，但是至少是一連串的單一配偶。澳洲丁狗（dingo）和卡羅萊納犬通常也都是單一配偶的動物。

話說回來，人類豢養的狗卻不像單一配偶動物。放任自由活動的公狗可以跟任何一隻發情的母狗交配，結束之後，又會在同一個區域尋找其他在發情中的母狗。然而，這可能是因為狗在情緒上發育不成熟，所以不像成年的狼可以發展出單一配偶關係。此外，我們也無法得知這些家犬若是沒有跟人類住在一起，又會發展出什麼樣的社群生活，畢竟只有極少數的寵物犬有機會跟其他的狗交配。

狗在飼主寵愛撫摸的時候，催產素分泌會增加，而愛撫狗也同樣會促進飼主的催產素分泌。我敢說，這是很多人養狗的一個原因。雖然到目前為止還沒有人做過研究，不過我猜想，我們應該會發現狗讓人類變得比較好，進而成為比較好的父母。催產素對人類來說當然也很重要。女人懷孕生產後，催產素會激增，而研究顯示，這種高催產素會增加母性的溫暖和關懷。催產素也會讓男人產生「母性」的照護行為。因此，對為人父母者而言，養狗、愛撫狗或許就像是每天打一劑「好父母」針一樣，而養狗有助於維繫婚姻，也是同樣的道理。

有關加壓素的研究，發現了一個有趣的現象，我們人類普遍認為「壞的」行為（例如侵略性和性佔有慾），幾乎都跟我們認為「好的」行為（例如照顧幼兒和對伴侶忠誠）同時並存。雄性的草原田鼠侵略性強，有高度的交配守護行為，但是牠們同時也是忠實的丈夫和好爸爸。雄性的山區田鼠根本沒有侵略性和交配守護行為，但是卻到處濫交，也對自己的孩子沒有興趣。失去侵略性和佔有慾，同時也就失去了忠誠的配偶與好爸爸，兩者是不可分的。

雄性激素與父性行為的研究就不像加壓素研究這麼黑白分明，許多研究人員相信雄性激素會減弱父性行為。但是最近的研究卻顯示，在單一配偶的動物中，雄性激素會強化父性行為，因為身體把雄性激素轉化成雌性激素，而雌性激素會強化照顧幼兒的行為。

動物之愛

所有的小動物一旦跟母親分開，就會發出高頻率的焦慮呼救訊號。（我不知道山區田鼠的幼兒會不會發出呼救訊號，但是我猜想牠們應該會，不過可能只維持一段很短的時間。）動物在幼兒期完全依附母親，長大之後則依附某位特定的朋友或是社群中的其他成員，也可能兩者兼有。總之，動物就是愛其他的動物。

動物區別朋友與陌生人的方法跟人類沒有兩樣。很久之前，我聽過有人在拍賣場上偷豬的故事。農場主人把豬帶到拍賣場，讓肉品包裝業的買主競標，由於拍賣會持續好幾天，經手的豬不下幾千隻，因此每天偷一、兩隻豬而沒有人發現，也是不難事，這個小偷就是這樣下手。而飼主發現有人偷豬的唯一理由是因為卡車裝載的豬隻數目不足，每輛卡車可以載運兩百隻豬，當農民把一卡車的豬送到屠宰場卸貨時，豬圈管理員會清點豬隻，然後就發現少了一隻豬。

後來他們能夠找到偷豬賊，則是因為有人發現在某一個豬圈裡的豬都不會躺在一起，每隻豬都跟其他的豬敬而遠之，牠們的行動表示這些豬彼此都形同陌路。而牠們陌生的原因，當然是因為牠們都來自不同的農場，真的是陌生人。

這名小偷是賣場的工作人員，他每天從拍賣會上的幾千隻豬裡偷個一、兩隻，藏在拍賣場後面的豬圈裡，等待適當的時機再帶回去。這個豬圈跟其他的豬圈沒有什麼兩樣，如果不是裡面的豬知道自己不屬於這裡，根本不會有人發現這些豬是偷來的。所以歸根究底還是這些豬洩露了秘密，因為牠們不是跟朋友在一起，在行為上表露無遺。

人類總是低估家畜對於同伴的需求。要了解這些動物的社群化程度，只要問自己一個問題就行了，像馬、牛、豬、羊、狗，還有社群化程度較低的貓，這些動物從一開始是如何被人馴服的？野馬為什麼會接受在背上放著馬鞍，然後讓人手握韁繩，騎在身上呢？這是很難想像的。

大部分的專家相信，這些動物受馴服的理由，是因為牠們都屬於高度社群化的動物。牠們內在的社群化程度讓牠們可以跟人類相處，進而接受人類的控制與指揮。這種極高的社群化程度，到現在都還可以在家畜的身上看得到，即使貓的社群化程度，也比我們想像得要高出許多，貓姊妹甚至還會協助彼此生產。所有的家畜都需要同伴，這是跟水和食物同等重要的核心需求。

有些牧場已經開始認知到這種需求的重要性。以前在大學裡，經常看到小牛到三到六個月大該斷奶的時候，就被迫跟媽媽分離，這時候有很多個別的變數會影響到母牛和小牛的反應，不過有些牛會變得極度焦躁不安。我記得有一頭母牛就像捉狂似的，一直叫個不停，甚至還試圖跳出牛欄去找牠的孩子；至於小牛也是很緊張、很不安分。

現在的牧場則採用低壓的斷奶方式，雖然還是用柵欄隔離母子，但是牠們至少還可以碰觸鼻子，其實對那個年紀的小牛來說，這樣也就夠了。牠們並不是真的需要母牛授乳，只是想跟媽媽在一起而已。如果不用人工的方式隔離，讓牠們自然發展，那麼小母牛可能會一輩子都會賴在媽媽的身邊，在自然環境中，像這樣母女形影不離的情況並不少見。有時候我們也會看到小公牛跟牠的兄弟黏在一起，有些物種的雄性動物還會跟其他的雄性結為好友。

狗對主人的依附就類似幼獸對母獸或幼兒對爸媽的依附。寵物狗在陌生環境測試（strange situation test）中的反應，跟小孩子如出一轍。研究人員觀察幼兒在陌生環境中有母親作伴和沒有母親作伴時的不同反應，結果發現如果母親在身邊，他們就會很有自信地探索陌生環境，但是只要母親一離開，他們就會停止一切動作，焦慮地等候她回來。狗的反應也是一樣；研究人員在五十一隻狗及其飼主身上做過這個實驗，結果發現只要飼主離開，狗就停止探索環境，並且出現焦慮的徵兆，但是等到飼主回來，牠們又會放鬆心情，開始四處探索。因此有人說狗就像小孩子，還真是一點也沒錯。

研究人員也針對社群依附做過腦部電流刺激實驗，看看用電擊棒刺激動物的大腦時，是哪一個部位送出分離焦慮的訊號。利用這個方法，我們可以找出訊號傳送的路徑和牽涉其中的化學物質。就演化上來說，社群焦慮是跟大腦中三個老舊原始的系統有關：

1. 疼痛反應（pain response）

2. 位置依附（place attachment）：動物對他的巢穴、繁殖地域或家，形成依附情緒的能力。（任何物種的幼兒若是獨處都會感到焦慮，但是如果獨處的地方是在家裡，而不是陌生的環境，那麼焦慮的程度就比較低。）

3. 溫度調節（thermoregulation）：體溫的調節。

人類談論社群依附所使用的語言以及他們的行動表現，都可以看到這三種系統的作用。在我們使用的語言中，社群分離與痛苦之間的關聯也許是最明顯的一個。我們使用相同的詞彙來形容肉體上的痛苦以及社群分離與失落，如痛苦、痛楚、苦悶，甚至折磨。

位置依附出現在諺語裡，如「金窩銀窩不如自己的狗窩」。

至於溫度調節則在討論人際關係時一再出現，例如我們常說「母性的溫暖」或是用冷熱來形容一個人，溫暖的人是仁慈、關愛、善於跟人交往，冷酷的人則剛好相反。另外，人類或動物在孤單的時候，通常都需要有人撫摸碰觸，這是因為在野生環境中，幼獸必須緊緊依偎著父母的身體來取暖。

研究人員相信，社群溫暖是從大腦裡主宰體溫的系統中演化出來的，我知道這聽起來很奇怪，但是至少可以證明社群依附對動物來說有多麼重要。所有剛出生的哺乳類動物都必須跟父母有強烈的社群依附才能存活。比方說，幼狼必須跟其他的狼有肢體接觸才能維持身體溫度，也要有社群接觸才能維持情緒溫度，兩者同等重要。社群依附是一種生存機制，有一部分正是從維持體溫的生存機制演化出來的。

愛會傷人

此外，社群依附也牽涉到大腦裡相同的化學物質。大多數人都知道大腦會自動分泌一種止痛劑，胺多芬（endorphins）。胺多芬是一種內源性類鴉片素（endogenous opioids），也就是天然的瑪啡和海洛因，大腦裡分泌胺多芬的路徑，稱之為類鴉片系統（opioid system）。我們在受傷時，大腦就自動分泌胺多芬減輕痛苦，此外，我們跟心愛的人在一起或是心愛的人碰觸我們身體的時候，大腦也會分泌胺多芬。許多神經科學家認為，我們對某人著迷或是依賴成性的情況，就跟吸食海洛因或瑪啡上癮一樣，彼此依賴的人會產生一種社群依附關係，而這種關係的基礎則是生理上對大腦鴉片產生的依賴。

研究人員使用一種名為拿淬松（naltrexone）的類鴉片抗拮劑，阻撓大腦分泌類鴉片素，對於這種詮釋愛情與友誼的類鴉片理論（opioid theory）做過一些有趣的實驗，其中最著名的就是潘克西普的研究。另外我也跟塔夫特大學（Tuft University）獸醫學院的杜德曼教授（Nicholas Dodman）做過一個實驗，他也是《戀戀情深的狗》（The Dog Who Loved Too Much）一書的作者。醫生利用拿淬松來治療吸毒上癮或是酒精中毒的患者，但是這種藥物也會阻絕胺多芬的分泌，因此研究人員可以用來做實驗，看看動物在類鴉片系統失去作用時，牠們的社群依附和分離焦慮會出現什麼狀況。

研究人員發現，服用拿淬松的動物格外喜歡成群結隊，而這也是研究人員原先預期的結果。

這是因為拿淬松阻撓大腦分泌類鴉片素，讓動物感到不舒服，因為類鴉片素分泌受阻，降低血液中的類鴉片素濃度，而社群接觸可以提高大腦內的類鴉片素，讓動物感到愉悅。就理論上來說，服用拿淬松的動物更喜歡成群結隊，因為牠們可以藉此提高血液中胺多芬的濃度，回升到拿淬松阻絕胺多芬分泌之前的程度。動物體內的胺多芬濃度若是降低，牠們就會有更多的社群接觸，藉以提高體內的胺多芬，這種情況就像是吸食海洛因上癮的人若是體內的海洛因濃度降低，他們就想要吸食更多的海洛因一樣。

實驗觀察到的結果是，服用拿淬松的狗，尾巴會搖得更起勁，服用拿淬松的猴子，則比平常更喜歡替彼此梳毛。總之，服用拿淬松的動物變得更喜歡社交。

我還沒有聽說過有人在正常人的身上用拿淬松做實驗，不過潘克西普博士利用拿淬松對自閉症患者做過很多實驗，因為他認為有自閉症的人可能是大腦分泌了太多的天然類鴉片素。類鴉片素的濃度高，社交慾望就會降低，所以吸食海洛因或瑪啡上癮的人，都會減少與社會接觸，因為他們不再覺得需要其他人。潘克西普認為，某些自閉兒可能就像海洛因毒癮患者，不覺得自己有必要跟其他人互動，因為他們體內的類鴉片素濃度已經夠高。

他的理論基礎一方面是發現有些自閉兒對疼痛的敏感程度低得出奇，這可能是因為類鴉片素的濃度太高所致，另一方面則是發現有些自閉兒即使哭泣也不會掉眼淚。動物如果服用鴉片，就根本不會叫，所以自閉兒哭泣但不掉淚的原因，可能就是類鴉片系統出了毛病。（動物研究人員也用相同的詞彙來形容動物喊叫。）此外，潘克西普博士認為，有些自閉兒特別喜歡辛辣、重鹹的食物，可能也是因為天然的類鴉片素濃度太高，所以他們服用拿淬松之後，就會變得比較容易與人交往。到目前為止，經過低劑量拿淬松治療的自閉兒，有一半都已經變得容易與人親近。

擠壓機器的感覺

我從牢靠架裡的牛得到靈感，替自己製作了一個擠壓機器。起初我的著眼點只是深層壓力的鎮定功效，所以用了兩塊硬木板，沒有任何的軟墊或緩衝。有自閉症的兒童和成人都喜歡深層壓力，有些人甚至穿戴著真的很緊的腰帶或帽子，感受這種壓力，很多自閉兒喜歡躺在沙發椅墊下，甚至叫人坐在椅墊上壓著他。我小時候也喜歡藏在沙發椅墊底下，這種壓力讓我感到情緒舒緩。

後來，我慢慢改良擠壓機器，在木板上加了軟墊，這時候除了心情鎮定輕鬆之外，又有一種不一樣的感覺，軟墊給我一種對其他人溫柔和善的感覺，也就是社群的感覺。此外，軟墊也讓我的夢變得更美好，比方說，輕撫小狗或是在躺在阿姨的牧場草地上看著藍天白雲，類似這樣的夢境。硬木板讓我在生理上感到鎮定，但是軟墊卻讓我有易於親近的感覺，我必須有這種讓人擁抱的美好感覺，才會對人有好的觀感。

我的經驗讓我想起一九六〇年代，哈洛（Harry Harlow）在威斯康辛大學所做的實驗。他利用兩種假的母猴模型，一個是鐵絲編成的硬模型，另外一個則是用柔軟布料製成，藉以測試幼猴喜歡哪一個。結果發現，雖然所有的小猴子是從硬的母猴模型身上吃到奶，但是牠們都比較喜歡軟的母猴模型。換言之，柔軟的觸感比食物更重要。

此外，加了軟墊的擠壓機器還讓我發現到其他事情。我開始使用加了軟墊的擠壓機器之後，有時候在第二天會覺得心情低落，很焦慮，這是使用硬木板擠壓機器時從未發生的現象。現在想來，當時會覺得焦慮，可能是因為加了軟墊的擠壓機器啟動了我的類鴉片系統，讓我有一個處於社群中的美好感覺，也讓我在生理上對擠壓機器產生依賴性，就像人類仰賴社群接觸來維持體內的胺多芬濃度一樣。如果我用了擠壓機器提高類鴉片素的濃度，然後接著有好幾天沒有用，就會產生戒癮的症狀，也就是說，我對擠壓機器產生社群依賴性。

我覺得擠壓機器或許也讓我更有同理心，至少對動物更能感同身受。我從十七、八歲開始使用加了軟墊的擠壓機器，在此之前我都不知道要怎麼樣撫摸貓咪才會讓牠們感到舒服，總是抱得太緊。但是用了有軟墊的擠壓機器之後，我心想：「我必須讓貓咪也有同樣的感受。」於是我走出房間，看到貓在走廊上，就開始撫摸牠，試著把我在機器裡的感覺轉移到牠身上。以前我一摸畢利，牠就一溜煙地逃開，因為我總是把牠抱在懷裡，擠成一團，但是那一天牠卻發出咕嚕咕嚕的聲音，並且在我身上磨蹭。這時候我才赫然發現：「我知道該怎樣麼撫摸貓咪才會讓牠們喜歡我了！」這是在我第一次使用加了軟墊的擠壓機器之後，立刻產生的變化，到現在都還記得一清二楚。

自閉兒從來就不知道該如何撫摸動物，必須有人好好地教導他們，要不然他們都會把動物抱得太緊。我曾經跟一位有亞斯柏格症候群（Asperger's syndrome）的年輕女性討論她養的貓，亞斯柏格症是自閉症的一種，患者的智商正常，而且語言能力也沒有遲緩。（有自閉症的人智商可能跟正常人一樣，也可能很高，但是必須有語言發展遲緩的徵狀才能斷定是自閉症。）她跟我說，她的貓不喜歡被人緊緊地抱著，但是她卻喜歡緊抱著貓，所以一直照做不誤，我跟她說：「妳不能這樣擠壓貓。」於是我輕撫著她的手臂，示範該如何撫摸。

很多正常人也都不知道，我們應該撫摸動物，而不是輕輕拍打牠們，因為牠們不喜歡被人拍打。你必須輕輕地撫摸，就像媽媽的舌頭舔著牠們一樣。

到目前為止，還沒有人研究過同理心與類鴉片系統之間的關係，研究人員才剛評量完像呼救訊號這一類的事情。我和貓咪相處的經驗顯示，或許社群智商的基礎不完全是社群依附和依賴，可能有一部分來自類鴉片系統。

小豬與小雞的擠壓機器

用動物來測試擠壓機器的實驗曾經做過兩次，一次是潘克西普博士做的，另外一次則是我跟杜德曼合作。潘克西普在發泡材質的小方塊上挖了一個洞，當做小雞的擠壓機器。他把才出生一天、渾身毛茸茸的小雞放在洞裡，只讓小雞的頭露出來，然後計算小雞跟母親分開之後，發出多少次焦慮呼救訊號，結果一如預期，小雞在裡面呼救的次數變少。這正是柔軟擠壓提高小雞腦內類鴉片素分泌的證據，因為動物服用鴉片之類的麻醉藥物之後就會停止呼叫，因此不只是社群接觸會提高腦內的胺多芬，社群碰觸也有同樣的效果。

至於我跟杜德曼合作的實驗就沒有那麼成功。我們利用泡棉包裹兩塊木板，替小豬製作一個擠壓機器，然後再用灰色的塑膠椅墊材質覆蓋其上。這兩塊木板放在一個小豬圈裡，前面開了一扇門，門的另外一邊則有另外一隻小豬面對著擠壓機器裡的小豬，讓牠們可以透過這扇門彼此磨擦鼻子。我們一定得有另外一隻豬，否則落單的小豬會因為焦慮而捉狂。

實驗中並沒有真的擠壓在機器裡的小豬，因為我們想要觀察小豬在服用拿粹松阻絕類鴉片系統之後，會不會自動去頂著泡棉木板擠壓自己。我們原先預期小豬不會靠在泡棉木板上擠壓自己，因為牠們無法從身體接觸感覺到任何胺多芬的好處，所以擠壓自己並不會比較舒服。

正常的小豬都會彼此親熱，尤其是在處理的過程中感到焦慮或是受到刺激時，更會緊緊地黏在一起，連分都分不開，養豬業者戲稱為「會叫的強力膠」。因此如果把正常的小豬放進擠壓機器裡，牠會挨著泡棉木板磨蹭，然後就慢慢睡著，或許是胺多芬讓牠安然入睡，有點像是有毒癮的人在吸食海洛因之後「失去知覺」，只不過這是天然而健康的海洛因。（潘克西普博士做過一個實驗，讓小雞服用低劑量的麻醉藥，提高牠們體內的類鴉片素，然後再把小雞捧在手裡，看看會有什麼事情發生。結果小雞的吱吱叫聲停下來，然後靠在手心裡閉上眼睛。胺多芬濃度提高或許正是同樣的效果。）

因此，我們預期小豬在服用拿粹松之後，就不會去挨著泡棉磨蹭入睡，因為牠無法感受到腦內胺多芬提高的效果，所以也不會想睡，反而應該一直站著，保持清醒。

結果卻不盡然。剛開始的時候，小豬確實一如預期地無法在擠壓機器中安頓下來，但是過了一會兒之後，牠還是跟平常一樣磨蹭著泡棉緩緩入睡，所以拿粹松的作用似乎只是延緩了這種接觸慰藉的反應，跟潘克西普博士在小雞身上看到的反應完全一樣。即使類鴉片系統完全受阻，牠們終究還是會身心安頓。

我想，這可能跟催產素有關。動物在肢體接觸時，催產素的濃度也會提高，我猜小豬每次磨蹭到柔軟的泡棉時，體內的催產素就提高一點點，最後終於達到足以彌補類鴉片素分泌不足的程度，於是得以安然入睡。

這個研究對自閉症患者來說格外重要，因為有很多自閉兒都不能忍受別人碰觸，我小時候就是這樣。我固然希望感受到被人擁抱的那種美好的社群感覺，但是感受太強烈，就像情緒的波濤將我淹沒一樣。我知道沒有自閉症的人一定無法理解這種感覺，甚至覺得很矛盾，不過這卻是唯一能夠形容這種感覺的方法：就像在浩瀚汪洋中載沈載浮，一陣陣的波浪打在頭上，而且一個浪頭比一個浪頭更高。剛開始的時候，波浪打在身上的感覺還不錯，讓人情緒舒緩鬆弛，但是隨著浪頭愈來愈高、力道愈來愈強，就會開始感到驚恐，好像快要滅頂似的。

有人碰觸的感覺太強烈，以致於根本無法忍受，於是我就開始驚慌失措，最後只好逃之夭夭。這也是我喜歡躲在沙發椅墊下的原因，因為我能控制椅墊，讓自己享受那種美好的感覺，一旦太過強烈，就立刻停止，但是別人在擁抱我的時候，卻不知道什麼時候該鬆手。有位生性熱情、心寬體胖的阿姨，總是噴著一種可怕的香水，所以她在擁抱我的時候，肢體碰觸加上強烈的香味讓我難以招架，只好敬而遠之。

我剛開始使用擠壓機器時，那種感覺也很強烈，必須強迫自己放鬆心情，任由那種美好的感覺如潮水般襲來。我現在認為，當務之急是如何減輕自閉兒對肢體碰觸的敏感程度，因為所有的孩子都需要別人的肢體接觸，自閉兒並不是討厭別人碰觸他們，只是神經系統無法承擔這種強烈的感受。許多職業治療師有辦法減輕自閉兒對於肢體碰觸的感受，讓這種感覺變得比較正常，這一點非常重要。

當然，沒有自閉症的人也可能無法接受肢體碰觸。多年來，一直有個相當令人玩味的現象，我發現有些男人不喜歡擠壓機器，因為他們不願意把自己交給機器，而女孩子則比較能夠接受。尤其是雄糾糾的大漢更是討厭擠壓機器，當然有幽閉恐懼症的人也不喜歡。此外，我也發現很多男人都不知道該如何撫摸動物，他們總是太用力，動物一點也不喜歡，很多男人在跟狗玩的時候也太粗魯，至少我的經驗是如此。我不知道愛撫動物是否跟類鴉片素或催產素有關，也許兩者都有，但是由於男性體內的催產素濃度比女性低，所以男性在撫摸動物時比多數女性要粗魯，可能就是因為這個緣故。男性整體的催產素是否比女性低，這一點還不清楚，但是他們體內的雄性激素卻會可能降低他們對催產素的反應。

動物也愛玩

沒有人知道動物為什麼愛玩樂嬉鬧，但是所有的動物都是如此。這是牠們愉悅情緒的源頭，也就是大腦裡的玩鬧路徑。乳牛在農舍裡悶了一整個冬季之後回到牧場上，天哪，即使體積龐大、年紀已長的乳牛也會像小牛犢一樣在草地上欣喜地跳躍奔跑，這跟幼年動物在玩耍時的感覺是一模一樣的。

我們對於玩鬧的大腦基礎所知有限，不像對好奇、愛和性的研究那麼透徹，但是我們知道，玩鬧的時候不需要用到大腦新皮質。這並不表示在玩鬧時，大腦新皮質完全沒有作用，也許會有，但是即使移除了大腦新皮質，動物還是照玩不誤；如果是額葉受損（也就是大腦新皮質內負責決策的部位），甚至還玩得更兇。

這個發現跟小孩子年紀漸長、額葉逐漸發展成熟之後，胡搞瞎鬧的頑皮行徑就逐漸減少的現象也不謀而合。也許額葉的主導力量愈強，動物的個性就愈「嚴肅」，也就愈不愛玩鬧。興奮劑會強化額葉功能，所以就自然地減少玩鬧行為。事實上，有些父母給過動兒（注意力不足過動症，簡稱ADHD）服用利他能（Ritalin）或其他興奮劑之後，都說孩子失去太多玩鬧的動力，如果讓幼年動物服用興奮劑，也會降低牠們玩鬧的動力。所以，玩鬧絕對不是大腦新皮質的功能。

還有其他化學物質也會降低動物玩鬧的動力，如壓力賀爾蒙、催產素等。此外我們也知道在玩鬧時會分泌很多類鴉片素，但是這些研究還是無法讓我們對玩鬧的大腦生理有完整的認識，即使行為研究也沒有告訴我動物為什麼玩鬧。然而，所有的動物都是在大腦發育到了某種程度的時候才開始玩鬧，這個事實或許可以證明玩鬧對於大腦成長或社會化有重要的影響。

愛達荷大學的拜爾斯（John Byers）和猶他州狄克西州立學院（Dixie State College of Utah）的華克（Curt Walker），研發出一個運動遊戲（locomotor play）的有趣理論，所謂的運動遊戲是指幼年動物獨處時假裝追逐、跳躍和旋轉的遊戲。（如果你想看運動遊戲，就去觀察山羊，牠們是最會跳躍、旋轉的動物。）拜爾斯和華克認為，運動遊戲的目的可能是有助於動物發展小腦細胞之間的聯繫，小腦是大腦最底部的小圓「球」，負責姿態、平衡與協調。他們的研究顯示，老鼠和貓開始做運動遊戲的時候，正好是小腦開始在細胞之間形成許多接觸點（或稱為神經鍵）之際，而運動遊戲的高峰，則是神經鍵發育的最高點。所以，老鼠在出生十五天左右會開始出現運動遊戲，然後再過四到十天之後達到最高峰；而貓則是在出生四週左右開始運動遊戲，然後在十二週大的時候達到最高峰。不論是老鼠或貓，腦部發育的最高峰，也正是運動遊戲的最高峰。

因為小腦主宰身體協調，所以幼年動物和幼兒在小腦細胞形成新的接觸點時，會花很多時間跳躍、奔跑和追逐，這也合情合理。此外，運動遊戲的階段也正好跟肌肉纖維轉化成快縮肌（fast-twitch）或慢縮肌（slow-twitch）纖維的時間一致。（快縮肌纖維讓你在短跑時有短時間衝刺的力量，而慢縮肌纖維則讓你在跑馬拉松時有長時間耐久的力量，心臟一定要有慢縮肌纖維，否則就死定了。）

目前我們只發現兩者彼此相關，但是還不知道究竟是運動遊戲導致小腦發育，或者是小腦發育產生運動遊戲，當然也可能以上皆是或以上皆非，研究人員必須繼續做控制組的實驗才能找出答案，但是我猜玩鬧或許有助於腦部發育。這就讓我對現在的兒童耽溺於電腦遊戲感到憂心，儘管我不知道美國兒童整體的運動遊戲量是否降低，但是如果真的降低，情況可能就不妙了。我小時候沒有電子遊樂器、電腦或有線電視，在學校裡有兩個休息時段，而不只有一個。此外，每個星期只有週六早上才能看卡通。那個時候，也許因為沒有別的事情好做，我們有更多的運動遊戲，如果運動遊戲對腦部發育很重要的話，我擔心現在的孩子可能沒有足夠的運動遊戲量。

這個問題不只關係到小孩子長大之後是否有良好的協調功能，因為肢體運動可能是學術、社交和情緒智商等所有一切的基礎，許多重要的心理學家，包括發現兒童認知發展階段的瑞士心理學家皮亞傑（Jean Piaget）在內，都認為運動是學習的基礎，而我也百分之百贊成。跟我學習製圖的學生，如果沒有學會真的動手作畫，就是手裡握著鉛筆在紙上移動的話，根本不可能在電腦上繪圖，一定要先學會用手繪圖，然後才能用電腦製圖。虛擬製圖永遠都無法取代真的製圖，我看過的例子不勝枚舉！皮亞傑說，兒童藉由觀察物體運作，並且實際模擬來學習，這就是運動。因此，現在的兒童若是運動遊戲量遠不如從前，那麼問題就不只是肢體協調，還可能影響到學習能力。

事實上，肢體運動或許根本就是大腦進化的原因。《神經元與自我》（I of the Vortex: From Neurons to Self）的作者，紐約大學的神經科學家李納斯博士（Rofolfo Llinas）認為，生物需要大腦協助牠們四處走動而不至於撞到東西，所以才促進大腦進化。他以海鞘為例，說明大腦的用處，海鞘是一種原始的有機物，有大約三百多個腦細胞，在生命初期看起來像蝌蚪，長大後則像蕪菁。在生命的第一天，海鞘會四處浮游，尋找可以永久附著寄生的地點，一旦找到之後，終其一生都不會再移動。

有趣的是，牠在浮游的時候，體內有原始的神經系統，但是一旦附著在其他物體上，牠就把自己的大腦給吃掉，連尾巴和尾巴的肌肉也吃得一乾二淨。基本上，海鞘一開始的生命型態類似蝌蚪，也有像蝌蚪一樣的大腦，然後變成像是牡蠣綱的生物。因為海鞘落地生根之後就不再移動，所以也就不需要大腦了。

李納斯博士的理論是，我們有大腦，所以才會運動，如果不動，就不需要大腦，也就不會有大腦。因此拜爾斯博士和華克博士才認為，遊戲的主要目的是協助大腦發育，如果他們的理論正確，也不足為奇。

動物嬉鬧

幼年動物和幼兒為什麼會跟他們的朋友、手足一起玩鬧？這也沒有人知道答案。我們知道社群玩鬧幾乎就是嬉戲胡鬧的代名詞，許多行為學家認為，幼年時的打鬧可以讓動物學習在成長之後如何打贏對手。表面上看來，這樣的說法合乎邏輯，因為幼年期的雄性動物比雌性更喜歡打鬧，就像成年後的雄性動物也比雌性更喜歡爭鬥一樣。行為學家相信，嬉鬧只是練習，為成年後的實際打鬥做準備。

然而，當行為學家試圖在松鼠猴身上找出幼年嬉鬧和成年打鬥之間的直接關聯時，卻無功而返。小時候最愛胡鬧的松鼠猴，長大後的打鬥卻未必贏得最多，小時候打鬧贏最多次的猴子，長大後也未必一直是贏家，兩者之間沒有任何相關。雖然這樣的結果並不能推翻原來的假設，但是也不能證明假設為真。

另外一個有趣的現象是，嬉戲胡鬧跟真正的打鬥根本不可同日而語。有很多動作在真的打鬥中出現，但是在嬉戲胡鬧時卻從未見過，即使在嬉戲胡鬧時出現，也有不同的順序。

我們也知道，大腦中主宰侵略性格的路徑與主導玩鬧的路徑是完全分離的。會增強侵略性格的雄性激素，對嬉鬧不會產生任何效果，甚至還有反作用。有時候瞎搞胡鬧會變成真的打架，不過在大腦裡，嬉鬧和侵略還是兩碼子事。

另外還有一個證據可以證明嬉鬧不是學習打架的過程，因為所有的動物在嬉鬧時都有輸有贏，沒有任何動物在幼年嬉鬧玩耍時永遠都是贏家，如果牠真的所向披靡，其他的動物就不會跟牠玩了。動物到了青少年期，體型、力量和年紀都比其他一起玩耍的幼年動物要大，自然比較佔優勢，這時候，比較大的動物會翻身躺在地上，故意輸個好幾次，我們稱為自我設限（self-handicapping）。所有的動物都會出現這種現象，可能是因為牠們若不這樣做，其他的小朋友就不會跟牠們一起玩。這也可以稱為角色互換（role reversal），因為輸家和贏家的角色剛好倒過來。

角色互換是嬉鬧的基本原則，動物在玩遊戲時（如拔河）都會這樣做。有個朋友跟我提到她養了一隻混種狗，是一歲大的成犬，經常跟隔壁一隻只有四個月大的拉不拉多幼犬一起玩，幼犬的體型大約只有他的三分之一，但是拉不拉多什麼都不怕，不會因為自己體型較小就退卻。兩隻狗喜歡咬著我朋友放在陽台上的繩索玩具，雙方各執一端玩起拔河遊戲，當然成犬的體型大，幼犬根本不是對手，如果牠真的用盡全力，可能會把幼犬像丟飛盤似的甩出陽台。

事實卻不盡然。我朋友很快就發現，小狗「贏了」好幾次。起初是我朋友的混種狗把小狗拉過陽台的這一端，然後是小狗把牠給拉回去。朋友說，她的狗是「讓小狗願意繼續玩」，我肯定她說的沒錯。

有些行為學家說，所有動物都會出現自我設限的現象，也許表示嬉鬧的目的不是教動物如何贏，而是教牠們如何有輸有贏。或許所有的動物都必須認識支配與受支配的角色，因為動物不可能一出生就居於支配領導地位，也不可能到年老力衰時還繼續霸佔最高支配階級，即使是最後居於優勢地位的雄性動物，小時候也必須接受支配，必須知道受支配階級應該有的行為。

遊戲與驚奇

捷克的動物專家史賓卡（Marek Spinka）對動物之間的遊戲有個假設，他認為遊戲可以教導幼年動物，學習如何處置驚奇意外的事物，例如突然被打得失去平衡或是遭到突襲。

如果史賓卡博士的理論屬實，或許就可以說明動物的嬉戲打鬧為什麼跟實際打架有這麼大的差異，因為遊戲必須一直讓動物出奇不意，這樣才能教導幼年動物在遭遇意外驚奇時該如何反應。史賓卡的理論也跟自我設限不謀而合，因為在嬉戲打鬧中互換角色，就表示動物讓自己扮演不是平常所扮演的角色。平常居於領導地位的幼年動物反過來扮演受支配階級，而平常受支配的幼年動物則嘗試領袖的角色，這就是一種驚奇意外的處境。

史賓卡博士的理論或許跟李納斯博士所做的大腦和運動研究有關。李納斯博士認為，大腦必須做三件事情才能讓主體移動：設定目標（我要往什麼地方移動？）；預測未來（如果往這個方向移動，會不會撞到樹？）；快速處理外在感官所輸入的龐大資料，確定原先的預測屬實，而且主體可以安全抵達想要去的地方。

這樣的描述幾乎也可以涵蓋幼年動物所玩的任何一種遊戲，不論是運動遊戲、社群遊戲或物體遊戲（也就是玩各種物體的遊戲，如球或棍子）。有一次，我看紅狗在馬克家旁邊的空地上玩塑膠袋，那一天風很大，紅狗啣起塑膠袋，逆風走向柵欄，把袋子放在地上讓風吹到空地的另外一邊，然後牠就撒開四條腿，追著塑膠袋狂奔，一直跑到柵欄的另一邊，攫起袋子，又啣回上風處放下來，遊戲重新開始。這個遊戲沒有什麼意義，無非就是好玩而已：設定目標（我要追逐塑膠袋，跑過空地，捉住袋子）；預測未來（我要往哪邊跑才能追到袋子？）；在奔過空地的同時，迅速處理感官輸入的龐大資料。當你看幼年動物玩著物體遊戲時，真的就好像在看著牠們以同樣的方式發展大腦的基本功能。

社群遊戲也有相同的特質。馬克喜歡跟紅狗玩一種叫「釣魚」的遊戲，他拿著趕牛的鞭子甩出去，讓紅狗去捉鞭子的末梢，然後他會說：「噢，這次我要甩個大的！」這是一種社群遊戲，而且是純粹運動的遊戲。你看幼年動物在玩遊戲時所做的事情，再想想動物在小腦形成聯結（connections）的階段，肢體遊戲最為頻繁，兩者相互對照，就可以發現幼年動物在開發大腦指導肢體動作的能力時，遊戲確實有舉足輕重的地位。

既好奇又害怕

目前的研究顯示，主要的核心情緒，即憤怒、追逐獵物的衝動、恐懼、好奇／興趣／期待，都是由大腦中不同的路徑控制，但是這並不是說，不同的路徑不能同時啟動，或是說某一種情緒不會引發另外一種情緒。

有個朋友養了一隻六個月大的混種狗，她跟我說，她丈夫出國做研究，兩個月沒回來，結果一回到家裡，那隻狗又高興又害怕，同時受到這兩種情緒的控制。牠一方面害怕得趴在地板上，狂吠尖叫，同時卻又一直抬起眼睛看著她丈夫，尾巴發狂似的搖個不停，表示歡迎，接著牠扭過頭來，繼續狂吠尖叫，但是同時卻又讓肚皮貼著地板，向她丈夫爬過來。我朋友說，這隻狗真的就像是見了鬼一樣，看到一個牠以為再也見不到的人，同時感到恐懼與狂喜。

這個例子可以證明動物也會同時有兩種彼此衝突的情緒，這樣的例子很罕見，所以特別突出。在現實生活中，動物似乎一次只能感受到一種情緒，唯一的例外是恐懼與好奇可以同時並存。ＥＳＢ研究顯示，恐懼與好奇來自大腦不同的路徑，因為大腦不同的部位受到電流刺激時，會分別啟動這兩種情緒而不會相互干擾。然而我卻發現獵物動物經常會同時感受到這兩種情緒，我不知道掠食動物是否也會同時感到好奇與恐懼，但是我猜多半是會。

我已經提過牛群會探索環境中令牠們害怕的新奇事物或人。如果你站在草原上靜止不動，牠們就會受到好奇心驅使，主動向你靠近，但是只要個風吹草動，牠們就立刻跳回去，因為實在太害怕了，等你不再有任何動作，牛群又會繼續靠過來。到了距離大約四呎遠的地方，牠們會停下來，伸長脖子探頭探腦，這樣就不需要更靠近，接著就是伸出舌頭，又靠近了大約八吋，然後又舔又聞。牠們還是很害怕，因為只要有一點點輕微的動作，像是風吹動頭髮或外套等，牠們都會嚇得拔腿就跑。

這樣的情況最多維持十五、二十分鐘，然後牠們就厭倦了。我跟攝影師說：「你有十五分鐘可以拍照。」過了這段時間，牛群就不會向你靠攏，也不許你接近，就算你想主動靠近，牠們也會敬而遠之。

牠們的舉動實在令人訝異，有些對牛群一無所知的人，跟我一起去牧場上看牛，結果不只一個人跟我說：「牠的行動看起來是既好奇又害怕。」這個描述正足以說明牛群對新奇刺激的反應：既好奇又害怕。這是我平常所見，動物有兩種情緒交織的唯一案例。

情緒的繁殖

除了ESB的研究之外，還有另一個證據顯示，四種核心情緒各自由不同的路徑控制，因為人類可以利用選擇性繁殖改變一種情緒而不會影響到其他情緒；法國學者傅葉（Jean-Michel Fauer）針對鵪鶉所做的研究已經確認這個事實。傅爾博士觀察兩種基因遺傳的情緒：恐懼和社群回復（social reinstatement），也就是動物希望跟同伴在一起的傾向。

研究人員把一群鵪鶉關進同一個籠子裡，放在踏車的一端，然後把一隻鵪鶉單獨放在踏車的另外一端，因此這隻落單的鵪鶉必須要朝踏車履帶的反方向跑，才能回到同伴的籠子裡。他們藉此評量這隻鵪鶉為了回到朋友的身邊，願意付出多少努力。

此外，研究人員也評量每一隻鵪鶉的恐懼程度，並且跟社群回復的意願相互對照。初步的研究結果符合他們的預期，恐懼程度與社群回復意願呈正相關。也就是說，愈害怕的鳥就愈想要回到自己的族群中。所有的動物都有這種傾向，即使不需要群聚以保安全的掠食動物也不例外。橙色虎斑貓是高度恐懼的貓，同時也是高度社群的貓，沒有人知道箇中原因，不過卻是一個不爭的事實。牠們情感超級豐富，比其他種類的貓更喜歡受人寵愛撫摸，但是你若是有突如其來的動作，第一個逃跑的絕對是橙色虎斑貓。

鵪鶉實驗的第二個部分有更重要的結果。研究人員利用選擇性繁殖，試圖分割恐懼和社群回復這兩種情緒，結果是輕而易舉。他們不費吹灰之力就可以繁殖出高度恐懼但是卻不喜歡跟同伴在一起的鵪鶉，或是高度社群但是卻什麼都不怕的鵪鶉。儘管在現實環境中，這兩種情緒緊密相連，但是在大腦裡的路徑卻沒有交集。

有一些證據可以證明人類也是如此。許多研究顯示，正面情緒和負面情緒可能是由大腦裡不同的化學物質所引起的，這沒有什麼值得大驚小怪，但是令人訝異的是：兩者也不是逆相關。我們可以使用帕羅西汀（Paxil）或百憂解（Prozac）之類的抗憂鬱藥物來減輕正常人的負面情緒，但是這並不會自動增強他們的正面情緒，兩者是分離的系統。（或許正是因為如此，所以躁鬱症患者會出現混合症狀，也就是一方面情緒興奮甚至激昂，但是同時又極度暴躁。）

不論是無心或是有意，人類經常利用選擇性繁殖，把動物原本應該相連的情緒予以分離。以繁殖低度恐懼的動物為例，這個主意聽起來不錯，因為高度恐懼會導致動物神經過敏、精神緊繃、難以管理。然而恐懼也是一種重要情緒，恐懼程度低到不正常的動物和人類，很可能處於險地而不自知，因為在自然界，恐懼會嚴格管制動物的侵略性。比方說，恐懼程度正常的狗在遭逢挑戰時會想要跟對手決鬥，不過牠同時也害怕受傷，所以不至於太躁進，但是「啥米攏嘸驚」的狗就不會想這麼多。

人類也是一樣。會害怕的孩子就不像「啥米攏嘸驚」的孩子那麼容易打架滋事，並非他們不會生氣，恐懼的孩子也會感到憤怒，但是憤怒和恐懼是不同的情緒。人或動物不論恐懼程度高或低，都會有相同程度的憤怒，唯一的差別是恐懼會避免憤怒的人做出太過份的事。有些針對男女差異所做的研究也很有意思，男性比女性更容易發生肢體衝突，但是女性的憤怒程度卻未必比男性低，有些研究顯示女性比男性更容易出現間接的侵略行為，像是在她們討厭的人背後蜚短流長或是把她們不喜歡的人排除在小圈圈之外。目前心理學研究已經發現，女性憤怒的程度與男性相當，但是發生肢體衝突的情況卻要少得多，其原因正是她們在高度憤怒時也同時感受到高度恐懼。恐懼是肢體侵略的剎車。

人類若是繁殖低度恐懼的狗，必須冒極高的風險，因為他們最後可能繁殖出非常危險的動物。話又說回來，我們培育的拉不拉多獵犬似乎還沒有出什麼問題。在自然界絕對看不到低恐懼又低侵略性的拉不拉多，我相信這一定是利用選擇性繁殖，故意挑選兩者情緒都很低的結果，至少我希望這是他們選擇的結果。不過我們原本並不知道拉不拉多有些特徵在基因上彼此相關，因此有一些問題也逐漸浮現。

其中一個問題就是我們一直要求拉不拉多要鎮定、鎮定、鎮定，結果卻培養出鎮定到不正常的狗，甚至連用力拉扯牠的下顎這麼粗暴的動作，牠也無動於衷。此外，人類也在繁殖過程中讓拉不拉多失去了受驚的天性，連突然聽到汽車逆火的爆烈聲也不會受到驚嚇，當然也不就會引導盲人離開。這樣的拉不拉多適合跟小孩子一起玩，因為小孩子有時候會有一些無法預期的粗暴動作。

拉不拉多對於疼痛的感覺也很低，不過這可能是牠們天生就有的特徵，畢竟牠們原來是生長在紐芬蘭的工作犬，必須跳進冰冷的水裡，到魚網中撈魚。即使到現在也還可以在拉不拉多的身上看到類似的行為，例如拉不拉多幼犬會跳進兒童戲水池，發狂般地用力拍打水面，好像在水裡撈魚似的。

繁殖出如此鎮定的狗，最大的問題是剝奪了所有刺激牠們的動機。有位導盲犬訓練學校的工作人員就跟我說，有些拉不拉多根本就沒有用，因為牠們對什麼都漠不關心，因此有些人開始擔心，這些人工繁殖的狗根本無法訓練，更糟糕的是，有些狗還出現癲癇的症狀。不論我們選擇的是腦子裡的哪一種情緒特徵，只要過度選擇最後就會導致癲癇症，史賓那獵犬就是一例，現在甚至還出現了史賓那激怒症候群這個名詞；繁殖人員一直培育高度警戒的史賓那獵犬，結果牠們卻產生一種癲癇症狀，會莫名其妙地突然出現攻擊行為。

一般而言，拉不拉多是一種奇怪的狗，低度恐懼、低度侵略、高度社群，這樣的組合很不正常。利用選擇性繁殖培育出跟自然界不一樣的動物，最後都可能出現一些難以收拾的意外。我認為人類應該要更謹慎行事，知道自已過度干預動物繁殖，就該適時喊停。

我不希望造成讀者的錯誤印象，認為我對拉不拉多獵犬有負面的評價。事實上，拉不拉多是很好的純種狗，不但適合養在家裡，也是很好的工作犬。我只是希望牠們能夠一直維持下去。

動物朋友與動物福利

飼養和管理動物的人必須時時以動物的情感為念，因為動物也跟人類一樣有四種核心情緒。光是餵飽動物，維持牠們健康還不夠，必須讓牠們跟其他動物有足夠的社群接觸（如果是貓狗的話，則必須時常跟人接觸），這樣才能擁有情緒正常的生活。

動物媽媽（還有某些物種的動物爸爸）都深愛牠們的孩子，而動物幼兒也愛牠們的媽媽（某些動物也愛爸爸），幾乎所有的動物都有某種形式的友愛，就連長頸鹿這種看似非群居動物，在人類近一步研究其社群結構之後，也發現牠們之間還是有朋友情誼。亞特蘭大動物園裡有一隻公的長頸鹿被送走，兩隻跟他同居九年的母長頸鹿因此變得極度焦躁不安，於是喬治亞理工學院裡一名叫做巴蕭（Meredith Bashaw）的研究人員開始研究長頸鹿的友誼。過去，這兩隻母長頸鹿都沒有跟那隻公長頸鹿交配過，從人類的角度來觀察，三隻長頸鹿也沒有什麼互動，所以沒有人會想到，母長頸鹿對公的夥伴被人送走竟然有這麼強烈的反應。兩隻母長頸鹿都非常不安，開始不斷舔舐柵欄，這就是一種焦慮的徵兆。

沒有人預期長頸鹿會彼此結為莫逆的原因，是因為一九七〇年代所做的田野調查都一致認定，個別的長頸鹿不會跟其他的長頸鹿產生親密的依附關係。巴蕭也說：「在非洲草原上活動的長頸鹿，就好像咖啡杯裡任意游移的分子一樣。」可是在亞特蘭大的母長頸鹿出現焦躁不安的徵狀之後，巴蕭特地到聖地牙哥動物園跑了一趟，這裡的長頸鹿可以在九十英畝的廣闊空間裡自由活動，因此她可以觀察長頸鹿是否會特別親近其他的長頸鹿。

結果她發現，長頸鹿跟我們所認識的其他社群動物一樣，都有自已的親密夥伴。平均每一隻長頸鹿會花百分之十五的時間跟朋友一起吃草，跟其他長頸鹿在一起的時間只有百分之五。另外一位在一九七〇年代以後研究過長頸鹿友誼的動物專家，則是雪梨大學的芬尼希（Julian Fennessy），他發現生活在納密布沙漠（Namib Desert）的安哥拉長頸鹿之中，某些雌性會花一半到三分之一的時間跟同性夥伴在一起。

在這些吃草的社群團體中，不乏母女檔，但是也有動物是跟沒有親屬關係的其他動物結伴交友。芬尼希博士還研究了一個大部分是雄性長頸鹿的團體，發現雄性之間也有朋友情誼。動物研究人員在大部分乃至於所有的動物身上，都發現這種動物之間的友誼；我不知道山區田鼠會不會彼此交友（也許不會），但是目前我們相信所有或是幾乎所有的哺乳類動物，可能還包括大部分，甚至所有的鳥類，都會產生這種動物友誼。

對人類來說，幽閉獨居是一種殘酷的懲罰，對動物而言也是一樣。動物需要朋友夥伴，因此人類要滿足牠們的這種需求。

第四章　動物侵略性

第一次看到愛犬咬死一隻無助的毛茸茸小動物時，狗主人往往會大驚失色。我還記得好友婷娜看到她飼養的黃金獵犬「艾比」，在伊利諾大學校園裡殺死一隻松鼠的那一天，雖然婷娜本身是研究動物行為的博士班學生，但是看到向來溫馴的狗，竟然像訓練有素的冷血殺手般解決掉松鼠，還是讓她震驚不已。

如果看到靈犬萊西竟然只是為了好玩而痛下殺手，那就更駭人了。我的朋友大衛總是帶著愛犬「麥克斯」去跑步，麥克斯是一半牧羊犬、一半獵犬的混血狗，體重達七十磅。有一天，牠看到一隻土撥鼠，立刻箭也似地衝上前去，一口咬住這隻小動物的脖子，使勁地搖晃，直到牠氣絕為止。大衛乍見之下，大驚失色，在後面一邊追趕，一邊大叫：「放下！放下！」但是麥克斯卻完全置之不理。

平常麥克斯咬了鞋子或其他東西時，完全能理解「放下」這個口令所代表的意義，也會聽從主人的命令，但是當牠嘴裡咬著一隻活生生的土撥鼠時，卻怎麼樣都不肯放下來。

而最令人感到不安的是，「麥克斯」絲毫沒有要吃掉口中獵物的意思，牠把土撥鼠啣到大衛面前，丟在主人的腳邊，然後喜孜孜地抬起頭來，一副向主人邀功，希望大衛對牠刮目相看的樣子。從某個角度來說，大衛確實對牠刮目相看，因為這隻狗向來深受信賴，也經常跟他兩歲大的兒子一起嬉耍，如今他卻看到麥克斯在轉眼之間變成動物殺手，而且一旦動手之後，就怎麼樣都不肯罷手。

經過此事之後，大衛說他開始懷疑，人類跟狗為什麼可以和平共處？在這個國家裡有六千萬隻寵物狗，如果每一隻都是天生的動物殺手，為什麼我們不會每天都在報紙上看到惡犬攻擊人類致死的消息呢？相反地，根據一九九七和一九九八年的調查，實際上平均每年只有十五起這樣的意外，也就是每四百萬隻狗裡，只有一隻會攻擊人。這個數字實在微不足道。假設有某種疾病的致病率只有四百萬分之一，那麼全國也不過才有七十人罹患這種疾病。（狗咬人致死比人類自相殘殺的死亡人數要少得多，這一點毋庸置疑。）

我有另外一個朋友也跟我說過同樣的故事。她在孩子還小的時候，從動物收容所認養了一隻狗，她以為是牧羊犬和拉不拉多的混血種，但是等狗完全長大之後，從牠身上的特徵和行為判斷，這隻狗的血統顯然有絕大部分是洛威拿犬，是一隻支配欲非常強烈的動物。牠從小就寧可獨自窩在箱子裡，也不會跳到床上跟全家人一起看電視。這就是典型的支配犬，喜歡有自己的「空間」。支配犬與人類之間的互動，不會發生在你希望跟牠互動的時候，而是在牠想要跟你互動的時候才會發生，牠有興趣時，自然會讓你知道。

更糟糕的是，她在街上遛狗時碰到的人都說，這隻狗看起來好像還有一點比特鬥牛犬的血統。我朋友並不認為自己不小心領養了一隻比特鬥牛犬的後裔，但是所飼養的成犬不但外型，連行為都酷似洛威拿犬，這一點倒真的讓她感到不安。二〇〇〇年九月公布的調查結果指出，在狗咬人致死的意外之中，絕大多數的肇事者都是洛威拿和比特犬這類狗，其中洛威拿更是排名第一，這可能是因為近年來洛威拿變得很流行，因此數目也增加很多的緣故。事情並不僅止於此，在一九九七和九八年間，所有狗咬人致死的案件中，比特犬和洛威拿犬加起來就佔了百分之六十七，但是這兩種狗的總數，佔全國總數的比例絕對不到百分之六十七，甚至還差得很遠。（由於法律保障飼主有接受保護的同等權利，還有其他種種因素，這份研究報告的作者並沒有建議有關當局禁止飼養比特犬和洛威拿犬。）

看到她的狗支配慾這麼強，我的朋友不禁開始質疑人狗之間的關係。她自己從小跟狗一起長大，但是現在身為人母，她才真正了解到人類對這些動物有多麼信任。人類把自己的生命，甚至還有小孩子的生命，都交到狗的手上，仔細想想，實在很不可思議。我倒認為這位朋友不需要太擔心，因為除了極少數以侵略性低聞名的純種狗之外（如拉不拉多），混種的洛威拿犬也許不會比其他品種的狗更危險。我說「也許」，因為確實有一些原始數據顯示，混種洛威拿犬曾經攻擊人類致死，但是我們無法分析這些數據，因為我們不知道在全國狗的總數裡有多少是混種洛威拿犬。光從數字分析，看起來洛威拿犬並不會比其他的混種狗更危險，不過我也不能保證就是了。

我朋友認為她必須從小訓練這隻狗與人親善，因此經常把小狗從箱子裡抱出來，放到床上跟她和孩子一起玩。這隻小狗會留下來玩，不過牠的玩法卻有令人意想不到的侵略性。我朋友說，牠會像鱷魚一樣張開大嘴，用力咬下去，雖然她從小就跟狗一起長大，不過看到這隻小狗這種張嘴咬的樣子，還是忍不住想：「我為什麼要把這隻動物跟我的孩子一起放在床上？」

沒錯，也許她是不應該把這隻小狗放到床上去，因為馴狗師說的第一件事，就是像這種支配犬一定要放得很低，不能讓牠的眼睛跟人類的視線等高！無論如何，這隻小狗現在已經長成一隻個性溫和、親切迷人的成犬，鄰居和友人都喜歡來看牠。牠的支配慾還是很高，家人必須不時地提醒牠維持合適的階級關係（人類在上，狗在下），但是基本上牠是這個家庭裡令人開心並且全力投入的一份子。

怎麼會這樣呢？

大腦裡的侵略性

要了解動物行為，必須從大腦開始，由內往外看。可惜這麼多年來，動物行為學家並沒有這個選項，因此研究人員費盡心力把動物行為加以分門別類，但是侵略行為卻很難歸類，因為侵略行為太多了。當然，不同的研究人員對於什麼是核心侵略行為也會有不同的定義，有些人列舉的行為比較多，有些人則比較少。比方說，有些行為學家可能會特別區分雄性間侵略性和領域侵略性，前者是指一隻雄性動物掉進另外一隻雄性動物的籠子裡，兩隻雄性動物就會打架的傾向，而後者則通常是指雄性動物會攻擊入侵其領域的其他雄性，不過雌性動物也可能會有這種侵略行為。然而，其他的行為學家或許就會認為兩者其實是相同的。

研究大腦並不能解決所有的問題，因為同樣的大腦路徑也可能引發不同的行為。不過現在主宰侵略行為的大腦路徑已經完全曝光，因此我們對於動物及人類侵略行為的本質也就能夠有更清楚的了解。

我們現在知道有兩種核心侵略行為：獵殺侵略以及情緒或情感侵略。獵殺侵略是指追逐捕殺獵物來吃的行為，而情緒侵略則包含了其他所有的侵略行為。

我先從獵殺侵略講起。

獵殺咬噬

獵殺侵略行為並不是掠食動物的專利，即使獵物動物的大腦中也有主宰獵殺侵略行為的神經路徑，只不過這些路徑很少啟動罷了。

以貓與大型溝鼠實驗為例，前者屬於掠食動物，在實驗中如果刺激貓腦的某個部位，就會誘發產生咬噬攻擊行為，而本身屬於獵物動物的溝鼠，如果刺激大腦裡的相同部位，也會跟掠食動物一樣誘發咬噬攻擊行為。儘管溝鼠絕少在野外捕獵，但是牠們仍然有這種天生內在的本能。《情感神經科學》的作者潘克西普表示，研究中並不是所有的溝鼠都會在刺激之下產生咬噬攻擊行為，會有這種行為的老鼠都是天生有強烈的傾向，「會接近並且精力十足地探查可能的獵物，如小老鼠」。話雖如此，這些都只是一般正常的溝鼠而已，如果我們能夠刺激特別有侵略性的溝鼠產生咬噬攻擊行為的話，就表示所有的溝鼠都有這種神經路徑，只不過是放著不用而已。捕獵追逐的動力幾乎可以確定是所有動物都會有的一種潛在行為。

真正殺死獵物的那一瞬間，稱之為獵殺咬噬（killing bite），是一種與生俱來、不會改變的連續行動組合。每一個物種的每一個個體，都是從一出生就知道如何完成這種獵殺咬噬的行為，而且每一個個體的作法也都一樣。拉不拉多獵犬咬死土撥鼠的方法，跟德國牧羊犬咬死土撥鼠的方法會如出一轍。在實驗室裡，即使動物不餓也沒有看到獵物，我們還是可以在牠們的大腦裡安裝電擊裝置，用電流刺激捕獵路徑，產生這種獵殺咬噬的行為。

所有的掠食動物都有天生的獵殺咬噬行為，但是不同的物種卻有不同的咬法。貓狗是咬下去之後，猛烈搖晃獵物致死。大型的貓科動物如獅子，在捕殺大型獵物如羚羊時，則通常是緊緊咬住獵物的頸部不放，直到獵物窒息死亡為止，這是因為羚羊的體型太大，無法將牠們搖晃致死。通常掠食動物捕殺獵物時都不會見血，死掉的動物外表看起來都還相當完整。

科學家把獵殺咬噬這種與生俱來的連續行動組合，稱之為「固定行動模式」，因為行為組合的順序永遠都不會改變。固定行動模式由訊號刺激或觸媒啟動。對所有的掠食動物來說，快速動作就是一種可以啟動捕獵追逐與咬噬行動的觸媒。多年來，我看了很多馴服的獅子或老虎突然發狂傷人的報告，這些意外發生的原因幾乎都跟快速動作有關，遭到攻擊的人往往是跌倒、彎腰或是掉了什麼工具，這種突如其來的動作啟動了掠食動物的固定行動模式。我相信警匪片裡動不動就說：「不要突然做什麼動作」，也是同樣的道理，因為人類對於突如其來的動作也會有內建式的本能反應，在情緒緊繃的情況下，快速動作可能誘使一個持槍的人不經思索就使用手上的槍械。

儘管同一物種的固定行動模式永遠都一樣，但是每隻個別動物的情緒仍然會有差異。如果大衛有兩隻狗的話，他很可能會發現其中一隻比另外一隻更容易受到刺激去追逐獵殺土撥鼠。對某隻狗來說，或許只要驚鴻一瞥就足以誘使牠去追逐獵物，但是對另外一隻狗而言，除非獵物不斷在眼前出現，否則根本就置之不理。這兩隻狗的獵殺行動會一模一樣，但是誘使牠們行動的刺激程度卻大不相同。

捕獵學校

動物的獵殺行為引發了一個問題：動物行為中有多少是後天學習？又有多少是與生俱來的呢？答案是，視物種不同而有所差異。腦容量較大、結構較複雜的動物（如黑猩猩）就比頭腦簡單的動物（如蜥蜴）更仰賴後天學習；狗、貓、馬、牛等動物則在兩者之間。牠們的頭腦不像人類或黑猩猩這麼複雜，但是又比蜥蜴或雞略勝一籌，因此貓狗會比雞更仰賴後天學習，但是跟黑猩猩比起來，可能與生俱來的行為模式就會使用得比較多。

此外，我們還必須知道，固定行動模式本身與啟動、誘發固定行動模式的情緒有所不同。追逐獵物的情緒與捕殺獵物的行為，是由大腦中不同的神經路徑所控制的。

在這樣的上下文中看到「情緒」這個字眼，或許會讓人覺得突兀。動物專家向來都只談本能（也就是固定行動模式）與衝動（也就是促使動物和人類去尋找像食物與性這種生命核心需求的動力），這可以從外在描述動物和人類的行為。不過一旦研究人員開始研究大腦，衝動這樣的概念就不夠用了，因為這個概念太廣泛、太抽象，所以當研究人員試圖在大腦裡尋找控制某一特定動機的單一路徑時，就無功而返了。

舉例來說，研究人員在搜尋飢餓衝動的路徑時，找到的不是單一路徑，而是兩個截然不同的路徑：一個控制肉體上的飢餓，另外一個則主宰情緒上的飢餓。肉體上的飢餓稱之為身體需求狀態，就是像低血糖這一類的現象，會發出訊號告訴動物該找東西吃了，大腦裡有單獨的路徑掌管這種身體需求狀態。然而，看過厭食症病患的人都知道，只有身體需求狀態並不夠，動物和人類都還需要搜尋的情緒（我在前一章討論過）才能促使他們外出捕獵或蒐集食物來滿足身體的需求。

研究人員還無法確定像飢餓這種身體需求是如何跟捕獵情緒扯上關係，這正是當前研究的課題之一。不過他們確實相信，人類與動物做的每一件事幾乎都是受到某種感覺的驅使。從動物的大腦電流刺激實驗以及腦部受傷病患的研究中，我們已經知道感覺的重要性。達馬吉歐（Antonio Damasio）所寫的《笛卡爾的謬誤》（Descartes' Error）一書有極深遠的影響，他研究的對象就是那些情緒跟他們的理智和決策過程脫節的人。這些人雖然很餓也需要吃東西，但是他們就是無法決定要去哪一家餐廳吃飯。情緒與飢餓是大腦裡的兩個不同的路徑，但是兩者都必須發揮作用才行。

總而言之，固定行動模式就是以大腦為基礎的內在行為，而且同一物種之中的每一個體都永遠會有同樣的行為。至於情緒則是以大腦為基礎的內在驅使動力，每一個體都有不同的強度，或許表達的頻率也不一樣。我們偶爾還是會聽到研究動物的學者提起衝動一詞，如果只是描述動物外在行為的話，使用這個詞彙倒也沒有錯，只不過像飢餓衝動或是性衝動這種廣泛的概念，並不足以呼應動物人類在尋找食物和愛的時候，大腦裡所啟動的特定路徑，因為大腦裡牽涉到的路徑總是不只一個。

接下來我們就要討論：有哪些不是與生俱來就固定在大腦裡的。情緒是內建在大腦裡的，但是除了固定行動模式之外，動物因應情緒所做的所有事情都是後天學習的。狗一出生就知道如何獵殺土撥鼠，但是牠並不是一出生就知道土撥鼠是一種食物，聽起來或許很奇怪，但是狗真的必須從其他同類身上學習，才會知道土撥鼠很好吃。

掠食動物還必須透過其他動物，才能學到要對誰發揮牠們內在的捕獵行為。假設小狗從小跟一隻寵物土撥鼠養在同一間屋子裡，那麼小狗就會知道土撥鼠不是獵物，或許也永遠都不會發動攻擊行動。小狗必須在幼兒的身邊長大，或者至少要常常跟幼兒在一起相處，也是同樣的道理，因為幼兒跟獵物一樣，經常會突然出現快速動作，很容易誘發狗的獵殺行為，所以小狗必須從小學習，幼兒不是獵物。

教導小狗分辨什麼是獵物並不難；只要確定你做到了，就不會有問題。我小時候，家裡養了一隻黃金獵犬「朗尼」，是捕貓的兇惡殺手，但是在小朋友的身邊，卻是最溫馴可愛的小狗。我還記得四歲的時候，一直想騎在朗尼的背上，牠也從來沒有抗議過，不過只要一看到貓，就立刻捉狂似的跳起來追捕。朗尼從小就跟幼兒在一起，所以知道幼兒是不可以殺的，但是牠並沒有跟貓養在一起，所以認定貓就是用來殺的。牠從來不會混淆這兩個類別，因為狗在情緒上天生就會學習什麼是獵物和什麼不是獵物。

學會什麼可以吃、什麼不可以吃，讓動物和人類有適應環境的彈性。如果動物完全要憑本能來填飽肚子的話，一旦平常的食物來源突然消失或是逐漸減少，那麼牠們就一定會挨餓，此外，牠們也就不能模倣其他動物了。

捕殺土撥鼠好玩嗎？

答案是肯定的。

首先，動物行為學家把捕獵的殺戮行為稱之為冷靜咬噬，因為獵殺行動不是在憤怒的情緒中完成的。我們從大腦研究中得知，在獵殺行動中，大腦的憤怒路徑並沒有啟動，而且從動物觀察中也發現，殺手總是很冷靜。獵殺咬噬跟我們平常看到兩隻同種動物彼此咆哮怒吼的那種爭鬥完全不一樣，動物在爭奪地盤彼此打鬥時，會啟動大腦中的憤怒路徑，而滿腔怒火的動物在攻擊時也會發出極大的聲音。不過掠食動物在捕捉獵物時，只是狠狠地咬噬，然後用力甩盪獵物致死。

大衛覺得麥克斯好像很享受獵殺土撥鼠，這種印象並沒有錯。從我在前一章提到的大腦電流刺激研究中就可以得知，動物喜歡啟動他們的獵殺路徑，如果你告訴牠們如何啟動，牠們就會自己啟動。仔細想想獵殺是怎麼一回事，就會了解這種感覺當然很好，因為獵殺就表示有東西吃了。貓殺老鼠的感覺，就跟猴子找到一串甜美熟透香蕉的感覺一樣美好。

潘克西普的大腦電流刺激研究顯示，獵殺路徑的源頭跟搜尋路徑一樣，「主要都在相同的大腦區域」，而後者產生的愉悅感則與好奇、強烈的興奮和熱切的期盼有關，這些我在前一章裡都已經討論過。搜尋路徑啟動之後，動物和人類就會開始尋找他們所需要的東西，例如食物、庇護所或是百貨公司裡一套完美的褲裝、物理學的高等學位等。人類和動物都喜愛捕獵。

然而，憤怒侵略的感覺就不太好。動物和人類都不喜歡啟動憤怒路徑，如果可能的話，都會儘量避免。憤怒是一種痛苦的情緒，在大腦裡，捕獵與憤怒侵略是兩碼子事，兩者差得天高地遠。

快樂的獵人

看過狗獵殺其他動物的人都會告訴你，狗在捕獵之後看起來確實很快樂，但是因為大部分的人都沒有機會看到狗捕殺土撥鼠，因此你若是真的想看動物享受捕獵的樂趣，花一點時間來觀察貓也可以。貓是家畜裡的超級掠食動物，即使一隻紅色的雷射「鼠」，也可以讓牠們瘋狂地追逐、拍打、撲捉。其實雷射鼠就是平常老師在大教室裡上課時用來指著投影布幕的雷射筆，利用電池發射出來的紅光再加以變化而已。如果你沒有看過的話，普通的雷射筆發射出來的是一個小紅點，老師就用這個小紅點指著投影布幕上他們提到的部分，吸引學生注意，而雷射鼠所發射出來的紅點，則是老鼠的形狀。其實雷射鼠也只是行銷工具而已，任何一隻貓如果會追逐雷射鼠的話，看到雷射小光點也一定會追著不放。

有些貓追逐光點興奮過了頭，還發生跌斷骨頭或脫臼的意外。有一次，我去朋友羅莎莉在紐約的公寓作客，看到她養的兩隻貓「莉莉」和「哈雷」瘋狂追逐雷射鼠的情況也嚇了一跳。你可以用雷射鼠引誘牠們在整間公寓橫衝直撞，讓牠們跳上櫃台再跳回地板，然後再跳上書架，你要牠們去哪裡，只要把雷射鼠照在那個地方就行了。牠們瘋狂的程度讓我不得不提高警覺，不要突然轉換方向，否則莉莉全神貫注地看著紅點，很可能會演出後空翻的絕技。

我從來沒有看過任何一隻家貓會如此瘋狂地追逐玩具，即使在室外，我也從來沒有看過任何一隻貓這樣追逐獵物。莉莉和哈雷已經出現行為學家所謂的捕獵追逐本能的過動現象，也就是說，牠們已經專注到進入無意識的狀態，很可能會傷害到自己而不自知。我想，雷射筆有這種功效，是因為貓看得到卻捉不到，即使貓爪已經撲在光點上，還是沒有感覺，更捉不起來。因此，雷射光點成了超級刺激，不斷地刺激貓的追逐本能，因為牠們無法完成追逐捕捉的連續動作組合，所以追逐本能也就無法停止。

而更有趣的是，我原本以為只要光點靜止不動，追逐行為就可以結束，但是卻發現牠們還是停不下來，繼續圍著地板上的光點瘋狂地拍打撲捉，看起來並不像像貓戲弄獵物一樣，跟光點在玩耍，反而更像是還處在追逐模式之中。我懷疑莉莉和哈雷會對一個靜止不動的光點還如此專注的原因，是因為我的手輕微地顫抖，讓光點也有些微顫動，持續吸引牠們的注意。我已經儘可能地維持手的穩定，不過地板上老鼠光點的細微移動還是足以讓牠們持續不輟，由此可見牠們過動的情況有多嚴重。

有人跟我說，有些貓不會追逐雷射光點，這一點也很有趣。我不知道這些貓是否比莉莉和哈雷這種養在家裡的貓，更了解在戶外捕獵追逐活獵物的樂趣，莉莉和哈雷從小足不出戶，母貓也從未教牠們捕獵，而一般在戶外長大的貓則學會哪些獵物可以追，什麼時候該追等。戶外的貓也學會了掩藏牠們的追逐本能，因此可以近距離跟蹤獵物，一舉成擒。

在戶外長大的貓學會了這些技巧，或許就不會對雷射鼠感興趣，原因有好幾個。第一，雷射光點不是食物，而牠們卻已經把追逐和吃飯緊密地聯結在一起。第二，這些貓學會了如何抑制牠們的追逐本能，對於快速移動的物體，不像莉莉和哈雷這麼敏感，反倒受其奴役。姑且不論原因何在，有些貓不追逐雷射光，有些貓卻瘋狂地不顧自己身陷險境，這個事實就足以說明，動物追逐是後天學習，而不是天生本能。

貓對雷射光點的專注，也讓我想起自閉症患者的專注，那也是完全無意識的狀態，好像世界上其他東西都不存在似的。那個小光點，就是牠們全部的世界，我小時候也是如此。我還記得看著手中沙漏裡的細沙一點一點地滑落，整個世界的其他一切就完全消失了，每一小顆沙粒反射出細微的光線，讓我為之沈迷，我的視線無法移動。有時候，我還故意去看沙漏，藉以逃避環境中讓我無法招架的其他刺激。

我想，我可能是啟動了跟莉莉與哈雷一樣的獵物追逐路徑。我跟貓一樣受到不規律的動作吸引，因為吸引我的是沙粒反射的那種不斷改變的動作。自閉症患者的大腦跟所有的大腦一樣，都會受到不規律的動作吸引，唯一的差別在於我們會沈迷其中而無法自拔。旗幟則是另外一個讓我為之心馳神迷的東西，我不知道有些自閉兒喜歡看旋轉扇葉是否也能歸在同一類，我自己是不愛看風扇葉片，在我看來，風扇葉片的運動並非不規律的動作。喜歡盯著旋轉扇葉看的自閉兒，大腦的功能性通常都比較低，或許他們的視覺處理也比較零碎。或許對某些自閉兒來說，風扇葉片反射的細微光線看起來正是不規律的動作，所以他們也因此著迷。

動物如何處理掠食侵略性

在野生環境中，像老虎或其他靠捕獵維生的肉食動物，就不可能有莉莉和哈雷的這種舉動，否則根本無法生存。首要原因是野生動物的食物供給有限，掠食動物若是看到任何快速移動的東西就立刻追捕獵殺的話，食物來源很快就會告罄。

野生動物必須有所節制的另外一個原因，則是牠們不能浪費熱量，去追逐最後不能吃的東西。如果他們獵殺了一隻不能吃的動物，就必須獵殺更多的動物來補充牠們為了追逐玩耍所消耗的熱量。

最後但也是最重要的原因，則是像莉莉和哈雷這種沒頭沒腦的追逐，會降低動物捕捉到獵物的機會，因為這會影響到牠們的跟蹤行為。貓科動物會跟蹤獵物，直到佔據了最有利的位置，才會撲上前去，一舉成擒，這才是捕獵的重點，因為貓要捉到老鼠，而不是像莉莉和哈雷一樣追著老鼠繞圈子打轉。所以掠食動物必須壓抑追逐的衝動，直到佔據了最好的位置，才會去捕捉牠們相中的獵物。

也就是說，動物能夠壓抑牠們的追逐系列動作，必須從其他動物身上學習什麼時候才做這些動作，又要如何進行。

我們從人工飼養然後送往野外放生的動物身上，就可以證明這一點。電視節目《與虎同行》（Living With Tigers）有一集報導兩隻由人類飼養的小老虎送到野生環境中野放的故事，非常精彩。起初，這兩隻小老虎看到什麼都想追逐，也不管肚子餓不餓。有一天晚上，牠們在一場狂歡獵捕行動中獵殺了七隻羚羊，就跟莉莉和哈雷追逐雷射鼠的情況一樣，牠們看到每一隻會動的動物都撲上前去追捕、獵殺、咬噬，一隻接著一隻，但是卻只殺不吃。最後人類只好把他們捉回來，試著教他們只獵殺想吃的動物。

人類還得教他們什麼東西可以吃。小老虎看到眼前有一隻死掉的斑馬，會立刻撲上前去咬噬斑馬的頸部，我不知道牠們為什麼會有這樣的行為，因為死斑馬顯然不會動，不過我猜想可能是因為斑馬躺在地上，啟動了牠們的獵殺機制。

可是牠們完成了獵殺咬噬行為之後，並沒有吃掉斑馬，牠們不知道斑馬是一種食物，因為牠們一直以為從卡車後面掉出來的東西才可以吃。大衛的狗也遭遇到同樣的問題，沒有人跟牠說，土撥鼠是可以吃的肉。人類必須教導幼虎，牠們所追捕的動物也是可以吃的食物，這樣牠們才會撕裂動物的屍體，把肉臟全都掏出來吃掉。

這些幼虎的影片讓我們進一步了解固定行動模式及其在現實生活中對動物有什麼樣的影響。幼虎從一出生就知道如何獵殺咬噬，但是所知道的也只有如此，其他部分都得靠後天學習。我猜想一般動物都是從母親和同儕身上學會，只有肚子餓的時候才去獵殺動物，只不過我也無法確認就是了。話雖如此，我們確實知道幾乎沒有任何動物會常態性地不分青紅皂白亂殺獵物。

在我見過的野生動物之中，只有一種動物有時候會違背這樣的自然法則，就是土狼。大多數的情況下，土狼會吃掉牠們獵殺的動物，但是偶爾土狼也會殺紅了眼，以獵殺綿羊為樂，殺了二十幾隻卻只吃掉一隻。我相信這些土狼可能是因為跟人類住得太近，享有充沛的食物供給，因此逐漸喪失了經濟行為的本能。殺了二十隻羊卻只吃掉一隻的土狼，肯定不需要在下個星期跋涉幾百哩路去找更多的獵物，因為土狼很清楚，任何一座農場都會有幾百隻羊讓牠們隨時回來捕獵，而且手到擒來。野生土狼可能已經忘了，牠們不應該浪費食物或能量。

情感侵略

情感侵略跟獵殺侵略完全是兩碼子事。情感侵略是一種火辣辣的侵略行為，是由憤怒所驅動的侵略行為。與獵殺侵略比較起來，在情感侵略中，動物的情緒不同、行為不同，連肢體動作都不同。

貓科動物若是大腦裡的憤怒路徑受到電流刺激啟動，就會採取攻擊態勢，嘴裡發出嘶嘶聲，背上的毛會站起來（稱為「毛髮直豎」，也就是毛囊豎起來），弓起身體，心跳加速，腎上腺系統也會開始運作。反之，若是獵殺路徑受到刺激啟動，身體則保持冷靜。潘克西普說，你會看到「規律的追蹤與正確指導的撲捉」，體內的壓力激素完全沒有增加。人類往往把這兩個侵略行為混為一談，因為其結果是一樣的，體型較小、力量較弱的動物最後總是死亡。然而對侵略者來說，獵殺侵略與憤怒侵略是完全不一樣的行為。

動物行為學家通常都以誘發侵略行為的刺激為準則，把憤怒侵略區分成好幾類，但是不同的專家也有不同的分類。主要的幾類如下：

1. 主張侵略，其中包括支配侵略與領域侵略。
2. 恐懼驅使的侵略，其中包括母獸為了保護幼獸的侵略行為。
3. 疼痛驅使的侵略。
4. 性的侵略。這是受到睪丸素酮濃度的影響。
5. 受撩撥或壓力的侵略，其中包括轉向侵略，比方說有隻貓看到屋外的另外一隻貓而感到不悅，但是牠又無法攻擊屋外的貓，於是轉而攻擊屋子裡的其他貓或人類。
6. 混合侵略，例如結合恐懼的主張侵略。
7. 病理侵略。

主張侵略

主張侵略包括支配侵略與領域侵略兩種，前者是指動物攻擊其他同類，藉以主張或確保在族群中的階級地位，後者則是為了保護自己的地盤不受外來動物入侵的攻擊行為。主張侵略也許跟一種神經傳導物質血清素（serotonin）有直接關係，動物體內的血清素濃度愈低，侵略性就愈強。如百憂解之類的抗憂鬱症藥物，會增加血清素的濃度，因此就會減少寵物的支配侵略行為。

然而，血清素與主張侵略和動物族群中實際的社群支配或優勢階級之間的關聯，還有待進一步釐清。有充分的證據顯示，在草原猴的棲息地裡，支配動物的血清素最高，整體侵略行為也最少。族群中位階最低的動物，也最常出現隨機衝動的侵略行為，而領袖動物則反而比較冷靜沈著，只有在必須保護族群的時候才會有侵略行為出現。

這是萊禮（Michael Raleigh）在十二個草原猴棲息地所做的知名實驗得到的結果。他和助手將這十二個棲息地裡居於支配領導地位的草原猴（全部都是雄性）遷走，然後在棲地裡剩下的兩隻公猴身上，一隻注射增加血清素的藥物，另外一隻則注射減少血清素的藥物；也就是說，在十二個草原猴軍團中，有十二隻原本居於從屬地位的猴子身上的血清素濃度比以前高，而有另外十二隻則比以前低。

結果，血清素濃度變高的猴子，每一隻都在其棲息地成為新的領袖。不過如果實驗程序反過來做，替原本以人工方式降低血清素濃度的猴子注射藥物，增加牠們體內的血清素濃度，那麼這些猴子就會變成支配階級。

這個問題始終混淆不清的原因，是因為我們討論的是兩個完全不同的領域。我們並不知道研究狗類支配侵略的人所說的事情，跟萊禮在草原猴實驗中所研究的支配侵略，是不是同一回事。因此到目前為止，我們對於主張侵略，都還是得用我目前所採用的標準定義才行。

恐懼驅使的侵略

恐懼驅使的侵略行為在動物與人類的世界中造成了許多暴力與毀滅，因此我常自問，為什麼會如此憤怒呢？

我們腦中為什麼會有憤怒路徑這個東西？

只要看看野生動物，這個理由就不言自明了。從最基本殘酷的層面來說，憤怒是生存的本能。憤怒這種情緒讓水牛遭到攻擊時有能力反擊，甚至用牛角抵死獅子。憤怒讓斑馬在落入獅口之後，仍然不放棄最後的掙扎求生。我曾經看過一捲錄影帶，一隻人工飼養的肉牛奮力反擊，讓前來攻擊的獅子嚇個半死，我從未看過任何牛踢得這麼兇狠。憤怒是所有動物在遭到生命威脅時用來自我防衛的終極武器。

如果人類的安全遭到動物威脅時，恐懼有兩種不同的功能。恐懼可以抑制動物或人類的攻擊行為，而且經常如此，在人類社會中，最冷血惡毒的殺手往往是低度恐懼到不正常程度的人。恐懼不但在你遭到攻擊時保護你，同時也避免讓你自己變成攻擊者。

然而，恐懼同時也可能導致受到驚嚇的動物產生攻擊行為，而比較不害怕的動物就比較少有攻擊行為。被逼到死角、走投無路的動物，侵略性特別強，所以我們才會有一句俗語，勸人不要把人「逼到死角」。被逼到死角的動物都處於極度恐懼的狀態，害怕性命不保，所以牠們會覺得除了攻擊之外就沒有別的選擇。

一般而言，獵物動物（如牛、馬）會比掠食動物（如狗）更常表現出恐懼驅使的侵略行為，這倒也不足為奇，畢竟獵物動物絕大多數時間都處於受到驚嚇的狀態。

我把母性侵略置於恐懼侵略項下，這樣的分類跟其他研究人員不太一樣。我認為母性侵略在本質上是屬於由恐懼驅使的侵略行為，因為根據我長年觀察，高度神經緊張的動物，總是比心情輕鬆、冷靜的動物（如賀斯敦乳牛），更常出現激烈的行動來保護牠們的幼兒；許多牧場主人也跟我說，牛群中最容易發怒、緊張的牛隻，也會最積極地保護牠們的孩子。

任何一隻做了母親的動物（無論神經緊張或冷靜放鬆）都會為了保護孩子而不惜一戰。所以到了牧場上，為人父母者總是一再告誡孩子，不要太靠近剛做媽媽的雌性動物，因為最緊張、最恐懼的母親總是出現最多的母性侵略行為，因此我才會認為母性侵略是由恐懼所驅使，即使最冷靜的動物也不例外。做媽媽的動物若是覺得自己的孩子有生命危險，就會心生恐懼，而恐懼也導致牠們產生攻擊行為。

這又回到了我們在解決動物的侵略行為時，必須先要問的基本問題，這種侵略行為是來自恐懼或支配？這個問題很重要，因為恐懼的動物如果再加以懲罰，只會使情況更惡化，然而抑制動物的支配侵略，懲罰卻是必要的手段。

疼痛驅使的侵略

這種侵略行為很簡單，所有人類都曾經親身經歷，疼痛會使人發狂。疼痛中的人易怒，動不動就對身邊的人發脾氣，疼痛中的動物更是動輒出現侵略行為。獸醫替動物看病時，就必須特別留意受病痛所苦的動物產生這種由疼痛驅使的侵略行為。被車撞倒的狗可能會因為疼痛而掙脫狗鍊，甚至咬主人；罹患風濕或有其他病痛的動物，在別人碰觸他們疼痛的關節或四肢時，侵略性也會變得很強烈。

雄性間的侵略

雄性間的侵略跟體內睪丸素酮的濃度有關，因此閹割過的公狗就不會再跟其他的公狗打架。然而，閹割並不能夠解決狗群之間支配侵略的問題，所以潘克西普博士才會認為，雄性間的侵略行為可能是第三種主要的侵略行為模式，與獵殺侵略和情感侵略都不一樣。不過時間會證明一切。

受撩撥或壓力侵略

動物如果生活在高度壓力的環境中，會比生活在相對平穩的環境中，更容易出現侵略行為。我就聽說過一個很驚人的案例，一隻母的邊境柯利牧羊犬竟然吃掉了牠自己生的小狗，這正是壓力誘發的侵略行為。邊境牧羊犬本來就是高度神經緊張的品種，而這隻吃掉自己小孩的母狗，又剛剛才在車上經過長途跋涉，搬到一個新家。牠受到的壓力原本就很大，因為牠的居家環境中有一個青少年期的過動兒，沒有一刻能夠安靜下來，顯然長途旅行再加上全新的環境已經超過了牠忍耐的極限，於是才對牠自己的小狗施以暴力行為。

即使是微不足道的小問題，例如感染跳蚤，如果長期不解決，也會導致動物產生因為壓力而誘發的侵略行為。

混合侵略

在現實生活中，也許不只是單一誘因導致動物的侵略行為，這種情況也經常發生。特別是我們已經知道，在狗身上，恐懼驅使的侵略和主張侵略經常同時出現。潘克西普博士認為，某些母性侵略的案例也是如此，母獸是同時因為恐懼和領域侵略而產生攻擊行為。他也相信，如果我們真的可以證明雄性間的侵略是不同型式的侵略行為，在大腦中由不同於憤怒路徑的機制啟動，那麼「純粹」屬於這種形式的侵略可能也不常發生。兩隻公狗可能隨時可以打架，就像拳擊手隨時可以上場爭奪錦標一樣，可是一旦其中一隻開始感到害怕、挫折或疼痛時，憤怒就油然而生，於是雄性間的侵略就可能跟其他三種不同的情感侵略混在一起了。

病理侵略

某些疾病，如癲癇症或腦部傷害，會導致動物產生侵略行為，人類也是如此。比方說，我們知道監獄裡的暴力罪犯，有很多都曾經在生命中某個階段發生過腦部傷害的意外。

侵略性的基因傾向

有些動物不管環境如何，天生就比其他動物侵略性格更強烈。有些罕見馬匹的血統，就以導致馬伕受傷或死亡聞名，養牛的人也曾經發現，某些基因系譜裡的公牛就是比其他同類的侵略性更強。我在前面已經討論過單一特徵繁殖所產生的動物行為問題，像公雞強暴犯就是最明顯的例子，不過很多豬隻也有侵略性愈來愈強的傾向。普渡大學做的一項研究指出，體型精瘦的豬就比基因系譜中脂肪較多的豬，更容易打架鬧事。

侵略性的基因問題在狗的身上格外棘手。很多人不願意相信某些品種的狗，如比特鬥牛犬或洛威拿犬，天生就有比較強烈的侵略性格（比特犬並不是美國愛犬協會設定的犬種標準）。像這樣的人通常都養過天性溫和、樂於與人親近的比特犬或洛威拿犬，所以他們就認定，如果這些狗出現侵略行為，那麼問題一定出在飼主身上，而不是狗的問題。然而，統計數字卻不支持這樣的詮釋，儘管狗咬傷人的統計數字並不是完全正確。

有關狗咬傷人的報告有很多問題。隨便舉個例子來說，有好幾種不同的狗都可以叫做比特犬，其中包括某些純種狗，如美國史塔福郡牛頭犬和一些混種狗。另外一個問題則是，大型犬咬人的時候通常會造成比較嚴重的傷害，因此在統計數字中可能會有遭到誇大之嫌。此外，很多純種狗的飼主並沒有向美國愛犬協會登記，所以我們無法得知全國究竟有多少隻純種的洛威拿犬，並且拿來跟洛威拿犬咬人的案例數目做比較。

因為狗的總數不明，所以沒有人能夠很明確地指出每一個品種相較於其他品種的「侵略商數」，話雖如此，從狗咬傷人的醫療報告中，我們還是可以大概知道哪些品種的狗最危險。一般來說，洛威拿犬和比特鬥牛犬比其他品種的狗侵略性都要高出許多，非常不可能只是因為飼主的緣故就會出現這麼高的咬人比例。就算不看統計數字，只聽傳聞軼說，也有很多案例是個性溫和、完全能夠勝任養狗責任的飼主，還是養出了非常兇狠的洛威拿犬和比特鬥牛犬，顯示狗的侵略行為不全然是飼主的錯。杜德曼在寫到比特鬥牛犬時說：「比特鬥牛犬原來就是為了繁殖牠的侵略與執拗性格，受到撩撥時，會用力咬住對方並且緊咬不放，因此潛在的危險性不下於一支沒有保險鎖的手槍……牠們也可以變得很文明，成為忠實又解悶的伴侶。然而，潛在的問題永遠都存在，這是因為牠們的基因與血統使然。」

在紐約州北部以訓練德國牧羊犬聞名的新精舍修士（Monks of New Skete）曾經出過一本《養狗藝術》（The Art of Raising a Puppy），書中提到每一品種的狗都會出現怪胎血統（freak bloodlines），這個血統出身的狗就比較容易出現侵略性格。有些人專門繁殖具有強化侵略行為的狗，可以做守衛或警犬，還有一些毒販或從事不法事業的人，會刻意養殖侵略性非常高的狗，有的是為了自我保護，有的則拿來做為非法鬥狗之用。這些狗幾乎就等於一觸即發而且沒有保險鎖的槍枝。

誠如我前文所述，洛威拿犬和比特鬥牛犬是目前最惡名昭彰的侵略犬。不過在洛威拿和比特犬開始流行之前，最危險的品種卻是德國牧羊犬，另外在狗咬人的研究中，鬆獅犬咬人的比例也比其他品種高。同樣的研究指出，公狗咬人的比例是母狗的六點二倍。而沒有閹割的公狗，咬人的比例則是閹割過的二點六倍。

最後要附帶一提的是，有些動物（包括某些品種的狗在內）天生就是會惹禍，無關牠們的血統或飼主，是牠們本身的問題。牠們天生如此，一生下來就是壞胚子、危險的狗。

如果你在購買或領養狗的時候，想要確保這隻狗的基因裡有最少的侵略傾向，那麼最好的選擇可能是混種的成年母狗。不過，在選擇寵物時，實在沒有必要對狗的基因如此緊張，因為從一九七九年到一九九四年間的統計數字顯示，狗咬人造成嚴重傷勢的案例非常非常少，全美國人口中只有千分之三的人曾經被狗咬傷到需要就醫的程度。如果再考量到全美國除了住在監獄或精神療養院裡的人之外，幾乎所有的人都有相當高的機會跟狗接觸，那麼這個數字實在是微不足道。因此，養狗時最好還是考慮哪個特別品種的狗或是混種狗最適合你的生活型態比較重要。

動物暴力

喜愛動物的人經常以為動物有侵略傾向，而沒有暴力傾向。他們會說，只有人類才會犯下強暴、謀殺、發動戰爭等罪行。

其實不然。有些黑猩猩確實會發生潘克西普博士所謂的迷你戰爭，是一種有組織的暴力行為，來自敵對陣營的兩群公猩猩，會在彼此地盤的交界地帶廝殺打架，許多雄性在這種迷你戰爭中喪生，導致很多地區的黑猩猩雌雄比例失衡，甚至到二比一的地步。珍古德（Jane Goodall）就曾經提到，當她看到心愛的黑猩猩竟然會做出這麼可怕的事，讓她感到震驚難過，由此可見，戰爭並不是人類的專利。

即使是農場上的動物，我也聽說過很多暴力行為的案例。我認識的一位女士就說過，她向一間小型的業餘農場買過一隻很昂貴的公羊（這種農場的主人多半是養些動物來打發時間，並不是真的做生意或以此維生），這隻公羊非常的馴服，跟人類相處也很溫和，所以她認為這隻公羊應該很不錯，買回去之後就跟她的二十隻母羊豢養在一起。這批母羊已經交配過，並且都在懷孕初期，所以都沒有發情，沒想到，這隻公羊竟然從側面撞擊，把牠們全都殺了。

許多動物都會出現可怕的暴力行為，究其原因，似乎只有歸因於純粹的殺戮慾望，甚至還有一點折磨對手的快感。人類花了很長、很長的時間，才終於了解海豚並不是外表看起來的那樣，永遠帶著笑容、完全無害的海洋生物，相反地，海豚是屬於腦容量大的動物，會有集體強暴、殘酷殺戮海豚「幼童」、集體謀殺小型鼠海豚的暴力行為。史墨克（Rachel Smolker）在《接觸野生海豚》（To Touch a Wild Dolphin）一書中寫到，雄性海豚會集體追逐一隻雌性海豚，並且強迫跟牠交配，而雌性海豚卻沒有像雄性這樣的集體行動。看這本書的時候，我覺得海豚幫派跟人類幫派沒什麼兩樣，都同樣令人作嘔。

多年來，一直都有證據顯示海豚會殺害幼豚和小型鼠海豚，但是研究人員卻視而不見。他們始終認為鼠海豚死亡必須歸咎於船隻或漁網，直到有人從海裡撈起一隻才剛剛死亡的鼠海豚，並且在身體兩側發現明顯的齒痕，完全吻合海豚的牙齒，他們這才相信。蘇格蘭亞伯丁大學（University of Aberdeen）的海豚專家威爾森（Ben Wilson）在《紐約時報》上表示，當他知道這是海豚痛下殺手的時候，他的第一個反應是：「噢，我的天哪，原來我這十年來研究的動物就是殺害這些鼠海豚的兇手！」

動物專家總是把動物的殺嬰行為說成好像沒有什麼大不了似的，他們的標準解釋就是，成年雄性動物會演化出殺害幼兒的行為，是因為牠們希望藉此讓雌性動物發情，以便交配後生下牠們自己的幼兒。此話或許不假，但是你若把殺嬰行為和其他的動物暴力放在一起，就不免要懷疑，難道雄性動物殺害同一物種乃至於同一族群裡的幼兒，也是一種進化嗎？難道殺嬰行為真的是大自然的意旨？抑或是偏離了大自然意旨的變態行為——至少在某些情況下如此？

我看過一捲關於殺人鯨捕獵行為的錄影帶，讓我對動物侵略性的看法完全改觀。不同族群的殺人鯨都各自發展出一套不同的獵殺專長，有的族群專殺牠們從釣魚線上偷來的鮪魚；有的專殺海豹；有些則不會主動獵殺，只是大口吞掉整條魚。有一群殺人鯨甚至學會了如何獵殺企鵝，牠們在企鵝的一端咬一個洞，然後從另外一端用力擠壓，直到企鵝的五臟六腑全都擠出了羽毛「包裝」之後，就跟我們擠牙膏一樣，牠們才吃掉獵物。

還有一群殺人鯨以獵殺為樂。攝影人員拍攝到一群殺人鯨將另一物種的幼鯨驅離母親的身邊，然後用龐大的身軀壓在幼鯨的頭上，一而再，再而三，直到幼鯨滅頂為止。牠們花了六、七個鐘頭才殺死這頭幼鯨，但是最後卻只吃掉幼鯨的舌頭，其他什麼都不要。這種行為實在太恐怖了！

報導中並沒有說明這群殺人鯨的性別，不過我猜應該是雄性。我們知道殺人鯨的暴力行為大多發生在青春期的雄性，這一點倒是跟人類一樣。社會學家發現，十五歲到二十四歲之間的青少年和年輕男性，跟其他年齡層的社群相比，更容易發生暴力行為。這不禁讓我想到：那些鯨魚的獵殺行為也許不是演化的結果，而是大腦發展不成熟的副作用。

以海豚為例，研究人員幾乎已經可以下定論，牠們大部分的獵殺行為都沒有演化上的目的。海豚一次會屠殺數以百計的鼠海豚，我們唯一能夠想像的演化因素是這些鼠海豚會跟海豚一起競爭稀少的資源（如食物來源），但是事實上卻又不是如此，因為鼠海豚吃的東西跟海豚不一樣，屠殺鼠海豚並不會增加海豚存活或繁殖的機率。因此唯一的結論就是：海豚屠殺鼠海豚純粹是因為牠們喜歡而已。

我不知道動物為什麼會有暴力行為，但是我在看到這些研究文獻時，卻發現一個令人震驚的事實，腦部結構最複雜的動物往往也是最容易出現暴力行為的動物。我想，人類和動物或許為了擁有一個複雜的大腦而付出了代價。一種可能的解釋是，大腦結構愈複雜，傳輸線路出錯的機率也隨之增加，最後導致邪惡的行為，另外一種可能則是因為複雜的大腦讓動物行為更有彈性，因此大腦結構複雜的動物就會發展出新的行為，其中有好有壞，也有介於兩者之間。人類可能付出偉大的愛和犧牲，但是同時也可能會有最深沈殘酷的行徑，或許動物亦然。

狗為什麼不咬人？

所有的動物都各自有一套管理侵略性的方法，這就是演化發揮的功效。對個別動物來說，殺死對手或許有私利，但是如果動物彼此廝殺至死成了常態的話，對整個物種來說，就不是一件好事了。除了人類之外，絕少有成年動物會以暴力彼此攻擊，直到對手死亡為止。

狗天生就有一種防衛機制，避免過度殺戮，稱之為咬噬抑制。一般而言，小狗都是在跟同伴玩耍時，學會了咬噬抑制。美國人道協會（Humane Society of United States）的福克斯博士（Michael Fox）曾經發現，四到五週大的小狗在遊戲時，就會開始出現捕獵殺戮和搖頭動作。如果你仔細觀察小狗玩耍的話，就會發現這其實是很暴力的，牠們會彼此拉扯、低吼、撲捉，甚至咬住對方的喉嚨，我就看過一隻小狗用力咬住玩伴的喉嚨，然後猛力搖頭，就跟獵殺咬噬的動作一模一樣，不過喉嚨被咬住的小狗只要發出一點點尖叫聲，對手就會立刻鬆口。牠們就是這樣彼此訓練，學會了「咬到這裡為止，不能再更用力」。其他掠食動物或許也都有類似的機制可以抑制牠們的咬噬行為，因為擁有尖牙利齒的動物都必須學會適時地停止這種行為，否則就會將彼此解體。

狗還有另外一種方法，教導彼此什麼樣程度的侵略行為是可以接受的範圍。如果有隻小狗玩得太粗野，另外一隻的小狗就會停下來，面對著粗野的小狗完全靜止不動，這總是會讓動粗的一方也停下來，就好像比賽中的暫停一樣。如果你看過年紀較輕、體型較小的小狗跟一隻年紀和體型都比較大的小狗嬉戲胡鬧，就很清楚，牠們都是未成年的小狗，也都很年輕，但是其中一隻拜體型和年紀之賜，比較佔上風。不過令人驚奇的是，這兩隻小狗很快就會適應彼此的相對體型與年紀，較小的狗就會比較粗野，而較大的狗則相對比較溫和。

對狗動作比較粗野的飼主，也必須仰賴這種咬噬抑制，才不至於被他們養的狗咬傷。馴狗師認為，跟狗玩得太粗野是不智的行為，因為一旦狗發起脾氣來，快樂嬉戲很可能演變成憤怒嬉戲。尤其是養了很多狗的家庭裡，就可能會有這種問題，遊戲變成暴力，兩隻原本玩得開開心心的狗突然怒目相向，真的咬來咬去。然而，儘管馴狗師對飼主一再耳提面命，不要跟狗玩得太粗野，但是飼主幾乎都充耳不聞，所幸我還沒有看過有人在跟狗胡鬧嬉戲時遭到寵物嚴重咬傷的案例。

胡鬧嬉戲不但在狗朋友之間很常見，在人與狗之間也是如此。我確實曾經看過飼主跟狗玩鬧得太粗野，以致於連他的狗都不覺得是遊戲，開始對著主人狂吠。飼主抓著狗身上鬆弛的皮膚，但是抓得太用力，因此他的狗最後終於忍不住對主人怒吼。這種行為是錯誤的示範。

不過我在此想要駁斥一些馴狗師所提供的建議。大多數的馴狗師都會說，不要跟狗玩拔河遊戲，因為這會讓牠們誤以為自己跟主人是平起平坐，因此最好不要。另外一些馴狗師則有些微不同的看法，如果你讓狗贏得拔河，牠們就會變得比較不馴服，反之，如果是你贏了，牠們就會更聽話。

其實拔河遊戲並不像一般人所想的那麼糟糕。幾年前，在英國針對十四隻黃金獵犬所做的研究發現，這兩種說法都不正確，至少對實驗中這十四隻黃金獵犬來說是不正確的。研究人員讓飼主跟他們的黃金獵犬玩拔河遊戲，有的人贏，有的人輸，然後再觀察寵物的行為，輸掉遊戲的狗確實變得比較溫馴，但是贏得遊戲的狗也是一樣。所有的狗在玩了拔河遊戲之後，對人類都變得更溫馴！而且沒有一隻狗突然變得支配慾很強；即使贏得遊戲的狗也沒有表現出任何支配行為，像是高舉尾巴或是企圖站在牠們擊敗的人身上。單一研究或許並不能證明什麼，但是我認為跟狗拔河或許是安全又好玩的遊戲。不過要記得一件事，研究中同時顯示，如果狗每一次都輸的話，就會對拔河遊戲失去興趣。顯然狗跟人一樣，都不喜歡一直輸的感覺。

公豬警察

豬也有一套管理侵略性的機制，我稱之為公豬警察。在農場上長大的孩子都會一再受到警告，豬也可能變得非常暴躁，尤其是不要靠近剛做媽媽的母豬。這樣的告誡言之成理，因為在我的觀察中，豬並沒有類似咬噬抑制的機制，或許是因為豬向來是咀嚼多過咬噬的動物吧。我到豬圈時，牠們一開始會輕輕啃我的靴子，然後慢慢地愈咬愈用力，咬得我大聲喊痛。但是牠們並不明白這種社交暗示，還是繼續啃，所以我得真的把牠們推開，牠們才會停止。

如果豬真的咬起來，那麼情況就很嚴重了。所幸，只要群體中有一隻居於支配地位的成熟公豬，就可以壓制豬群打架，我想其他物種應該也是如此，不過沒有人詳盡研究過。我們知道象群確實就是如此。南非的動物學家嘉萊（Marian Garai）曾經觀察到年輕但是已經完全成熟的公象，在年紀較長的支配雄性監督之下，壓抑自己的侵略性。

我自己則在柯羅拉多州的農場上做過一個實驗，在青少年豬群中放了一隻成熟的公豬，看看豬群的爭鬥的情況會不會減少。豬打起架來也很兇狠，尤其是有陌生的豬群混在一起的時候，牠們為了決定新的支配階級，甚至會彼此傷害。德州理工大學的麥葛隆（John McGlone）做過一份研究，顯示只要在豬群之間噴灑成熟公豬的氣味，就可以減少爭鬥，而我則想知道，如果真的放了一隻活生生的公豬到豬群裡，會有什麼事情發生。

結果發現，如果豬圈中有成熟公豬在場，控制現場打鬥的效果比噴灑氣味更好。因為公豬在現場，不但是氣味還有牠的行為，都可以壓制年輕的豬。如果有兩隻豬開始打架鬥事，公豬就會往牠們的方向走去，只有這樣而已，牠只是出現在現場而且注意到年輕豬群的行為。

年輕的豬看到公豬走過來，就會停止打鬥，就跟一群打架鬧事的流氓太保看到警察出現就立刻一哄而散完全一樣。而且年輕的豬真的就跟年輕男性一樣，在打架之前還會四處張望一番，看看公豬警察在哪裡。如果警察就在附近，牠們就會安分一點，但是如果公豬警察在豬圈的另一端，牠們就比較可能會發動攻擊行為。

動物與其他動物之間的社交

跟動物有互動的人都必須知道如何管理動物的侵略本能。有兩件事情非做不可，確定動物跟其他動物有適當的交往，以及確定動物跟人類有適當的交往。

前者是因為動物在生活中的一舉一動，絕大多數都是從其他動物身上學習到的。成年動物教導年輕一輩去哪裡找吃的、吃些什麼東西、跟什麼人交往、跟什麼人交配等，也要教導年輕一輩基本社交規矩以及對同類的尊重。如果動物在年輕時沒有學會這些規矩，長大之後的行為就會出現很多問題。

飼養家畜最糟糕的事情，就是讓牠們在孤獨的環境中長大。很多人以為種馬的侵略性強，很難駕馭，事實上，這是人類造成的結果。我記得有一次走進土地管理局（Bureau of Land Management）收容中心暫時安置動物的獸欄，裡面養了五十四匹野生種馬，但是卻完全和平共處，幾乎沒有聲音，更沒有打架滋事的情況，讓我大為訝異。每年土地管理局都會把多餘的野馬集中起來，供人認養，以免馬匹數目超過安置中心可以容納的極限，到這裡來看馬的人都覺得難以置信，五十匹種馬竟然能相安無事。其實，任何物種的動物只要跟其他動物有適度的社交互動，就會如此，在野生環境中，不斷地爭鬥反而才是異常。

在草原上，居臣屬地位的種馬都跟其他的單身漢群聚在一起，只有居支配地位的種馬才能擁有所有的母馬，就跟後宮佳麗一樣。單身的種馬自成一群，但是跟領袖的後宮群仍然和平共處，直到有一天支配的種馬因為年邁或傷病削弱了自身的力量，這時候才會有更年輕、更強壯的種馬來挑戰牠的領導地位，然後取而代之。在這之前爭鬥並不常見。

種馬必須跟其他馬匹和平共處才能存活，因為獵物動物必須群居才能生存，野生馬匹輪流睡覺，也輪流守望，防止掠食動物來犯。如果獨居的話，很可能在睡覺時遭遇不測。

我在前一章曾經提過，這裡要重申一次，富麗堂皇的現代化馬廄，對種馬來說，是超級警戒的監獄。在獨居監禁環境中長大的種馬，從來沒有學習過社交行為，才會變成暴力份子，對其他公馬造成威脅。

小公馬在成長過程中，學習社交互動中的妥協讓步，同時也學習如何確立與維繫群體之間的支配階級。所有的群居動物，包括大部分的哺乳類動物在內，都有某種形式的支配階級，這現象舉世皆然。研究人員認為，支配階級有助於維持群體內的和平，因為每一隻動物都知道自己的地位，並且嚴守分際，因此就不會經常為了爭奪食物和交配對象而打鬥。

沒有人確切知道為什麼在演化過程中有些事情會出現，有些則不會。不過在野生環境中，支配階級一旦確立之後，通常就很穩定，打鬥的情況減少，除非有新的成員加入群體或是年老的支配動物因為力衰而遭到更年輕、更強壯的動物推翻，否則爭鬥的情況一直都很少見。如果在支配階級的動物彼此勢均力敵，那麼你就會發現，沒有明顯的勝利者浮出檯面，因此動物之間的爭鬥就會持續下去。這種情況不少，但也不是常態。支配階級似乎有助於消弭爭鬥。

家畜也是一樣。小公馬若是跟其他馬匹一起長大，就會知道一旦有匹種馬在支配階級中取得某種地位，就不需要再對其他馬匹又踢又咬。牠同時也學會，除非勝算很大，否則沒有任何一匹馬會冒然挑戰支配種馬的地位。馬匹之間的支配階級並不是人類的運動競賽。在運動競賽中，個人參賽者或團隊彼此拼盡全力，爭取勝利，一次不成，還有下次，但是臣屬的馬匹不會一天到晚去挑戰領袖的權威，直到哪一天有人走運贏得勝利為止。牠們會等到領袖出現疲態，準備下台，才會有所行動。這就是規矩。

但是馬匹也不是天生就知道這些規矩，必須有其他馬匹教導牠們才行。把種馬幽居圈禁在富麗堂皇有如展示間一般的農場裡，是不正常的！結果會導致馬匹出現異常的侵略行為，因為單獨飼養的動物沒有學習到適當的社交禮儀。除此之外，可能還有另外一個原因，馬匹本身是社群動物，在高度警戒監獄中長大的種馬可能因為長時間單獨監禁，造成情緒上的傷害，因此才變成狂魔殺手，牠可能比其他馬匹更容易啟動腦中的憤怒與恐懼路徑。

我在唸高中的時候，種馬跟其他公馬都不能和平相處的迷思似乎證據確鑿，因為當時學校把一匹名叫「生鏽」的良品種馬放進馬廄，結果引起軒然大波。

在此之前，馬廄裡只有母馬和閹割過的公馬，養在很寬敞的場地裡，彼此都有足夠的空間。但是生鏽一進來就狂奔亂跑，對其他的馬匹又咬又踢。不久之後，大家就認定種馬跟其他馬匹處不來，於是就把牠放逐到養馬場與養牛場中間的獸欄，單獨圈禁。生鏽從小就沒有在社群裡生長，所以侵略性異常強烈。

年輕的小種馬若是在牧場上跟其他閹馬一起成長，就會學習應有的禮節，長成一隻跟正常馬匹一樣可以駕馭的好種馬。飼養名馬的人往往對馬匹過於呵護，反而變成一種虐待，年輕的小馬應該要放出去，讓牠們有機會跟其他馬匹交往。

其實，不只是種馬會在獨居環境中養成侵略性格。幾年前，我在柯林斯堡（Fort Collins）西邊買了一塊地，附帶一片約三十英畝的牧場可以養馬，如今，我的助理馬克住在那裡，放牧他的馬匹。交易完成之後，我發現牧場上有一隻肥壯的黑色閹馬，一輩子都獨居在這片牧場上，「小黑」當時已經七、八歲，算是一匹成馬，對人非常和善，也真的很喜歡人類的寵愛，所以我就想把牠留下來。

但是卻有一個大問題，小黑有嚴重的反社會傾向，任何馬匹不論雌雄，只要跟牠放養在一起，牠就會想把對方殺掉。在三十英畝大的牧場裡，牠就是有本事把對手逼到角落，不停地高舉後腿狠踢。我想，正是因為牠從小沒有學會任何社交技巧，當然也就不知道一旦自己居於支配地位，就沒有必要再一直跟其他同類競爭打鬥。

後來馬克搬進農莊，也帶來他自己的馬，於是我又聽說，小黑開始攻擊馬克的馬匹。最後我們沒有辦法繼續飼養，只好打電話給飼主，請他來將小黑帶走。

就連貓也會出現我認為跟獨居有關的問題。在科羅拉多州立大學附屬獸醫院裡，就發生過好幾次「貓咪爆炸」事故，有好多工作人員被嚴重咬傷。我在記錄表格上就看到：「貓咪爆炸時，助手正帶著貓從走廊經過。」這可能是因為那隻小貓一直備受保護，到了獸醫院時才第一次看到狗，因此發作起來就跟炸彈爆炸沒什麼兩樣。

替我架設網站的茱莉就曾經被一隻「恐懼的小貓」抓傷，手上的傷口還嚴重感染。她收養了一隻友善、害羞的小貓，但是有一天牠看到狗，就立刻變成一隻超級毛球般的厲鬼貓，咬傷主人的手腕，而且傷及骨骼。那隻貓應該在小時候多看一些狗，就會習慣這種生物，可惜的是，現在養在家裡的寵物貓愈來愈少有機會跟狗相處，有些動物收容所甚至要求前來認養的主人承諾，絕對不把貓放到屋外。這樣固然可以避免牠們遭到車撞，但是到了獸醫診所怎麼辦呢？飼養寵物的主人在把小貓小狗帶回家之後，應該儘早讓牠們跟其他動物交往互動，否則一旦牠們成年都還沒有跟其他動物接觸，那麼可能就為時已晚。

我認為狗若是在成長期間過度孤立，也會產生侵略行為的問題。某些城市立法規定，帶狗出門一定要加狗鏈，但是對狗的社交來說卻可能造成反效果，因為除非飼主特別用心，否則很多狗都沒有機會跟其他狗或人適度交往。我們需要這些法律規定，是因為到處亂跑的流浪狗可能會有危險，尤其是一群流浪狗開始認為自己形成了一個集團，聚集在一起，那就會比單獨一隻狗更危險，因為牠們可能產生集體心態。不過加狗鍊的法律規定，也有其代價。

我小時候，所有的狗都可以自由自在地在居家附近跑來跑去，也很少看到狗打架（而且從未聽說過有狗咬人）。我飼養的黃金獵犬朗尼就臣服於住在隔壁的閃電；朗尼知道自己的地位，只要閃電走近，牠就自動在地上打滾以示服從，而我也從未看過閃電咬朗尼。附近的狗都彼此熟識，也都知道自己在階級中的地位。

那時候看到的品種都是拉不拉多、黃金獵犬、德國牧羊犬和混種狗，沒有比特鬥牛犬，也沒有洛威拿。街上最嚇人的狗是一隻名叫「屠夫」的威瑪獵犬，牠在飼主家中搞得天翻地覆。屠夫好像有用不完的精力，絕對是因為每天都單獨關在家裡導致牠超級過動，不管什麼時候，只要有人一按門鈴，牠就立刻衝到門邊的窗戶前面。

後來我們才發現，屠夫也是其他狗的殺手。有一天，屠夫和警察局的德國牧羊犬一起跟著主人在公園裡遛狗，結果屠夫掙脫了鍊子，把警察的狗給咬死了。這樁不幸的意外，正足以說明一隻狗如果從小沒有學會如何跟其他狗交往，可能造成什麼嚴重的後果。

我擔心加狗鍊的法律，對於已經熟悉跟其他同類交往的狗來說，也可能助長會狗與狗之間侵略行為。有個朋友養了一隻體重七十磅、個性很馴良的混種公狗，而她的鄰居則養了一隻重達八十磅的雄性黃金獵犬，個性也很溫馴，這兩隻狗從小一起玩到大，是很親密的朋友。可是一旦體內的睪丸素酮濃度上升，牠們就開始打架，即使兩隻狗都動了閹割手術之後，也還是照打不誤。牠們打過兩次架，結果雙雙掛彩，甚至還要勞動獸醫來替他們縫合傷口，更糟糕的是，因為兩邊相持不下，飼主還得冒著受傷的危險，強力拉開兩隻怒犬。這兩隻狗都有良好的社交經驗、受到妥善的照顧，是正常健康的小狗，甚至從小比鄰而居，一起玩到大，但是如今卻反目成仇，欲置對方於死地。這種事情在我小時候住的地方，根本是前所未聞。

或許我應該再說明一下，那隻混種狗跟黃金獵犬的侵略性不相上下，因此這不是混種狗與純種狗之間的差異，因為混種狗所面臨的天擇壓力會使牠們對人類比較親善，但是對其他狗卻未必如此。以這隻混種狗來說，牠跟主人一家人及其親戚朋友相處都循規蹈矩，是跟別的狗在一起才會發生問題。

我之所以認為這個問題跟狗鍊法有關，是因為這兩隻狗都一直養在牠們各自的庭院裡，我猜狗鍊法可能觸發了野生動物行為的核心準則。動物在可以自由來去的自然環境中，幾乎從來不會嚴重傷害跟牠們熟悉的其他動物；但是隔著柵欄養在相鄰庭院的兩隻狗，卻經常是一有機會就真的傷害對方，即使牠們是認識多年的朋友。這個例子可能證明，光是有適當的社交還不夠，這些狗已經有適當的社交，但是牠們的生活環境——加了柵欄的院子——卻「不適當」。

孤兒與其他

拯救動物組織也經常面臨嚴重的動物侵略問題，因為他們拯救的年輕動物很多都是孤兒，例如孤兒大象沒有機會跟其他同類一起生長，學習適當的大象社交方式，就造成了很嚴重的問題，尤其以公象最糟糕。這些小公象在成長過程中，缺乏有經驗的年長雄性指導，因此出現了一些殘暴怪異的行為。把這些年輕的孤兒公象放生到野外，更是一齣慘劇，牠們有時候會去追逐犀牛，要不是獵殺犀牛，就是想跟母犀牛交配，行為完全脫序。

沒有跟同儕適度交往的動物，不只對其他動物形成威脅，甚至也會危及人類。在群居的食草動物中，如馬、牛、鹿等，通常是以人工方式養殖的寵物公牛最危險，其中最嚴重的問題就是錯誤認同，因為人工養殖的公牛往往自認為是人，而不是牛。

這個問題在小牛長到兩歲之前還不太嚴重，但是到了公牛成熟可以交配的年紀，牠們不會出去找其他公牛打鬥，爭取支配地位，反而會攻擊飼養牠的人。公牛以頭上牛角彼此牴觸的方式，建立自己的支配地位。想像一隻重達一千磅的公牛對著人一頭頂過來，沒有人能夠倖存。因此，公牛的自我認同不能混淆，這一點非常重要，牠們是牛，不是人。

在牧場上，避免小牛出現錯誤認同的方式，就是讓小牛在牛群中跟著母親一起長大。加州大學的普萊斯（Ed Price）曾經做過一份研究指出，從小由母牛撫養長大的哈佛特白面牛，幾乎從來不會攻擊人類，但是單獨圈養在獸欄裡的小牛，長大後就經常攻擊人類。

我去澳大利亞時，聽說過一個悲慘的故事。有個人親手養育一隻小鹿長大，有一天他蹲下來拍照，這隻公鹿誤以為這個蹲下的姿勢是另一隻公鹿向他挑釁的姿態，於是公鹿卯足了勁向前衝，用鹿角一頭把主人頂死。由此可見，小牛跟著母親一起長大有多重要了！如果小公牛或小公鹿跟著同類一起長大，牠們就會知道這種爭取支配地位的攻擊行動必須針對同類，而不是人類。

說來也許令人意外，但是實際上，像牛這種大型的群居動物可能比老虎這種獨居的大型掠食動物還要更危險。公牛會為了爭取支配地位而攻擊人類，但是老虎卻不會，因為老虎根本不在乎什麼支配地位，畢竟在社群階級裡一步步往上爬並不是老虎的生活型態。當然，我們必須非常小心，不要啟動大型貓科動物腦子裡的捕獵侵略性，這樣就可以了。每年都有一些農牧場的工作人員遭到公牛攻擊死亡，在我看來，要避免這種悲劇的最好方法，就是讓牛、馬這類高度社群化的食草動物跟同類飼養在一起。牠們應該尊重人類，視人類為仁慈的高等力量。畢竟我們不希望看到牛群把牛脾氣發在人身上。

要避免失去父母的雄性食草動物攻擊人類，應該要安排養母來照料孤兒或是跟其他年輕的雄性同類動物圈養在一起，這兩種方法都可以讓小公牛認知到牠們是牛，而不是人。此外，讓公牛及早接受閹割手術也很重要，我所謂的及早，是指在體型尚未完全成熟之前就動手術。（公狗通常都是在生理成熟之後才動手術。）閹割手術可以大幅降低食草動物的侵略性；如果小公牛從小閹割，就算養在後院也安全無虞。這也是為什麼每年參加四健會和美國未來農夫協會（Future Farmers of America）的小孩子，可以跟上千隻小公牛一起亮相而不會有危險的原因，因為這些都不是人工圈養的公牛。

讓動物與人社交：狗

家畜除了跟其他動物交往之後，也得學習與人交往。我們都說狗是人類最好的朋友，但是每年還是有一百五十萬隻狗，因為飼主無法容忍的行為問題，遭到人道撲殺，這些問題當中，大部分都跟狗咬人有關。如果你要養狗，要避免狗咬人的意外，並不是把狗關在自己家裡或院子裡就可以了，因為狗咬的人幾乎都是牠們認識的人，而且通常還是牠們很熟悉的人。每年大約有四百五十萬人被狗咬到，而根據疾病防治中心（Centers for Disease Control）的報告，咬人的狗當中有七成五以上是受害者的家人或朋友所養的。

掠食動物的本能是獵殺，所以牠們不像獵物動物那麼容易擔驚受怕，因此牠們對人類只有潛在的危險。原因有二，人類可能因為突如其來的動作而意外誘發掠食動物的獵殺咬噬本能，掠食動物比較不懼怕表現出憤怒侵略的情緒。如果放任狗的本能，牠們可能對其他狗、貓，甚至人類構成威脅，甚至可以輕易地把狗訓練成殘暴兇狠的殺手，如果你希望你的狗變成殺手的話。狗的本質就有強烈的侵略性，因此新精舍修士才會說，一隻經過訓練的守衛犬就像一把上了膛的槍，只有專業人士才能跟這樣的守衛犬或警犬生活在一起，一般家庭不該養。

這個事實就足以讓你認知掠食動物和獵物動物之間的差異。你無法把一匹馬訓練成「攻擊馬」，不管再怎麼努力也沒有用，雖然馬匹在覺得自己受到威脅時也很危險。但是像狗這樣的掠食動物，就可以訓練成一種「攻擊動物」，因此如果你想養狗的話，就必須教牠，狗威脅人類或咬人，都是無法接受的行為。

訓練狗跟小孩子交往也格外重要。在狗咬人致死的意外中，大部分的受害者都是小孩子，因為小孩子個頭小，離地面較近，而且小孩子也常常跑來跑去，讓狗誤以為是狂奔的獵物而加以攻擊。所有的掠食動物都要學習哪些動物是獵物，哪些不是獵物，你的狗不會知道兩歲小孩不是獵物，除非你在小時候就特別教牠。

此外，你也得特別留意要教牠，別人家的兩歲小孩也同樣不是獵物。這也很簡單，你只要讓狗從小就接觸沒有跟你住在一起的小朋友就行了。因為很多學步中的小朋友都喜歡跑去跟陌生的小狗玩，抱抱牠們，因此你只要帶狗去公園或是有很多家庭聚居的社區散步，就會有父母帶著小孩子去公園或住家附近玩。帶小狗出去幾次之後，牠就會知道小孩子不是獵物。我要特別強調讓你家的狗認識其他家庭的小孩子，這一點非常重要。因為對狗來說，你家的兩歲幼童跟鄰居家的兩歲幼童是兩碼子事，就跟蘋果和橘子一樣，小狗沒有邏輯頭腦，不會自動把「不要攻擊強尼」，推論成「不要攻擊喬伊」。

維持和平

這牽涉到主宰支配的問題。所有的群居動物，包括大部分的哺乳類動物在內，都有某種形式的支配階級。動物沒有民主制度，永遠都有一個最優勢的動物，有時候還有一個次優勢的動物。在狗的群體中，會有一個最優勢的雄性，可以支配群體中的其他同伴，另外還有一個次優勢的雄性則居次要地位。

狗主人一定要讓自己成為最優勢的老大，就是這麼簡單。這是你絕對不能忽視的唯一準則。如果一隻狗覺得自己是屋子裡的老大，就會變得很危險，因為狗對於群體中比牠低階卻又挑戰其權威的同伴向來不假辭色。如果家裡養的狗成了老大，那麼牠在重要資源（如食物）或是牠休息的地方附近，就會變成危險人物，家中成員若是太靠近狗食盆子或是當牠在沙發上打盹時太靠近，牠都會照咬不誤。此外，你若想帶牠去看獸醫，牠也絕對不會合作。

這種情況發生的機率比你想像的高出很多，很多人養的狗就是家裡的老大，而且這個問題還不是改養母狗就能解決的。根據美國獸醫學會（American Veterinary Medical Association）的統計，因為支配侵略問題而帶來看獸醫的狗當中，有百分之八十是沒有閹割的公狗，但是即使是閹割過的公狗也一定會有支配侵略的問題，就連母狗（不管有沒有閹割）也是一樣。事實上，以母狗的情況來說，杜德曼還發現，侵略性強烈的母狗在摘除卵巢之後情況反而更惡化，因為她們的內分泌系統裡已經沒有那麼多的黃體素令牠們冷靜下來。

儘管未閹割的公狗在狗咬人的案例中佔最大多數，但是一旦公狗開始咬人，這時候再動手術恐怕也無濟於事了。對動物的侵略行為來說，防患於未然和已經開始之後再予以制止，兩者之間有很大的差別。杜德曼博士提出他的經驗談，他說替公狗做閹割手術並不會減弱牠的侵略性，也不會讓牠少咬人一點。閹割手術主要是讓牠不再咬其他的狗，不過這並不表示牠突然臣服於其他的狗。閹割手術能夠減少狗與狗之間的侵略行為，或許只是因為閹割過的公狗在其他公狗聞起來，就沒有雄性的氣味，因此也就不會向牠挑釁，這並不表示牠在動了手術之後，支配慾就隨之減弱，而是其他公狗對牠比較友善而已。

這麼多年來，我看過許多侵略性格強烈的狗，其中最令人感到不安的情況發生在我認識的一個朋友家裡。他們家有兩個非常小的男孩，父親對母親非常不客氣，總是在狗和孩子面對她說一些很刻薄的話。後來在兩個男孩還很小的時候，父母親就離婚了，於是媽媽帶著孩子和狗搬到另外一州，開始唸研究所。

不久之後，那隻狗卻開始發瘋。剛開始的時候，只要媽媽拉著狗項圈想把牠帶往其他地方，牠就威脅作勢要咬，還一直不讓她離開房子。有一天學校要註冊了，她坐進車子裡準備到學校登記選課，沒想到那隻狗竟然跳進後座，不肯下車，而且只要她一伸手想抓住狗項圈拉牠下車，牠就兇惡地咆哮怒吼。最後牠在車子裡坐了一整天，直到牠決定要下車了，才肯出來。情況愈來愈糟糕，到後來甚至演變成她必須用牛排來騙牠，把牛排丟門外，然後趁著牠去追牛排的時候，砰地一聲把門關上。她的朋友都很怕這隻狗，她也是。

她自己的孩子情況也不妙。她帶他們去看兒童心理醫生，結果醫生說，因為孩子的爸爸一直在他們面前羞辱她，所以孩子們也不信任她，不相信她能夠照顧他們，所以心裡一直感到很恐懼。

這個案例也許說明了家中的不尊重行為，不但會影響孩子，也會影響到狗。在這隻狗的眼中，這個爸爸絕對是家中最佔優勢的老大，或許牠自以為是居次要地位的老二，因為這個媽媽始終被踩在腳底下。因此一旦爸爸不在了，這隻狗立刻就挑戰媽媽的老大地位。這是很危險的情況。

在註冊日過了之後，我就沒有再跟這家人聯絡，也不知道媽媽最後有沒有制服這隻狗。事情發展到這個地步，她應該要請馴狗師來調教家裡的狗，但是我知道她付不起這筆錢；我希望他們家一切平安，但是情況看起來卻不太妙。

在狗面前建立支配地位也很簡單。很多人以為行使支配權就是拿棍子打動物，直到牠們服從為止，這種想法大錯特錯。我堅決反對用誰是老大（alpha rolling of dogs）的粗暴手段來對付狗，雖然有些警察局會用這種方法來訓練警犬，所謂誰是老大是把狗扳過來，肚腹朝天，然後把牠緊緊壓制在地上的動作。翻身將肚腹朝天是狗的一種內在本能行為，完全社會化的成犬通常會出現這個動作，搏取主人的愛撫輕拍，你會希望小狗有時候能夠背貼著地、躺著看你，因為這樣的姿勢本身就強化了牠臣服於你的事實。

然而你卻不應該強迫狗這樣翻轉過來，躺在地上。同屬一個群體的兩隻狗相遇時，位階較低的一隻會自動翻過身來，另外一隻不會去推牠翻身。即使人類強迫狗採取這樣的姿勢，並不會因此啟動牠們腦子裡內建的臣服行為，但是牠們站起來之後，卻不會忘記曾經被迫翻身躺下，因此只要有一天你轉過身，牠們就會去咬你的屁股。

比較好的訓練方式是把翻身躺下當做一種好玩的遊戲，每當牠翻過身來的時候，就輕輕搔牠的肚皮或是撫摸牠的胸口，然後給牠一點食物做為鼓勵。如此一來，狗就會主動採取這種臣服的姿勢，而不會心生憎惡。

我還想針對動物訓練中的懲罰議題說兩句話。我堅決反對使用懲罰做為訓練動物學習新技能的手段。幾乎在所有的情況下，都可以利用正面鼓勵的方法，訓練動物學習新的把戲或技能。

唯一的例外就是訓練狗停止捕獵驅使的危險追逐行動，例如追逐慢跑的人、騎車的人或是追車子，也許這時候就需要借助電擊項圈了。如果你真的要用電擊項圈來阻止你的狗去追人或追車的話，很重要的一點是絕對不能讓牠知道電擊來自項圈，因此你應該先讓牠戴個幾天之後再開始啟用。當狗因為追了慢跑的人而遭到懲罰時，你要讓牠相信這是狗神在處罰牠。

建立支配地位的最好方法，就是服從訓練。讓狗安靜地坐下來，才給牠東西吃，因為狗必須學會，唯有讓主人滿意，才有飯吃。另外還有一些事情可以做，比方說，進門的時候，你先進去，然後再讓小狗進去；趁牠在吃飯的時候，把手放在牠的食物上；逗牠玩耍時，把牠翻過來（不是用力把牠扳轉過來）。有些馴狗師甚至建議飼主在施加懲罰的時候，可以學狗媽媽對著小狗低吼，然後掐掐牠的口鼻。我知道這聽起來很危險，但是如果是小狗的話就沒什麼關係。

你至少要做一些基本的服從訓練。所謂服從訓練就是教你的狗聽一些口令，這些口令可以是任何你想要牠們做的事情，你可以花俏一點，教狗去牧羊、去拿拖鞋或是穿上蓬蓬裙繞著圈子跳舞，這些都無所謂。重點是讓狗學習去服從主人的命令。

不管你的生活環境如何，都一定要做服從訓練。即使你住在大農莊裡，你養的狗可以自由自在地跑來跑去，牠們都還是得接受服從訓練，因為你要讓牠們知道你才是老大，否則就會造成有潛在危機的處境。這才是服從訓練的重點——服從，而不是教小狗玩把戲；服從訓練是建立飼主的優勢地位。

要學會支配狗實在很簡單。我唸大學時去一個朋友家裡作客，他們家養了一隻獵犬，支配慾強到不行。如果「伯尼」要坐最軟的椅子，就一定會爭到最軟的椅子，就是家裡的老大。而且牠還有一個噁心的習慣，會抬腿在每個客人的褲腳上尿尿。伯尼就是家裡的國王。

但是有一個客人的褲腳，牠從來沒有尿過，那個人就是我。牠從來沒有對我吼過，也不曾跟我搶椅子。我從未對那隻狗做過什麼壞事，也許只是我的姿勢和態度讓牠對我臣服。由此可見，狗確實會看人調整牠們的態度。也許那隻狗光是看到我，就知道我不會容許牠在我腳邊尿尿，對著我低吼或是做其他令人討厭的行為。

集體心態

即使你建立了自己的老大地位，但是碰到鄰居的狗或是家中的其他狗，還是可能會有問題。狗也需要朋友，所以你若是整天都不在家的話，我會建議你養兩隻狗，最好是一公一母。但是兩隻也就夠了，如果家裡養了兩隻以上的狗，而且彼此的體型、年紀、力氣又很接近的話，就可能是一大問題。動物之間若是各項條件都太過接近，支配階級就不會穩定，因為沒有任何一隻動物可以明顯稱王，所有的狗會不斷地彼此挑釁。因此你若是打算不只養一隻狗，那麼養兩隻就夠了，雌雄各一。

最多養兩隻狗的另外一個理由是，狗如果成群結隊就會比一隻落單來的大膽，集體心態不是說假的。我在前面提過一隻柯利牧羊犬，如果單獨跟主人去散步，就會假裝沒有看到對著牠咆哮的兩隻德國牧羊犬。有一天，我朋友帶著牠和另外一隻黃金獵犬，跟一位鄰居和她的兩隻狗一起去散步，四隻狗彼此都熟識，或許覺得自成一個群體。

這時候，柯利犬就好像變了一隻狗似的。當他們來到德國牧羊犬的庭院門前，兩隻牧羊犬衝到柵欄邊，而柯利犬則像是瘋了似的，不但猛撞柵欄，大聲咆哮，而且還沿著柵欄衝來撞去，追著那兩隻狗跑。牠是真的放膽對那兩隻狗嗆聲，這一切都只是因為牠在自己的群體中。

而且牠還不肯輕易罷手。牠的三個朋友對於嘲笑這兩隻關在院子裡的可憐蟲一點也不感興趣，一直想轉移柯利犬的注意力，然後繼續散步去。但是柯利犬卻說什麼都不肯罷休，好像想討回公道，把過去所受的氣全都一股腦兒發回去。最後牠的主人只好硬把牠拖走。

成群結隊的狗對人類來說非常危險。幾年前，在威斯康辛州有個十歲的小女孩去街坊朋友家裡玩的時候，遭到六隻洛威拿犬集體攻擊喪生。這位朋友家裡有兩隻成犬、四隻幼犬（其實這已經超過了市政府規定每戶只能養三隻狗的上限），顯然這個小女孩去拍了小狗一下，其中一隻成犬心生嫉妒，咬了她一口，沒想到所有的狗也跟著群起攻之。

如果你真的有兩隻以上的狗，那麼該如何維繫和平呢？有很多不同的意見彼此相左。大部分的人（不是全部）都說，永遠都要以支配犬為優先，進門就先叫牠、先拍拍牠的頭；雖說你才是至高無上的領袖，但是國王還是得享有國王應有的待遇。如果你不尊重群體之間的自然階級，就會置低階的狗於險境。杜德曼博士曾經講過一個駭人聽聞的故事，有位小姐養了一群乞沙比克獵犬，完全溺愛放縱，從來沒有給予服從訓練；她一人獨居，因此這群狗就像是她收養的孩子，跟一家人一樣。當然就算是在真的家庭裡，小孩子也不是天生就會循規蹈矩，乖乖地坐著吃飯，而且從不忘記說「請」和「謝謝」，小孩子也需要接受服從訓練。

這位小姐家裡的狗自成一個群體，有其自然階級，兩隻狗高高在上，居支配領導地位，三隻狗屬於中層階級，另外還有兩隻則是最低階。但是女主人不理會這個階級，一回到家，總是花最多的時間和精神，照顧寵愛兩隻最低階的狗。

飼主的榮寵刺激了高階狗對低階狗發動殘暴的攻擊。杜德曼博士跟這位飼主說，她回家之後應該先跟處於支配地位的狗打招呼、先餵牠們，但是她不聽勸，還是我行我素地偏愛兩隻低階狗。最後這件事情以血腥暴力收場，先是一隻低階狗受傷，傷勢嚴重到無法治療，飼主只好忍痛讓小狗安樂死。然後剩下的一隻低階狗也遭到兩隻高階狗的傷害，這一次她決定人道撲殺這兩隻高階狗。只因為飼主不肯聽勸，讓三隻狗命喪黃泉。

尊重動物天性：農場動物

身為人類的飼主有責任理解並且尊重寵物的天性。貓狗都是掠食動物。狗是高度社群化的掠食動物，有自然的支配階級，如果你干預了牠們的階級，可能導致低階狗遭到同一群體內的同伴攻擊致死。你必須遵循動物的情緒結構，而不是逆其道而行。

其他家畜，如豬、牛、馬等，就不像狗這樣純粹由社會刺激所控制，因此對這些動物來說，最重要的事情就是以其他動物採用的方式來行使支配權。我在博士班研究動物行為時養了一群小豬仔，這才學到了這個教訓。我的小豬仔住在鋪滿稻草的迪士尼樂園，有各種不同的物品讓牠們挖掘、撕裂，而我則坐在豬圈裡幾個小時不動，觀察牠們的行為。

其中一隻我命名為「甜甜豬」，只要有人搔牠的肚皮，牠就會自動翻過身來，躺在地上，而且還會主動引導人來搔牠的肚皮。但是最大的一隻豬卻不喜歡人類來寵愛牠，牠是豬圈裡的母豬老大，以為這裡是牠的地盤。一位伊利諾州農夫說牠的顏色是「藍屁股」，身體的前四分之一是白色，但是後面一截卻是灰灰的藍灰色。我替牠命名為「大母豬」。

「大母豬」體重長到一百磅之後，只要我一走進豬圈，牠就開始咬我，其他的豬會圍攏過來，希望我拍拍、摸摸他們，但是「大母豬」卻很不屑，一心只想做老大。牠愈長愈大，咬人的情況也愈來愈嚴重，我非得想辦法制止不可。

我試過對牠揮手咆哮，但是都沒有用。後來逼急了，我還試過打牠的藍屁股，可是依然無效。最後我終於發現，我得把自己變成一隻豬才行，我必須從脖子旁邊咬牠或用力推擠牠，就像其他體型更大的豬那樣，才能確立我的優勢支配地位。

為了模擬其他豬啃咬或推擠「大母豬」的脖子，我利用一塊四吋寬一吋厚的紙板，長度約有十八吋，用紙板戳牠、把牠推到柵欄旁邊。這是打勝仗的豬會做的事情，勝利的一方把落敗的一方推開，擠到牆角去。我用紙板的末端一再地推擠牠肥厚的脖子，讓牠知道我比牠更強壯，這一點絕不誇張，成年人還是可以推得動一隻約一百磅重的母豬，我並沒有傷到牠，但是卻讓牠知道誰才是老大。

這一招果然有奇效。「大母豬」再也沒有咬我，我讓自己變成母豬老大。利用牠天生的本能行為模式，比打屁股更有效。這個方法的唯一問題是，必須在動物還小的時候就得下手，否則等牠們長大就推不動了。我要再強調一次，我並沒有動手打牠，只是用一種更強大的力量在適當的位置施加壓力，就讓牠覺得屈居下風。用紙板推擠牠的脖子，啟動了內在的本能臣服行為。

此後，「大母豬」變得很客氣，我走進豬圈時，牠也沒有再咬我，不過牠還是不喜歡別人撫摸、拍打。有一天，我在撫摸甜甜豬的肚皮時，也開始去揉「大母豬」的肚子；因為我現在是老大，所以牠並沒有逃走，不過牠顯然很不高興就是了。這時候，發生了一件奇怪的事，內在本能與明顯而有意識的意願發生衝突。搔牠的肚皮啟動了本能的翻身行為，但是「大母豬」卻只有後半截翻過來，前腿依然直立站著，後腿則躺下。我在搔牠肚皮時，牠的喉嚨裡一直發出可怕的低吼聲。顯然搔肚皮啟動了愉悅的反應，但是「大母豬」的前半截卻不肯投降，牠不敢咬我、也不敢逃走，但是心裡卻老大不樂意。

防範侵略性於未然

如果我當時對於動物了解更多的話，就會更早開始替自己奠定母豬老大的地位，因為就如同我先前所說的，與其在動物出現侵略行為之後再予以矯正，不如從一開始就防患於未然。

如果動物已經出現侵略行為，那麼在大多數的情況下，獵物動物的處置都不像掠食動物那麼棘手。我朋友馬克養的馬「莎拉」，就是一個很好的例子。莎拉在餵食槽附近總是會出現兇暴的行為，但是牠又不是被獨自豢養，所以沒有小黑的那種問題，只是一靠近食物就變得很兇，總是把其他的馬都趕走，一個人霸佔所有的飼料。我看過很多馬都有這種問題。

解決莎拉這種不願意與其他馬匹共食的問題倒也不難，馬克只要最後一個餵牠就行了。如果牠吃飽之後，還是想把其他馬匹趕走，那麼馬克就反過來把牠趕走。這個方法的功效可以維持兩個星期，莎拉在這段期間會有良好的「食槽禮儀」，然後又會故態復萌，這時候馬克又得重頭再來一遍。

我跟一位獸醫學生聊過，她養的一匹馬也有同樣的問題，而且她也用相同的技巧來解決，不過跟馬克的方法有一點小小的差異。首先，她要求所有的馬匹都乖乖地站在餵食槽前面，耳朵往前豎起，否則沒有任何一匹馬可以吃到飼料，等牠們就定位之後，這才同步餵食。如果有任何一匹馬的耳朵往後貼（任何一匹馬，而不只是有問題的那一匹），那麼對不起，大家都沒得吃。要讓一群馬全都豎起耳朵倒也不是難事，因為這是馬匹全神貫注時自然會有的動作，她只要一直等著，直到馬匹的注意力都集中在她身上，而不是在彼此身上就可以了。在飼料都倒進食槽之後，如果那匹問題馬還是想趕走其他馬匹的話，她就用馬克的方法，讓這匹馬一直等到最後才有東西吃。她說，這個方法還挺管用的。

重點是，要讓獵物動物變成冷血殺手，必須讓牠經歷許多情緒上的創傷。就像我們所看到的，如果種馬一輩子都單獨關在馬廄裡，完全沒有社交生活，那麼牠的侵略性就會很強烈，很可能會立起，甚至踢人，這都是很危險的動作。但是牠並不是蓄意要殺死牠踢的人，只是因為種馬的個頭大，隨便一踢就可以置人於死地。當然這也會有例外。我最近看到一份報告說，在波蘭有一匹種馬受到附近母馬的撩撥而捉狂，飼主試圖安撫牠的情緒，但是牠卻反而攻擊飼主致死；報告中指出，這匹種馬咬斷了飼主的頸部靜脈，還踢傷他的脊椎，顯然是惡意攻擊。話雖如此，馬匹攻擊飼主致死的案例還是前所未聞，因此這件意外雖然發生在波蘭，我們都還是注意到了。

至於公牛殺人的案例就比較常見了，雖然牠們在動手的時候，幾乎都不是蓄意殺人，而是挑戰這個人的支配地位。公牛彼此在爭奪支配權的時候，並不會殺死對手，但是因為公牛的體型龐大，又是用牛角牴觸來競奪支配權，被誤認是目標的人類當然不堪一擊。公牛並不知道自己體型有多大，力量有多大。

儘管獵物動物的侵略行為有絕大多數（但不是全部）都可以加以控制，但是如果能夠在事前就預防侵略行為發生，總是更好。以獵物動物來說，預防措施是指良好的訓練與社群化，而不是支配訓練本身。我想，早年有很多管理動物的人都無法分辨其中的差異，他們以為任何一種訓練都是支配訓練，因為訓練的人總是處於支配的地位。我猜想，馴馬師一天到晚說挫挫這匹馬的銳氣，大概就是源自這樣的觀念。其實，不論是馬還是狗，你都不應該挫動物的銳氣，但是像牛、馬這種容易緊張的獵物動物，就不需要像狗那樣另外學習服從的概念。因此，牛或馬只需要訓練，不需要支配，但是狗不但需要訓練，也需要支配。狗需要有個老大來支配牠，否則牠就會自以為是老大，但是對獵物動物來說，即使是侵略性強、行動敏捷的馬，管理起來通常也不會有太大的問題。

管理侵略性格強烈的狗，絕不簡單。處理會咬人的成犬，唯一有資格的人就是專門研究侵略行為的專家，即便如此，要讓一隻成犬轉性，機率還是不高。德州農工大學（Texas A&M）的獸醫暨動物行為學家畢佛博士（Bonnie Beaver）說，動物凌駕人類之上的典型案例，情況都只會惡化而不會好轉。杜德曼博士也說，即使經過正式的再訓練課程，有支配侵略問題的狗，三隻裡也只有兩隻最後會大幅好轉，至於第三隻則仍然會有問題，不過跟受訓之前相比，大部分的狗即使跟人相處也都安全無虞。然而很多狗仍然毫無改善，這些都是危險的動物。

大多數的狗如果凌駕飼主之上，佔據了老大的支配地位，就很容易咬人。我們無法確切知道為什麼從一開始教小狗不要咬人很容易，但是一旦開始咬人之後，要教他們停止咬人卻難上加難。為什麼我們不能逆轉行為發展的時鐘，像訓練小狗一樣，重新訓練有侵略行為的狗呢？

杜德曼博士的研究顯示，有些情況下，問題出在飼主的身上。「情緒化」的飼主重新訓練有支配侵略問題的狗，成效都不如「理性化」的飼主，因為後者比較堅持重新訓練的計畫。也許「心腸太軟」的人原本就不是堅定的馴狗師或教誨師，也不會因為動物行為專家告訴他們應該要扳起臉孔來好好訓練他們的寵物，就在一夜之間改頭換面。如果他們從一開始就能夠建立自己才是老大的支配地位，他們養的狗就不會咬人了，對所有正常的狗來說，都是如此。不過有些狗卻天性就是壞胚子、危險的狗，就像公雞強暴犯是天生壞胚子、危險的雞一樣，這樣的狗就應該予以人道撲滅。但是如果你養的是正常的狗，那麼只要有充分的服從訓練，建立你自己成為老大的支配地位，就可以預防侵略行為發生。

我想，由馴入暴易，由暴返馴難的主要原因，就像是精靈好不容易放出了玻璃瓶，當然就不願意再回去。所有的狗都會受到自然的驅使，想要做老大，但是飼主必須讓他們的狗知道，狗絕對不可能支配人類，這不僅僅是不好，而是根本就不可能。一旦狗發現自己可以支配人類，牠們就不願意再回頭受人類的支配，你無法徹底消除牠們學習到的知識，最多只能教咬人的狗抑制自己的衝動，不再跟飼主競奪支配地位。

大型貓科動物也是如此。丁妮森（Isak Dinesen）在《遠離非洲》書中講了一個故事，是關於一隻名叫「派蒂」的小獅子。派蒂從小生活在農場上，個性很溫馴，對每個人都很好，但是卻從來沒有跟小孩子接觸過。有一天，有人帶了一個小女孩來訪，派蒂卻意外地將她撲倒在地，牠並沒有傷害這個小女孩，也不是故意的。

然而就在那天晚上，「派蒂」卻到牧場上撲殺了一群牲口，此後牠就得關在籠子裡了，因為牠已經知道自己是一隻獅子，而不是大型的家貓。在牠撲倒小女孩的那一剎那，牠體會到自己力量凌駕另一個生物的滋味，這就已經足以喚醒牠的真正本能了。

觸發掠食動物的侵略天性是一件很危險的事，因此訓練大型貓科動物的人都很小心謹慎，如果受過訓練的獅子或老虎參與電視或電影的演出中，有撲倒人類的動作，那麼就不能讓牠們演出太多次。就算這些受過訓練的獅子或老虎都只是接受命令才輕輕地將人撲倒在地，但是也說不準什麼時候會兇性大發，再也不能跟人一起表演了。

訓練獅子的馴獸師都知道一個教訓，絕對不能讓這隻大貓發現自己重達七百磅。只要不讓動物知道自己的力量，你就可以遏止動物的情緒發展，可是一旦牠發現了自己的侵略性和力量，你就再也無法讓牠們忘記。

如何處理恐懼侵略

不是所有會咬人的狗都有強烈的支配慾，有些害羞的狗也會咬人，不過那是因為牠們害怕，而不是因為有支配慾。會咬人的德國牧羊犬多半是這種情況，因為牠們是容易緊張的動物。

因為害羞而咬人的狗就不像因為支配慾而咬人的狗那麼危險，因為牠們只有飼主在場的時候才敢咬人，才會造成威脅。如果牠們落單，卻又看到令牠們害怕的陌生人或鄰居出現，那麼牠們通常會溜之大吉，如果溜不掉，牠們也只會從後面咬陌生人，因為這樣就不必直視陌生人的眼睛，也就不會那麼害怕。害羞的狗會極力避免跟每一個人的眼神接觸，除了自己的主人之外。其實這樣也好，因為如果被狗咬的話，與其咬在臉上，還不如咬在腳跟或大腿上還好些。總之，害羞的狗並不如牠們表面看起來那麼危險。

不過，支配慾強又害怕的狗，又是另外一回事，因為兼具這兩種特質的狗，不管飼主在不在場，隨時隨地都可能咬人，而且咬起人來，就直接撲向你的面門。因為牠們天生就有強烈的支配慾，絕對不會選擇逃避，因此就只有攻擊一途。我想，沒有人確切知道為什麼害羞又有支配慾的狗會如此危險，是因為牠有兩種不同的理由（恐懼與支配慾）去咬人，因此咬人的機率就提高了嗎？還是因為恐懼與支配慾混在一起之後，狗的情緒就變得高昂，自我控制的能力也受到影響？

我見過一隻閹割過的公狗，既有強烈的支配慾，又很害怕。牠並不是因為害羞而咬人的狗，因為牠的飼主很早就知道牠的支配慾有多強，也做了所有該做的訓練，因此牠很清楚並自己不是老大。但是牠跟別的狗在一起時，就一定會出問題。牠只要看到別的狗跟主人在一起散步，就會想要攻擊人家，因此牠到公共場所一定要繫狗鍊，而且不能進狗園跟其他狗一起玩耍。這隻狗從小就開始跟其他的狗交往，但是天生的強烈支配慾，還是讓牠跟鄰居的狗發生過兩次肢體衝突。第一次打贏，不過第二次卻打輸，此後就一直表現出愈來愈畏懼其他狗的行為。

如果牠天性順從，那就沒有關係，因為若是遇到讓牠感到害怕的狗，只要避免直視牠們的眼神就可以了。可是偏偏牠支配慾強，一旦感受到其他狗的威脅，就立刻發動攻勢，而且牠隨時隨地都備感威脅，即使其他的狗只是忙著做自己的事情，但是牠一看到就覺得受到威脅。這隻狗的行為讓我想起一個知名的實驗，以對照組的方式研究焦慮症的孩童與叛逆症的孩童。有叛逆反抗行為異常（oppositional defiant disorder，簡稱ODD）的孩童會有憤怒、反叛的行為，甚至影響到他們的學校和家庭生活。這兩組受測試的孩童面對混沌不明的情況時，都比一般孩童更容易認為自己受到威脅，但是焦慮的孩童會以逃避來因應，而叛逆的孩童則變得好鬥，侵略性增強。我倒不是說支配慾強的狗跟有叛逆症的孩童一樣；但是我認識的那隻支配慾強又很害怕的狗，似乎會誇大牠所受到的威脅，就像在腦子裡吹了一個比例失衡的氣球，等氣球吹破了之後，同時又以侵略行為來因應這種威脅。

姑且不論是什麼因素讓這種既害羞又有強烈支配慾的狗去咬人，只要任何一隻狗因為恐懼而開始咬人，那麼這隻動物就永遠不會覺得自己完全安全，因為沒有任何動物可以經由訓練而徹底消除恐懼。

——

如果你從未跟狗一起生活過，那麼看到這裡，或許會以為任何一個特別講究安全的人，最好還是不要靠近比小貓咪更大的動物。

然而，這樣的結論卻是大錯特錯。人類與家畜之間的關係淵遠流長，人類的生活始終少不了動物。過去，專家一直相信人類早在一萬四千年前就開始跟狗搭檔生活，但是最近狗的ＤＮＡ研究卻顯示，人類跟狗作伴的歷史可能長達十萬年以上。狗真的是人類最好的朋友。

狗不常殺人的主要原因，並不是因為飼主都是傑出的馴狗師，很多飼主對服從訓練根本一無所知。狗不殺人的原因，是因為經過十萬餘年的演化，狗已經發展出許多能力可以抑制牠們對人類的侵略性，而人類則發展出許多能力來管理狗的侵略性，不管他們有沒有讀過服從訓練的相關書籍。我想，或許人類也演化出某種內在的能力，可以解讀或者至少很快地學習如何解讀狗的語言。

有個朋友跟我說了一個有趣的故事。她從動物收容所收養了一隻小狗，這隻小狗很快就表現出牠天生註定要做什麼的跡象，支配慾極強的狗。小狗才幾個月大的時候，就開始對著她七歲的兒子吼叫，幾個星期後，還對一個六呎四吋高、到家裡來修馬桶的水電工，露齒狂吠。

小狗第一次對她兒子低吼時，我朋友在另外一個房間，於是大聲問她兒子：「為什麼巴弟對著你吠？」

她兒子從來沒有跟狗一起生活過，但是卻說出事實：「因為我坐在牠的椅子上。」

他說得一點也沒錯。巴弟對她的兒子發脾氣，只是因為牠原來舒舒服服地躺在平常最喜歡的一張椅子上，從牠這種自以為老大的表現來看，這張椅子當然也是屋子裡最寬敞、最柔軟的一張。可是小男孩走進來，跟牠坐在同一張椅子上！巴弟不喜歡這樣，也立刻以一點也不含糊的態度向小男孩表達牠的不滿。

小男孩立刻就了解。他完全知道家裡新養的狗為什麼（不需要人家教，甚至不加思索）對著他狂吠，他接收到這個訊息。

狗跟人類共同生活了這麼多年之後，已經發展出許多能力可以了解人類，知道人類在想些什麼、可能會做什麼。我們從狗與狼的比較研究中，就可以知道這一點，即使是由人類親手撫養長大的狼，也沒有像一般小狗的本事，可以解讀人類臉上的表情。人工飼養的狼大多不看飼主的臉，即使牠們需要飼主的協助時也不例外，但是狗卻永遠都抬頭看著主人的臉，從臉上表情獲得訊息，尤其是在牠們需要主人協助時。

我想，不但狗在學習如何解讀我們，我們也在學習如何解讀牠們。狗不常傷人的原因在於人與狗本來就該在一起。

第五章　疼痛與受苦

熱愛寵物的人通常都自以為了解動物的需求，知道如何讓牠們過得更舒服。動物對生活的基本需求與人類無異：食物、安全、伴侶。

了解動物的基本需求是好的開始，但是如果你對動物的了解就到此為止的話，還是會出差錯。說到這裡，我腦子裡立刻跳出一個例子，買柯利牧羊犬的人，或者說想去買柯利牧羊犬的人，往往都忘了應該加上一個重要的項目：工作。柯利犬不是休閒觀賞犬，如果你只把牠們當成玩伴，牠們可能會發瘋。不幸的是，很多人都是在買了狗之後才發現這一點，於是在接下來的十年間，都必須挖空心思，讓牠們的寵物做些有用的事情。

對牧場工作人員、養殖場經理人，有時候甚至連獸醫也是一樣，要確切了解牠們在工作中應該如何對待動物，更是難上加難。一隻即將走進屠宰場的母牛需要什麼才會讓牠過得更快樂？

如果我可以選擇的話，我寧願人類進化成草食動物，這樣一來，我們就不必屠宰其他動物來吃。然而進化結果並非如此，而且在可預見的未來，人類也不太可能變成草食動物。我曾經試過吃素，但是身體卻無法適應，我會出現患有低血糖症的人同樣的症狀，頭暈眼花、頭重腳輕、無法專心思考。我母親也是一樣，許多有感官資訊處理障礙的人跟我說過，他們也有同樣的反應，因此我總是懷疑其中是否有關聯。如果你的感官處理過程跟別人不一樣，是不是連新陳代謝也跟別人不同呢？

這很有可能。說不定大腦的差異也跟新陳代謝的差異相關，因為同樣的基因在身體的不同部位就會產生不同的功能，造成自閉症的基因可能也會導致不同的新陳代謝功能或是形成其他的差異。自閉兒的父母總是說，他們的孩子身體也有問題，通常跟腸胃有關，可是主流的研究並不重視這個問題。

因此，除非有人提出反證，否則我仍然相信我的假設成立，至少有些人是先天就必須要吃肉，身體才能正常運作。即使事實並非如此，人類既然演化成肉食、草食兼具的雜食性動物，就足以說明絕大多數人還是會繼續吃這兩種食物來源。人類也是動物，因此我們的動物本能叫我們做什麼，我們就會去做。

也就是說，我們還是會有養殖場跟屠宰場，所以問題來了。人道的養殖場和屠宰場應該是什麼樣子？關心動物福利的人對這個問題有最基本的答案，不應該讓動物受苦，應該儘可能地減輕動物感受到的痛苦，愈快死愈好。

儘管這個原則相當明確，執行起來卻不盡然，因為我們很難得知動物到底感受到多少疼痛。嚴格說起來，我們也很難得知一個人到底有多痛，但是人類至少可以用簡單的語言來表達他的痛苦感受，動物就辦不到。

問題倒不只是動物不會講話，而且動物會隱藏他們的疼痛。在野生環境中，受傷的動物可能就會被掠食動物解決掉，因此動物可能演化出一種自然的機制，反而表現出若無其事的樣子。容易遭到獵殺的小型獵物動物，如綿羊、山羊、羚羊等，特別堅忍耐痛，反而是掠食動物像長不大的孩子，動不動就喊痛。貓咪受傷的時候，叫得好像肝腸寸斷似的，如果你不小心踩到狗的爪子，牠們也會叫得像要把屋頂掀起來似的。或許是因為貓狗不必擔心自己會遭到獵殺吞噬，所以愛叫多大聲，就叫多大聲。

獵物動物也是出奇地逆來順受。幾年前，我跟一位學生珍妮佛去看一群公牛做閹割手術，獸醫採用橡皮筋閹割法，也就是用很緊的橡皮筋把公牛的睪丸綁起來放個幾天。聽起來好像很可怕，但是獸醫喜歡用這個方法，因為這不像真的手術會有傷口，話雖如此，牛群對這種閹割方法還是會有個別不同的反應。有些公牛在綁了橡皮筋之後仍然正常活動，其他的公牛則不斷地跺腳，我認為公牛跺腳是表示不舒服，倒未必是疼痛。

然而，有少數幾頭牛卻表現出疼痛的模樣，牠們躺在地上，身體扭曲成一種很奇特的姿勢，還不斷呻吟，不過只有在獨處時才會有這種反應。我們在養殖場時，有一頭牛出現異常的疼痛反應；可是等珍妮佛靠近牛欄，牠又立刻站起來，若無其事地迎上前來。至於其他不受手術干擾的公牛，在行為上則沒有任何改變，即使牠們以為是獨處的時候。我藏身在秤重室裡觀察牛群，牠們看不到我，也沒有不同的行為。

綿羊也是超級堅忍的動物。我曾經看到一隻綿羊，剛剛動過非常痛苦的骨骼手術，但是從牠外在行為看來，根本不知道這隻動物在忍受多大的痛楚，當然餓狼也就不會在羊群中特別注意到牠。受傷的動物不管受到多大的疼痛都還是會吃東西，所有的壓力理論都跟我們說這種情況不應該發生。就生理學上來說，受重傷和劇痛都是嚴重的壓力形式，而通常壓力會轉移身體資源，不會吃東西，也不會繁殖。我一再警告獸醫，如果你跟動物同處一室，就永遠不知道牠有多痛苦，因為動物會掩飾疼痛。

像狗這樣的掠食動物就比較不會掩飾疼痛，但是倒也不全然都不偽裝。很多獸醫在替母狗做結紮手術之後，並不開止痛藥就把牠們送回家，或許就是受到這種疼痛偽裝所矇騙。身上開過刀、動過手術的人都會跟你說，那實在是痛徹心肺，然而獸醫卻說這些動了手術的狗，看起來好像一點也不覺得痛似的，跟人類的感覺差了十萬八千里。我們並不知道牠們究竟是掩飾了身體上的疼痛，還是真的不像人類感覺那麼痛，但是不論如何，這都造成問題，因為動物需要一些疼痛讓牠們保持安靜，才能休養康復。如果狗真的會在人的面前掩飾手術的疼痛，反而特別危險，因為狗只要能夠找到人作伴，就絕對不會獨處。很多獸醫都說，他們不給止痛藥，是因為他們希望你的狗感受到足夠的疼痛，讓牠們能夠靜養一陣子，替人類開刀的醫生絕對不會說這種話。

有個朋友就學到了這個慘痛的教訓。她養了一隻拉不拉多小母狗，平常都跟其他三隻小狗玩在一起，你可以想像四隻小狗聚在一起，一定是玩得很瘋狂，搞得亂七八糟，這正是我朋友家後院每天都上演的戲碼。有天下午，這隻拉不拉多去動手術，當天晚上回家，牠雖然很虛弱無力，但是回家之後的第一件事，就是跳到主人床腳邊的一張沙發上，然後再跳到床上去。人類絕不可能在剛動完手術的五個鐘頭之後，就這樣跳到沙發上去，你絕對不會看到這種事情。

所以我朋友和她丈夫就讓拉不拉多吃了幾天的鎮定劑，讓牠安靜一陣子，但是牠跟其他小狗還是玩得很激烈，因此始終沒有好好休養復原。後來在動手術的傷口形成一道薄薄的紅色疤痕，傷口也愈來愈寬，甚至還凹陷下去，變成發亮而濕潤的組織。

不幸的是，我朋友也不知道正常復原的傷口應該是怎麼樣，因此一直到很晚才發現傷口根本沒有復原，還差一點來不及搶救。她每天都替狗檢查傷口，看看有沒有感染發炎，儘管傷口看起來復原的狀況很差，但是也沒有發炎。雖然她愈來愈擔心，不過也認為自己可能是緊張過度。

到最後，她終於忍不住帶狗回去看獸醫。獸醫檢查了拉不拉多的肚子，然後跟我朋友說，如果那一天她沒有帶狗回去診所的話，當天晚上，她的狗可能五臟六腑都會掉出來「攤在地上」。原來傷口雖然沒有發炎，但是皮膚組織卻已經完全潰爛，只靠一層薄膜勉強撐起狗的肚腸，我朋友大驚失色。由此可知，為什麼獸醫不擔心狗覺得痛，反倒是不覺得痛才令他們擔心。一個小小的結紮手術，差一點就奪走這隻拉不拉多的性命，只是因為牠沒有表現出任何痛苦，沒有一天放慢腳步，跟其他狗的社交生活還是一樣繁忙所致。

動物會覺得痛嗎？

簡單地說，會。動物有痛覺，鳥類也有，現在也有很多證據顯示，連魚類也感覺得到痛。

我們知道動物會感覺到痛，必須歸功於動物行為的觀察研究和一些針對動物使用止痛劑的傑出實驗。先從動物行為說起，貓、狗、老鼠和馬在腳部受傷之後都會跛腳，會避免把身體的重量放在受傷的那隻腳上，我們稱之為疼痛保護，目的是限制牠們使用受傷的身體部位，以免造成進一步的傷害。剛修剪過嘴喙的雞，啄食的次數會減少很多，這顯然也是另一種型式的疼痛保護。（養雞場修剪雞喙，是為了避免雞群打架，啄死對手，獸醫修剪掉雞喙的尖端，以免牠們把嘴當刀子使用。）

順帶一提，我們認為昆蟲也許不會覺得痛，因為昆蟲就算肢體受傷，還是會繼續行走。

過去始終沒有人知道魚類到底會不會覺得痛，直到最近兩名蘇格蘭的研究人員才證實，他們幾乎可以確定魚類也有痛覺。這項研究以大腦的電流測量為主，以動物行為觀察為輔。他們先麻醉一些魚，然後在魚的身上施以疼痛刺激，如熱或機械加壓，同時掃瞄大腦活動，結果發現魚類腦部有一種神經元發射的方式，非常接近人類在疼痛時神經元發射的方式。如果這個實驗可以重覆的話，至少就足以顯示魚類有疼痛的感官成分，但是還無法證明魚類有意識地感受到痛覺。腦部受過某種傷害的人類，也可能會有這種感官成分，但是卻沒有「受苦」成分，稍後我還會再加以說明。

在研究的第二部分，研究人員觀察魚類的行為，推測牠們可能有的感覺。研究人員在魚唇上注射蜜蜂的毒液或是醋酸（這種作法對人類和其他哺乳類動物來說都會很痛），對照組則注射了不會痛的生理食鹽水，然後觀察這些魚的反應，結果魚類的反應跟哺乳類動物的疼痛反應如出一轍。注射毒液的魚相較於對照組的魚，多花了一個半小時才開始進食，是典型的疼痛保護徵兆，因為嘴唇會痛，所以不想吃東西。此外，牠們也出現其他疼痛的徵兆，比方說，用力扭動身軀，你看到動物園裡動物在受苦時就會出現這樣的動作，牠們會在魚缸兩側或底部，磨擦嘴唇。

這些明顯的行為改變就足以證明，魚類可以有意識地感到痛覺，不過因為魚腦跟哺乳類動物的大腦差異太大，所以我們無法確認。魚類沒有大腦新皮質，而大部分的神經科學家都認為，必須有大腦新皮質才會有意識。然而，魚類沒有大腦新皮質的事實，未必表示魚類不會意識到疼痛，因為不同物種本來就可以利用大腦內不同的結構與系統來處理相同的功能。

此外，柯帕特（Francis C. Colpaert）在一九八〇年代初期針對動物與止痛藥所做的實驗，也提供了更多的證據，證明動物也有痛覺。他在老鼠身上注射一種細菌，這種細菌會造成暫時性的風濕病發，我們知道如果發作在人類身上會很痛。然後再給老鼠兩種選擇，一種是難吃的麻醉藥水，另外一種則是老鼠平常就喜歡吃的甜糖漿。結果，老鼠都選擇了難吃的藥水，而不是好吃的糖漿，顯然牠們是因為麻醉藥有止痛作用才做這樣的選擇，絕對不是根據藥水的口味來選的。

等到老鼠身上的風濕症狀消失之後，牠們又回頭去吃糖漿，再度證明了牠們是選擇止痛藥來治療疼痛。如果牠們是因為喜歡止痛藥才選擇麻醉藥水的話，就像有些人因為好玩吃止痛藥一樣——那麼即使風濕症狀消失了，牠們應該繼續選擇麻醉藥水才對，但是事實卻非如此。在關節發炎疼痛的時候，牠們選擇噁心的止痛藥水，等到關節恢復正常之後，牠們就不再選擇噁心的止痛藥水了。

科學家應該在魚類的身上重覆柯帕特的實驗，這樣我們就會知道更多。

疼痛到底有多痛？

我想，真正的問題並不是動物（還有鳥類和魚類）會不會感到疼痛，因為顯然牠們會。真正的問題是，疼痛到底有多痛？如果動物跟人類受了同樣的傷，牠們感受到的疼痛也跟人類一樣嚴重嗎？因此我們必須討論到程度的問題。

我想，即使動物和人類都受了同樣的傷，牠們感受到的疼痛應該沒有人類那麼嚴重，原因有好幾個。首先，假設動物和人類都有完全一樣的傷勢或疾病，那麼動物即使在獨處時，牠們的行動通常（不是永遠，只是通常如此）都表現出沒有像人類那麼痛的感覺，這一點很重要。

其次，就目前我們對大腦所知，有很多都說明動物對疼痛的經驗應該跟人類不一樣。我記得大約在一年前看了一篇研究報告指出，長期疼痛跟廣泛的前額葉過動（widely spread prefrontal hyperactivity）有關，讓我大吃一驚。因為疼痛似乎是基本的感官，所以我自然以為是所有生物為了保護自己不受傷害的本能反應，對我來說，疼痛似乎像是古老而深藏在大腦底層的功能，而額葉的位置卻在大腦最上方，因此我從未想到疼痛會跟額葉的過度活躍有關。這個研究讓我懷疑，動物對於疼痛的意識可能真的不像人類那麼敏感，因為動物的額葉的比較小，發展比較不完全。

我繼續研究有關額葉與疼痛的文獻，結果發現精神病學家早就知道兩者之間的關聯。過度活躍的額葉就表示過度的疼痛，這個觀念很早就存在。因此在一九四〇和五〇年代，有些精神病學家就替嚴重卻又找不出病因的長期疼痛病患動手術，把病人的額葉跟大腦其他部位予以分割，這個手術稱之為額葉白質切除術（leucotomy），其實就是只切除一部分的額葉切除術，後者是將整個額葉徹底切除，而前者則保留額葉，只是切斷額葉與大腦其他部分的聯結。

這兩種手術都有嚴重的副作用，不過對於治療疼痛卻有奇效。手術過後幾天，原本因疼痛而完全無法行動的病人就可以下床走動，做一些以前常做的事。由於「復原」的效果奇佳，因此發明這項手段的曼尼茲醫生（Antonio Egas Maniz）還在一九四九年榮獲諾貝爾獎。

我替「復原」兩個字加上引號，因為動了額葉白質切除術的病患，並沒有真的復原。他們的行動看起來好像康復了，但是如果有人問他們感覺如何，他們總是說疼痛還沒有消失。因此手術所移除的並不是疼痛本身，而是他們對疼痛的感覺，他們再也不在乎疼痛了。達馬吉歐醫生在《笛卡爾的謬誤》書中，描述了這樣的一個病患。達馬吉歐第一次看到這個人的時候，簡直不成人形，整個人「蜷縮在深深的痛苦之中，幾乎動彈不得，深怕觸發更嚴重的劇痛」，但是動手術的兩天之後，這名病患就已經可以坐在椅子上跟其他病人玩牌，看起來輕鬆自如。

達馬吉歐問這名病患感覺如何，他說：「噢，疼痛還是一樣，但是我現在覺得很好，謝謝你。」有關額葉白質切除術與疼痛的文獻報告中，像這樣的故事不勝枚舉。疼痛病患在動手術之後，就再也不在乎疼痛了。達馬吉歐醫生說，他們保留了疼痛，但是卻失去了痛苦。

我們很難想像身上有劇痛卻不為其所苦的感覺，因為多數人來說，劇痛就是受苦，沒有什麼別的話好說，這是一而二、二而一的兩件事。我相信這是因為我們的額葉把疼痛感官路徑跟受苦的情緒路徑完全整合在一起，因此我們無法分辨其中的差異。這就有點像是立體鏡裡的影像，如果你的視力正常，就無法分辨右眼和左眼所看到的東西有什麼差別，除非閉上一隻眼睛。

儘管我們難以想像，動了額葉白質切除術的病患會有什麼樣的感覺，但是他們似乎還是可以感覺到某種我們稱之為疼痛的東西，因為他們還是會跟醫生索討止痛藥。然而在另一方面，他們動了手術之後，就不需要像嗎啡這種麻醉止痛劑，只要阿斯匹靈就夠了。有一種可能是：他們的感覺就像我們其他人有輕微疼痛時的感覺，可以不予理會。輕微疼痛雖然也是疼痛，但是還不至於毀滅日常生活，不像劇烈疼痛一樣劫走了所有的注意力，讓你什麼事都不能做。這幾乎就是劇烈疼痛的定義，讓一個人所有的注意力都集中在疼痛上面。

還有另外一個證據顯示，動了額葉白質切除術的病患仍然感覺得到「真實的」疼痛，或者說至少某種程度的疼痛。如果你突然拿大頭針去刺這些病患，他們也還是會痛得尖叫起來，甚至比疼痛感官正常的人叫得還要更大聲。大部分的學者認為，這不是因為他們感受到更劇烈的疼痛，而是因為他們控制衝動的能力比較低。額葉負責監管及控制各種突發情緒，其中也包括疼痛尖叫，因為這些病患大腦中失去了剎車功能，所以輕輕一戳就會讓他們尖聲大叫。

我想，受傷的動物對於疼痛的感受，可能就介於動了額葉白質切除術的病患和正常人之間。牠們確實會感覺到疼痛，有時候還是劇烈疼痛，因為牠們並沒有動手術切除額葉與大腦其他部位的聯繫。但是牠們又不像正常人類在同樣情況下所感受到的那麼痛苦，因為牠們的額葉比人類小，功能也不完備，所以牠們在動手術之後，才不會像人類一樣放慢動作。我想，動物也許跟人類一樣感覺到同樣的疼痛，但是卻不像人類那麼受苦。

自閉症與疼痛

很多有自閉症的人也是一樣，這也是我認為動物的疼痛不如一般人嚴重的另外一個原因。我說過好幾次，每當我發現動物與一般人的差別牽涉到額葉的時候，通常也會發現自閉症有相同的差異。我們跟動物有很多相似之處，所以我覺得自閉症對疼痛的感受也跟動物一樣。

不少有自閉症的人都跟動物一樣（不是所有患者都如此，但是為數不少），表現出他們感受的疼痛比沒有自閉症的人輕微。由於這種情況太普遍，因此對疼痛不敏感也就成了檢驗是否有自閉症的一項重要指標。尤其是有自殘傾向的小孩子，特別讓人怵目驚心，有些孩子會一直用手重重地打頭，好像一點也不覺得痛似的（有些自閉兒打頭之後會哭），甚至還有報告指出，有些自閉兒的手在爐子上灼傷也都沒有反應。所幸像這樣的案例都極為罕見，自閉兒的疼痛敏感度還不至於低到連自己都不知道可能會傷害自己的程度。

還有一個有趣的現象，許多父母跟我說，他們的自閉兒好像也不會覺得冷。有時候在冰冷的游泳池裡，其他的孩子只是下去潑水玩個幾分鐘就忍不住上岸取暖，但是自閉兒卻可以在深水區逗留好幾個小時。我不知道就整體而言，動物是不是對低溫的敏感度也很低，但是在北國氣候中，動物就比人類更能適應冬天的酷寒。不過話又說回來，牠們都穿著厚重的天然皮毛大衣保暖，人類就沒有。像狼的皮毛大衣就很厚，連雪花落在身上都不會融化。

所以我不知道動物和自閉症患者之間對於寒冷的感受有什麼差別。此外，我也要再次強調，我並不是向父母、老師或其他任何人暗示，有自閉症的人可以橫衝直撞，什麼都不怕。畢竟以人類來說，自閉症患者的感官系統異常，但是以動物來說，牠們的感官系統卻是正常的，所以我也不知道兩者之間究竟雷同到什麼的程度。然而，我確實知道一點就是，儘管有些事情對自閉症患者來說，感受到的疼痛不如一般人強烈，但是也有一些事情，尤其是某種類型的聲音，他們的感受卻比一般人更痛苦。我記得有位患有自閉症的婦女跟我說，她覺得海洋的聲音讓她很痛苦。（有些刺激可能對自閉症患者來說更危險，但是我們並不知道。幾年前，有位研究自閉症的女性跟我說，她擔心有自閉症的人比較容易中暑。我從未聽過這種說法，而且她的研究也只限於幾個家庭而已，所以我不希望父母親無謂地操心。我之所以提起這件事，主要是希望大家不要小看了自閉症患者可能感受到的不舒服。）

我不記得小時候對疼痛有什麼反應，不過長大之後，一直都有人跟我說，我對疼痛不像沒有自閉症的人那麼敏感。當我做完「絕育手術」的時候（我的子宮完全摘除，就醫學上來說，跟狗的結紮手術一模一樣，還在肚皮留下一道八吋長的疤痕），我的行為反倒比較像我朋友的拉不拉多，而不像剛動完手術的人。護士說，我從靜脈注射止痛藥的劑量遠比其他病患少。出院回家之後，我也只吃了一顆止痛藥，就這樣而已。

我在醫院的時候，還在自己身上做了一個小小的實驗。我趁著護士不在偷偷下床，然後像狗一樣四肢著地（醫護人員看到的話，可能會心臟病發）。結果我發現，只要靜靜站著不動，反而比直立或坐著的時候更不會痛。爬行時，傷口痛得不得了，但是還比不上走路的時候疼痛。儘管四肢著地，但是我一點也沒有跳上沙發的欲望，顯然我還不像拉不拉多獵犬那樣百痛不侵，話說回來，沒有其他的狗可以像拉不拉多那樣百痛不侵，因為拉不拉多是出了名的耐痛，所以牠們才能稱得上是兒童的最佳玩伴。小孩子可以在牠們身上又打又跳，就算幾乎把牠們撕成兩半，牠們也好像若無其事。（我可不是鼓勵小朋友做這種事情，因為這不但是很壞的行為，而且如果遇到其他品種的狗，還可能會有危險。）你試試踩在任何狗的爪子上，牠們一定會發出震耳欲聾的淒厲叫聲，讓你一下子以為把寵物給踩死了，但是你若是踩在拉不拉多的爪子上，牠們連眼睛都不眨一下。拉不拉多天生就是要在荊棘樹叢裡穿梭尋找獵物或是跳進冰冷的水裡捕魚，當然是「啥米攏嘸驚」。

回到我自己的實驗，也許動物因為四腳著地可以減輕身體的疼痛，所以就不像兩腳動物那麼怕痛。不過就算這個假設為真，我猜想這也只是動物即使受到跟人類一樣的傷害，感受疼痛的程度卻不像人類那麼劇烈的一部分原因而已。最後我們會發現，行為不同的真正原因，還是要歸因於大腦裡的差異。

恐懼比疼痛更糟糕

我們花了很多心血與努力，設計人道屠宰系統，讓動物不會受苦。相對而言，這個部分還算簡單。如果所謂消弭動物的痛苦是指讓動物立刻就死亡的話，那麼現在幾乎所有的屠宰場都可以稱得上是人道了。

然而，光是消弭疼痛還不夠，因為我們還要考慮動物的情緒生命，而不只是牠們肉體的生命。我們要對屠宰場裡的動物負責，因為如果不是我們要吃肉的話，牠們就不會進屠宰場，所以我們不能只是消弭牠們肉體上的痛苦。

對動物情緒造成的最大傷害，就是讓牠們感到恐懼。恐懼傷害動物的程度，我認為比疼痛還更糟糕，每次我這樣說，聽話的人總是露出驚訝的神情。如果讓大部分的人在劇烈疼痛與極度恐懼之中做選擇，牠們也許會選擇恐懼。

我想，這是因為人類比動物有更多的力量來控制恐懼。講到疼痛與恐懼，我猜動物與正常人類恰好是兩個極端，原因也可能一樣，額葉作用的程度不同。我是在連續看了兩份研究報告之後，才突然想到這一點，這兩個研究分別討論額葉與疼痛和恐懼之間的關係。我想到，過動的前額葉皮質會導致疼痛加劇，但是同時也減輕恐懼（不過並不會減輕焦慮），因此疼痛與恐懼是相對的，至少在這兩個研究中是如此。

當然問題沒有這麼簡單，不過在我們有更多的研究結果之前，這就已經足以讓我相信動物對疼痛的感受比人類遲鈍，但是對恐懼的感受卻比人類敏銳。還有另外一個理由讓我相信這是事實，因為有自閉症的人也是如此，至少目前的研究結果是這樣。一般而言，我們跟沒有自閉症的人相比，對疼痛的感受比較低，對恐懼的感受比較高，而且額葉對大腦其他部位的控制能力也比較差，這三者同時發生。（我並不是說自閉症的人沒有痛覺，不需要吃止痛藥，我不希望造成這種錯覺。）

你一定要跟動物在一起工作，才能看到恐懼對牠們來說是多麼可怕的情緒。從外在看來，恐懼似乎是比疼痛更嚴重的懲罰。一隻完全獨處、完全表現出自己受到劇烈疼痛所苦的動物，工作能力還遠勝過一隻被嚇個半死的動物。感受到劇痛的動物還能正常工作，甚至表現出若無其事的樣子，但是處在驚恐狀態中的動物，卻完全不能正常工作。

我認為動物比正常人更容易陷入極度恐懼的狀態——而且容易得多。不管是掠食動物或獵物動物，牠們只要受到威脅，就會覺得極度恐懼。

雖然所有動物都會過度驚恐，但是像牛、鹿、馬、兔子這些獵物動物處於恐懼狀態的時間，還是會比掠食動物長。我們聽過「兔逃」、「鼠竄」之類的說法，大致就可以說明獵物動物的心理狀態，牠們都是神經緊張的動物，因為在自然界，獵物動物唯一的求生法則就是跑。既然獵物必須在獅子起跑之前就先拔腿，因此牠們隨時都得提高警覺，注意四周是否有危險。

跟獵物動物一起工作時必須動作輕柔，才不會驚嚇到牠們。我看過很多動物毀在飼主的手上，都是因為飼主的動作太粗魯、太不漫不經心，導致動物心靈受創。馴馬師常說挫挫這匹馬的銳氣，就是最好的例子，你一旦挫了一匹馬的銳氣，這匹馬大概也就挫得差不多了，牠的心靈會一輩子受創，此後對任何人來說都沒有什麼用途，很多時候，就連對牠自己也沒有用，就像我們學校裡養的那些馬一樣。

這也是有自閉症的人跟動物之間另外一個共通點：我們的記性都很好，尤其是對恐懼的記憶。巴登有一句名言：「我分明記得忘掉那件事了。」有自閉症的人不會說出這樣的話，我們不會刻意忘記不愉快的事情，動物也是一樣。

我相信這也是我對獵物動物（如牛群）能夠感同身受的原因，因為我的情緒結構跟牠們一樣。對自閉症患者來說，恐懼，還有焦慮，是一個可怕的問題。恐懼的定義是指對外在威脅的反應，而焦慮則是對內在威脅的反應。如果你踩到一條蛇，就會感到恐懼，如果你想到一腳踩到蛇這件事，就會感到焦慮。

我們現在還不清楚主宰恐懼和焦慮情緒的大腦系統是否一致，我想大部分的研究人員都認為應該是同一個，但是威斯康辛大學麥迪遜校區的精神病學家凱林（Ned Kalin）最近的研究發現，我們「對恐懼刺激的初期反應」與「焦慮性格」之間是來自不同的大腦部位。大腦中的杏仁核（amygdala）負責處理恐懼刺激，但是前額葉皮質卻負責焦慮性格，即使杏仁核受損，焦慮性格也不會消失。

根據我對動物和自身的觀察，我認為大自然至少創造了兩個不同的情緒系統來處理威脅，打或逃的恐懼反應以及我在第二章討論過的定向反應。打或逃是對恐懼威脅所產生的反應，而我懷疑定向反應則是為了因應焦慮或焦慮性格。

我的理由是，如果我是創造萬物的上帝，那麼在設計動物時就絕對不會只給牠們一種打或逃的反應系統，同時也會給牠們警戒系統，因為我希望牠們能夠保持警覺。我需要兩個系統兼備，因為動物若是每一次碰到潛在的威脅都拔腿就跑的話，很快就會筋疲力竭。至於我認為警戒系統與焦慮有關的原因，則是焦慮的人總是全神戒備，隨時都在擔心有意外發生。

我不知道研究會有什麼樣的結果，但是我確實知道抗憂鬱症的藥物會分離定向反應與恐懼反應，其中一個原因是我自己也吃抗憂鬱症的藥物，藥物會消除恐懼，但是卻沒有破壞定向反應，因此我認為這兩種反應是由不同的大腦系統所控制。在我吃藥之前，只要一聽到垃圾車倒車時發出的高頻率訊號聲，就幾乎一定會陷入恐慌，吃了藥之後雖然不再恐慌，但是聲音仍然會啟動我的定向反應，怎麼樣都無法消除。如果我在準備睡覺時聽到這種訊號聲，就無法不轉移注意力，也就無論如何都睡不著。這就好像藥物以化學方式將我的反應系統一分為二，關閉極度恐懼，定向和高度警戒卻仍然開著。

自閉症患者有很多自然的恐懼與焦慮，因此他們小時候都很像野生的小動物。多年來，大家都以為自閉兒不受教，因為他們完全不受控制，還有很多人認為我們這些年來聽說過的野生兒（傳說中由狼群撫養長大的小孩）其實就是自閉兒。如今，再也沒有人會說自閉兒是野生兒，但是從某個角度來看，在從未見過自閉兒的正常人眼中看起來，這個字眼也精確地描述了很多自閉兒的狀態，不是全部，但是為數甚多。

自閉兒看似「野蠻」的原因很多，但不是每一個原因都跟動物有關。自閉兒的一大問題是感官處理系統混雜，這是動物沒有的問題，他們感知的世界從輸入端就是一團混亂，因此自閉兒的外在表現就變得很野蠻，跟海倫凱勒看起來像是野孩子的理由一樣，父母和老師無法進入他們的世界。從某個角度來說，這些孩子都是靠自己撫養長大，有些人的成果還不錯，因為他們一路走來，慢慢把破碎的世界拼湊起來。有位母親跟我說，她覺得自己的兒子必須「學會看東西」，我敢說此話一點也不假。

然而，自閉兒（以及為數不少的自閉成年人）看起來「桀傲不馴」的最大因素，是因為他們對很多事情都感到恐懼。即使是最平常的事情，像是剪頭髮或看牙醫等，自閉兒都要花好多年的時間才能克服內心的恐懼，如果他們能夠克服的話。很多患有自閉症的成年人甚至還得打麻醉劑才能看牙，他們一輩子都無法克服這種恐懼。

這就是我們跟動物之間的共通點。我們的恐懼系統「啟動」的方式跟正常人不一樣，那是狂野不羈的恐懼。以我自己來說，在青春期就受到無所不在的焦慮所苦，從十一歲一直到三十三歲發現了抗憂鬱症的藥物之前，我的感覺就像是在準備論文口試一樣，只不過我是每天、每個小時都感到這種焦慮。每天隨時備戰的緊急狀態，真是苦不堪言。如果不吃藥的話，我根本無法過正常的生活，更不可能有自己的事業。

免於恐懼的自由

看起來，動物與自閉者患者好像大部分都有高度恐懼系統，因為他們的額葉功能比一般人低，前額葉皮質讓人類在生活中享有某些行動自由，其中包括一部分免於恐懼的自由。跟動物或（大部分的）自閉症患者比起來，正常人大概都有足夠的力量去壓制恐懼，並且在面臨恐懼時決定採取什麼行動。

額葉有兩種方式跟恐懼抗衡。第一，額葉有剎車的功能，抑制杏仁核的作用，杏仁核是大腦裡的一個小東西，在演化史上屬於比較古老的結構，是人類恐懼的來源。杏仁核通知腦下垂體分泌壓力賀爾蒙，如腎上腺素，而前額葉皮質則叫腦下垂體放慢腳步。我並不能確定動物或自閉症患者的額葉剎車功能是不是真的不如沒有自閉症的人，但是我猜想應該是如此，而且我們也絕對可以發現，不同物種的額葉在控制恐懼的程度上也有所不同。

就算我們發現動物的前額葉跟人類的大腦一樣，都能有效地抑制壓力賀爾蒙，額葉也還有第二種方式跟恐懼抗衡，我們幾乎可以確定這種方式在動物與一般人身上是完全不同的，這種方式就是語言。沒有自閉症的人利用語言說服自己不再恐懼。

事情也許沒有這麼簡單，不過根據我自己的經驗和已經發表的文獻，我深信腦中圖像與畏懼恐慌之間有緊密相連的關係，是文字遠不能及的。西安大略大學（University of West Ontario）的精神病學助理教授賴妮絲（Ruth Lanius）以創傷後壓力症候群（post-traumatic stress disorder，簡稱PTSD）的病人做為研究對象，替他們做腦部掃瞄，其中十一個病患因為性侵犯、暴力攻擊或車禍導致創傷後壓力症候群，對照組的十三個人也都有相同的經驗，但是卻沒有創傷後壓力症候群。結果發現兩組之間最大的差別是，其中一組以視覺來回憶他們的受創經驗，而另外一組則是用口語表達，也就是文字敘述。腦部掃瞄的結果也證實了這個差異，有創傷後壓力症候群的病患在回想受創經驗中，大腦裡主宰視覺的區域亮了起來（還有其他區域也會一起發亮），而沒有創傷後壓力症候群的人在回想時，卻是主宰語言的區域發亮。

不知道什麼原因，語言文字誘發的恐懼較低。俗話說：「一幅畫勝過千言萬語。」或許正足以說明這種情況，描繪恐怖事物的圖畫遠比用文字敘述更嚇人。同樣恐怖的經歷，用圖像記憶比文字記憶更可怕，這也是同樣的道理。沒有人知道為什麼文字比較不嚇人，也沒有人知道大腦是如何運作，但是我想，說到管理恐懼這件事，動物和自閉症患者都有一大弱勢，因為他們都靠圖像來思考。

我不知道就整體而言，動物的心靈是不是比人類容易受創，我想也許是。但是我確實知道，一旦動物

的心靈受創，就永遠不可能完全恢復，因為動物不會遺忘對恐懼的記憶。

嚇個半死的動物完全無法理喻，我有一個經典的例子。我朋友小時候養了一隻柯利牧羊犬，牠非常害怕地下室，原來這隻狗還很小的時候生了一場大病，朋友的父母親就把牠安置在地下室，以免把家裡弄髒。此後這隻狗一想到地下室，就聯想到重病的記憶。

那隻狗始終都沒有從地下室的恐懼中恢復過來，而且在牠有生之年，再也沒有走下去一步。這當然很可憐，因為我朋友的爸爸就在地下室裡工作，因此那隻狗就很少有機會跟他在一起。我朋友還記得她爸爸站在樓梯底下，用最溫柔的聲音對著小狗叫：「萊西，萊西，下來！」（他們家的狗是以電視節目裡的靈犬萊西命名的。）萊西則站在樓梯上方，看著爸爸，拼命地搖尾巴，甚至還發出嗚咽的哭聲，因為牠真的很想下樓去找爸爸，但是卻不敢動。就算你在樓梯上放了一塊鮮嫩多汁的厚片牛排，牠也不為所動，怎麼樣都不讓步。如果有人把萊西抱起來，帶著牠下樓，牠立刻就變得很暴戾。這可是一條柯利犬耶！那隻狗對地下室的恐懼，甚至到了不惜一戰求生的地步。

罹患重度創傷後壓力症候群的病人也無法完全從創傷中復原，不過中度受創的病人還是有很大的空間可以處置他們的恐懼。那位從小養柯利犬的朋友，六年前發生一場車禍之後，就罹患了中度的創傷後壓力症候群。她一開車就會有半經驗再現的症狀（semi-flashback），所以現在只要一上高速公路，她就覺得極度緊張恐慌。我說她只是半經驗再現，因為她並沒有又重新經歷那次車禍的感覺；經驗再現是她得開車到任一地方，甚至有時候她附近根本沒有車，都還一直記得那場車禍，而且意象鮮明。她的記憶都是圖像，跟賴妮絲博士的實驗對象一樣。

她花了整整兩、三年的時間，才克服這種心理障礙，現在已經算是復原了。坐進車子裡並不會像以前那樣自動誘發車禍的記憶，大部分的時候，她都能把開車視為理所當然的事，就像還沒有發生車禍以前一樣。動物就沒有這種能力，一旦被嚇個半死，對於嚇到牠們的那個人、那個地方或那種情境，就永遠再也不可能表現出毫不相干的樣子。就是不可能！

無畏的孔雀魚

我不知道在創傷的光譜中，自閉症患者的落點會在哪裡，不過我卻相信就整體而言，動物比自閉症患者更能適應恐懼。自閉症患者有過多的恐懼，而動物在大多數的環境中都只有適量的恐懼。

我說「適量的恐懼」，是因為恐懼有其目的，沒有恐懼的人或動物其實是一種殘障，恐懼的目的就是讓我們能夠存活。仔細想想，你在低度恐懼時會發生什麼事情，就可以知道其實恐懼的表現很傑出。內斯（Randolph M. Ness）與威廉斯（George C. Williams）在他們的《生病、生病、Why?》（Why We Get Sick）一書中，講了一個針對恐懼與生存所做的絕佳研究。研究人員將一群孔雀魚和一隻食人魚一起放在魚缸裡，有些孔雀魚非常害怕，有些則只是中度恐懼，還有一些則根本不怕食人魚，甚至會直視食人魚。

結果那些無畏的孔雀魚，最早被食人魚吃掉。如果你是一隻孔雀魚，而且以大無畏的精神游到空曠的水域，直視食人魚的眼睛，那麼你可能就不久於人世。接下來被吃掉的，就是中度恐懼的孔雀魚，牠們雖然不敢直視食人魚，但是也沒有竭盡所能地遠離食人魚，所以牠們是第二批被吃掉的。

恐懼的孔雀魚活得最久。當然最後還是難逃一死，不過是在其他孔雀魚都被吃光了之後，才輪到牠們，恐懼讓牠們活得久一點。

顯而易見的，如果你是跟食人魚養在同一個魚缸裡的孔雀魚，那麼恐懼有助於你的存活。就算你是跟其他食人魚養在一起的食人魚，恐懼也是一種生存機制。研究人員是在老鼠身上做基因剔除（knockout）的實驗時才發現這一點，所謂基因剔除是指以人為方式消除或剔除老鼠體內某一對基因的其中一個，你可以剔除兩個基因，也可以只剔除一個。一旦基因剔除之後，研究人員就可以觀察老鼠的行為，看看有什麼不一樣的地方。

研究人員是在跟學習能力有關的基因剔除研究中，發現了恐懼與生存之間的關係。這項研究進行了六個月之後，在老鼠棲息地發生了一些怪事，研究人員早上進實驗室，發現籠子裡有死掉的老鼠，牠們的脊椎骨斷裂，到處都是血，顯然是打鬥致死。對老鼠來說，這是很不尋常的行徑，因為牠們通常不是避免打鬥，就是會在任何一隻老鼠死亡之前住手。

後來研究人員才發現，牠們不只剔除了學習能力，也剔除了恐懼。正常的老鼠會有適度的恐懼，防止牠們打鬥至死，牠們還是會打架，但是只要被對手咬了一口或是眼看著要輸了，牠們就會讓步。恐懼讓牠們得以存活。剔除基因的老鼠幾乎是什麼都不怕，所以就一直打到喪命為止。

研究人員在這些老鼠身上還發現另外一些有趣的事。正常的老鼠會跟入侵其地盤的其他老鼠打架，實驗室裡的實驗已經可以證明這一點，如果把一隻陌生的老鼠放進籠子裡，原住鼠就會予以攻擊，稱之為防禦侵略，因為原住鼠是在保護他的家園。正常的老鼠若是被迫變成外來的入侵者，例如突然被送進其他老鼠的籠子裡，牠們不會主動求戰，要不是躲開，就是採取守勢，自我防備。

剔除了一個基因的老鼠就不一樣了。（兩個基因都剔除的老鼠在很多方面都變得一塌糊塗，我在此不多贅述，牠們在許多方面都有很大的問題，所以很難單挑恐懼這個議題來討論。）這些老鼠看到陌生老鼠放進自己的籠子時，會出現正常的防禦侵略行為，為了保護自己家園而戰，但是即使牠們自己就是入侵者，也還是會主動求戰。當牠們走進一個陌生老鼠所「擁有」的陌生籠子裡，非但不會跑，反而跟主人打架。牠們不只主動攻擊原住鼠，而且在初期的前哨戰結束之後，還會再度向原住鼠挑釁，重啟戰端。這是正常老鼠不會有的行為，正常的老鼠發現自己到了另外一隻老鼠的地盤，通常會嚇得不敢打架。

研究人員後來又做了一連串的實驗，發現這些老鼠在各種情況下都不會害怕，因此確認問題就出在牠們恐懼的程度降低了。舉例來說，正常的老鼠如果曾經在某個籠子裡遭到電擊，再度放進這個籠子的時候就會嚇得不敢動，但是基因剔除的老鼠就比較沒有這種現象。研究人員接著又做了一些實驗，顯示這些老鼠確實都記得牠們曾經遭到電擊的事情。為了測試老鼠是否記得牠們在某個地方遭到電擊，研究人員使用一種穿梭箱（shuttle box），這是一個裡面有分隔板的籠子，老鼠可以輕易地跳過去，老鼠只會在分隔板的某一邊遭到電擊，在另外一邊就絕對不會。所有的老鼠都能夠很快地學會哪一邊會遭到電擊，因此就停留在安全的那一邊，顯然牠們記得哪一邊好，哪一邊不好。

基因剔除的老鼠記得電擊的經驗，也記得遭到電擊會痛，牠們只是毫不在乎，而牠們不在乎的原因，就是因為牠們沒有適量的恐懼。如果這些老鼠在野外求生，大概來日不多。

情緒的重點就是活著，正常的情緒是生存的必需品。情緒非常重要，因此你若是一定得在完整的情緒系統與完整的認知系統之間二選一的話，正確的選擇應該是情緒系統。情緒非常重要，因此潘克西普才會說：「我們有充分的理由相信，若是我們的情緒價值系統毀滅的話，建立在其上的認知器官也會跟著崩潰。」

對大多數人來說，這句話好像沒有什麼道理。我們人類總是認為情緒是一股危險的力量，必須用理智與邏輯加以控制。然而大腦的運作卻不是如此，在大腦內，理智與邏輯從來就沒有跟情緒分開過，甚至連沒有意義的一串音節也有其情緒力量，可能是正面、也可能是負面，但是沒有什麼是中性的。你必須牢記這一點。

我想再多談談這個概念，因為我們必須了解，對動物來說，恐懼到底是什麼？這一點也很重要。多數人認為邏輯比感情重要，那是因為我們通常都不知道兩者之間的關聯。很多人在大半時間裡，對情緒生活都是不知不覺，尤其是在冷靜思考其他事情的時候。你覺得好像只用了邏輯，但是實際上，你用的是由情緒引導的邏輯，只是沒有意識到情緒的存在。非但如此，有時候你意識到情緒存在，因為你對某個議題或是某個人充滿熱情，結果卻做了錯誤的決策，然後就說都是情緒惹的禍。當然，大多數的人都一定認為其他人感情用事所做的決策愚蠢至極。

這些話只說對了一半。有很多顯然是情緒作祟的決策確實很愚蠢，但是問題並不是用了情緒，因為每個人在做決定的時候都會用到情緒。大腦裡情緒系統受到損傷的人，幾乎不能決定任何事情，就算他們真的做了什麼決定，通常也都是不好的抉擇。因此情緒不是問題，真正的問題是，他們使用的情緒很愚蠢。

對情緒、本能直覺和決策過程有興趣的人，我推薦你們去看《笛卡爾的謬誤》。達馬吉歐醫生研究了很多額葉受損的病患，他們失去了我們稱為直覺的能力，儘管這些病患都有完全正常的智力與邏輯推理能力，但是卻不是正常的成年人，永遠都需要別人的照顧。達馬吉歐醫生還替其中一人上法庭作證，證明他符合領取永久殘障給付的資格。

真正有趣的問題是，為什麼這些人不是正常人？從書面資料來看，他們應該可以像正常人一樣照料自己的生活起居，因為他們都通過大部分、甚至全部的標準神經心理測試。達馬吉歐醫生的一名病患，艾略特不但智商高，而且在「認知能力、過往記憶（past memory）、短期記憶、新知學習、語言、算術能力」等各方面的測試表現都不俗，他的專注能力（attention）也很好，工作記憶也沒有問題。

順便說明一下，所謂工作記憶就是記憶中讓你完成工作的部分。比方說，你撥電話時，腦子裡記得一組電話號碼，那麼你就是在使用工作記憶；又例如，假設你是研究人員或作家，腦子裡有兩個不同的想法，而當你在思索兩者之間有沒有相關的時候，工作記憶就會幫你記得這兩個概念，而且還會在你的腦子裡搜索，看看有沒有其他跟這兩個概念相關的東西。換言之，工作記憶不但負責尋找長期記憶裡的東西，同時在找到之後，也會將找到的項目暫存到有意識的記憶裡供你使用。如果你的工作記憶短缺（像我一樣）那就會出問題了。

艾略特的工作記憶沒有問題，認知能力經過測試之後也判定一切正常，從書面資料看來，他完全沒有問題。

達馬吉歐醫生花了好長的時間才發現艾略特不能做什麼，而且他的發現還跟動物及其情緒有直接的關聯。艾略特所不能做的，就是在生活上有適當的情緒反應。達馬吉歐醫生寫道：「在我們長達幾個小時的談話中，我從未看到有絲毫的情緒流露，沒有哀傷、沒有不耐煩，對於我不斷重覆的問題也沒有挫折感……（在他生活中的其他部分）他總是不露慍色，即使在極罕見的情況下生氣，也只是一瞬即逝，一下子就恢復平常那個新的自我，冷靜而毫無怨言。」

艾略特不只喪失重大的情緒，如恐懼、憤怒，還失去了發自內心本能的情緒，也就是看到動物受傷或是慘不忍睹的車禍照片時，或者從正面的角度來說，看到快樂的小孩或夕陽西沈的照片時，所產生的那種感覺。基本上，他的情緒是一片空白。

為什麼這會是個大問題呢？因為人類與動物都使用情緒來預測未來，據此來決定該做什麼事情。艾略特在腦部受傷之後，就不能做這件事，他無法預測未來，所以不能決定未來要做什麼，反而陷入無休無止的思考，難以脫身。有一次，達馬吉歐醫生問他，下個星期哪一天要來辦公室？艾略特拿出他的記事本，花了整整半個小時的時候，詳細分析達馬吉歐醫生建議的那兩天各有什麼利弊，如此滔滔不絕地說明不同的抉擇各會有哪些可能的結果，但是始終沒有結論。最後，達馬吉歐醫生只好自己隨便選一天。艾略特缺乏內心本能的情緒，所以不能自動預測哪一天比較好，哪一天比較不好，當然他也無從預測這兩天會不會一樣好或是一樣不好。他完全無法決定未來何去何從。

即使他真的做了決定，也幾乎一定是最差勁的抉擇。他的判斷力奇差無比。

然而，他在所有的心理測驗中，成績都很好。最後，達馬吉歐醫生的一個研究生設計了一份測驗，他們稱之為「博奕測驗」，這才找出艾略特與大腦正常的人之間究竟有什麼差別。在測試中，受測者（稱之為賭徒）一開始有兩千美元的賭本，有四疊牌可以抽。他只知道在這個遊戲中，他抽的每一張牌都可以贏錢，但是如果抽到某些牌，則必須付「罰金」給做實驗的人，所以抽到這些牌就表示他要虧錢。遊戲的目標就是儘量不要動用借來的賭本，然後儘可能地多贏一些錢。

賭徒並不知道，A和B這兩疊牌可以讓你贏得多，輸得也多，而C和D這兩疊牌則是贏得少，輸得也少。如果你可以坐下來仔細計算的話，就可以算出必須抽C和D這兩疊牌最後才會贏錢，但是測試中當然不准這樣做，因為博奕測驗本來就是要模擬現實生活的「一切都沒有定數」。你不知道會發生什麼事情，所以也就不知道該怎麼做，你只能仰賴本能，憑感覺去猜測哪一疊牌會是好牌。

這就是情緒做的事情。情緒讓你產生第六感，讓你有一種感覺，真的是一種感覺，預測未來會發生什麼事，所以你才能決定要怎麼做。

艾略特沒有通過這個測試。一開始的時候，他跟每一個人一樣都抽A和B這兩疊牌，因為得到的報酬比較高，但是當他發現手邊的賭本愈來愈少時，卻沒有轉向C和D這兩疊牌。大腦運作正常的人，甚至連腦部有其他傷害的人（包括語言障礙在內），都很快就對A和B這兩疊牌有不好的感覺，於是就改抽C和D這兩疊牌，然而艾略特卻始終都沒有換牌。雖然他很清楚自己已經輸到見底，但是對A和B這兩疊牌卻沒有不好的感覺，所以就沒有改抽C和D這兩疊牌。他只是繼續抽A和B這兩疊牌，然後負債愈來愈多。

利用情緒預測未來

正常健康的動物與情緒空白正好完全相反，牠們隨時隨地都依據自己的情緒判斷，做出合情合理的決定。對動物來說，情緒最重要的地方，就是讓牠們能夠預測未來。我們以前對此毫無所知，所幸有科學研究讓我們知道這一點。

動物行為學家發現，情緒的運作方式類似飢餓的作用。飢餓的作用，就是讓你能夠維持生命與正常的運作，這一點不難理解，因為飢餓可以讓你離開柔軟舒適的沙發或是洞穴裡的石塊，走出去覓食。然而，大多數人並不知道，飢餓不只是驅動行為的力量，也是預測未來的力量。你的身體不會等到最後一刻才讓你感到飢餓，而是早在你還沒有耗盡能量之前就會感到飢餓，這樣你才有剩餘的能量去尋找食物、消化食物。飢餓是早期預警系統。

大自然中有許多像飢餓這樣的系統，情緒也是其中之一。情緒不會驅使你採取行動，而是給你資訊，關於未來以及該如何處理的資訊。

身體運作的方式讓我想起管理顧問在處理疑難雜症時對企業提出的一個問題，他們該在問題出現徵兆時就予以處置？還是等到問題完全爆發？答案應該是「出現徵兆時」。等到迫在眉睫才來解決問題的企業，最後面臨的往往是一個大窟窿，而不是在他們一發現可能出現問題時就動手解決的小毛病。

自然界也是如此，只不過大自然比管理顧問更勝一籌，大自然讓我們從一開始就遠離麻煩。這可不是揣測之詞。研究人員在老鼠身上進行恐懼與嗅覺的實驗，讓我們知道情緒的作用就是讓動物能夠預測未來。所有的哺乳類動物都有兩個嗅覺系統：近距系統，稱為副嗅覺系統（accessory olfactory system，簡稱為AOS）以及遠距系統，稱為主嗅覺系統（main olfactory system，簡稱為MOS）。近距系統必須靠得很近才能發揮作用，動物幾乎得把鼻子貼到物體上才能使用AOS。

雖然蛇不是哺乳類動物，不過卻是AOS的最佳範例。蛇利用吐舌頭來嗅空氣。牠們吐舌時，其實是把空氣分子放在舌頭上，然後送進AOS所在的口腔上顎，藉以探測氣味。

以探測掠食動物的氣味來說，近距系統只能讓老鼠聞到在一、兩呎之內的貓，遠距系統才能讓老鼠從大老遠就聞到貓的氣味。

因此，大家自然就假設老鼠以及任何可能受到攻擊或獵殺的動物，都一定會使用遠距嗅覺系統來避免危險。這種想法聽起來很合理，因為假設你是老鼠，也絕對不會等到跟貓面對面才有所反應，那就已經太遲了，註定要成為貓的午餐。

然而事實卻非如此。遠距系統並沒有跟老鼠大腦的恐懼中心連線，大老遠聞到掠食動物的氣味並不會驅使老鼠逃離，遠距系統不會影響到老鼠的情緒或行為。

事實上，跟老鼠大腦恐懼中心連線的是近距嗅覺系統，也是近距系統才會啟動求生行為，如靜止不動或逃離現場，換言之，是近距系統讓老鼠得以存活。研究人員利用兩組老鼠做比較，其中一組是近距系統跟大腦其他部位分離，另外一組則分離遠距系統（只要將大腦中連接這兩個部位的纖維折斷即可）。結果發現，只有近距嗅覺系統完整的老鼠，才會在聞到貓的氣味時感到恐懼，牠們一聞到貓的氣味，就靜止不動，並且開始大量排便，這是典型的恐懼反應。至於大腦中只接受遠距系統提供訊息的老鼠，則完全沒有反應，牠們一點感覺也沒有。

研究人員看到這個結果大為震驚，因為這個結果跟我們的直覺完全相反。大自然為什麼要讓老鼠跟近在咫尺的貓面對面才感到恐懼呢？

其實這並不是大自然的意圖，大自然並沒有這樣做。大自然讓近距嗅覺與恐懼情緒聯在一起的用意，是要讓老鼠有預測未來的能力。

其運作方式如下，在野生環境中，老鼠走進掠食動物曾經出沒的地方，就會感到恐懼。即使現在沒有貓（但願如此），但是貓的氣味卻無所不在，老鼠走到這個地方，近距嗅覺系統就聞到了這股氣味。因為大部分的掠食動物都有強烈的地域性，若是某個地方曾經有貓出沒，就表示這隻貓未來很可能再回來。所以老鼠的近距「恐懼嗅覺」系統就讓牠預測到貓在未來可能出沒的區域，這樣一來，牠們就可以在貓重返故地之前趕快離開。這是一種早期預警系統，動物的情緒讓牠們從一開始就遠離麻煩。如果你是老鼠的話，這個主意實在很不錯，就算你是貓或狗，也是一個好主意，因為貓也許想遠離狗的地盤，而曾經吃敗仗的狗或許也想避免跟打贏牠的對手在同一個地方打照面。

大自然似乎認為，預防勝於治療，而情緒是預防的必需品。健康的恐懼系統讓動物和人類有預測未來的能力，藉以維繫生命。

如果你把情緒視為一種預測系統，那麼近距嗅覺跟恐懼連在一起，也就完全合理了。然而這仍然無法解釋為什麼當老鼠從遠距離聞到一隻活生生的貓時，大腦裡卻沒有恐懼反應？難道老鼠明明知道在可以偵測的距離內有一隻貓，不應該啟動某種機制，讓牠遠離這隻會帶來死亡威脅的貓嗎？

不過我的看法卻不一樣。恐懼對任何動物來說，都是一種無法抵抗的強烈情緒，因此在演化的過程中，大自然或許會偏好能夠控制這種情緒的大腦系統。繁衍物種不只是避免被吃掉就可以了，所有的生物都需要吃、睡、交配、生小孩，然後哺育保護年輕的一輩，直到牠們長大有自衛的能力為止。為了完成這些任務，老鼠不能無時無刻都處於恐懼狀態，牠們也需要休息。如果老鼠每次從大老遠聞到貓的氣味就靜止不動的話，那麼牠們很可能一天二十四小時都不必動了，當然這也視老鼠的生活環境而定。

我的解釋當然未必正確。畢竟我們不會知道為什麼有些功能可以演化出來，有些就不會。但如果我們以為大自然的每一件事都有其演化上的目的，那是一種錯誤的假設。有時候演化是很隨機的，也許只是動物為了生存需要而演化出某種特質所產生的副作用而已。不過我認為近距嗅覺和恐懼之間的關聯，應該是有演化上的優勢，除非有進一步的研究推翻這個說法，否則我還是認為這個理由相當合理。

同樣的原則（近距離等於恐懼，遠距離等於冷靜）也適用於其他感官。以視覺為例，獵物動物在看到一時還無法近身的掠食動物時，那種漠不關心的冷靜往往令人咋舌，有時候不只是不在乎，甚至還有挑釁的動作。有個朋友就曾經看到一隻松鼠高居在樹上挑逗在樹下的貓，長達半個小時。那隻松鼠爬下樹幹，愈來愈靠近貓，甚至還直視貓的眼睛，直到貓忍不住跳了起來，松鼠才又竄回樹上，保持安全距離，而貓則倖倖然地跳回地面，因為樹幹太長，那隻貓無法一路爬到樹枝上。我實在不知道松鼠的腦子裡在想些什麼，不過在我朋友看來，那隻松鼠根本就是故意在捉弄貓，牠一點也不害怕，因為害怕的松鼠跟害怕的老鼠一樣，都會在原地靜止不動，所以這顯然是一隻不害怕的松鼠。

牠當然也運用了視覺（也許牠同時可以聞到貓的氣味），因為牠故意看著貓。因此看到遠在危險距離之外的掠食動物，並不會啟動松鼠的恐懼系統。我懷疑若是切除了牠的近距嗅覺系統，然後讓牠跟貓大眼瞪小眼，牠就會感到恐慌。遠方的掠食動物不會造成恐懼，近距離的掠食動物，或者說是掠食動物就在附近的訊號，才會造成恐懼。

狗也是一樣。狗知道其他的狗什麼時候戴了狗鍊。我有另外一個朋友養了一隻名叫「爵士」的小公狗，有一部分洛威拿的血統，爵士是支配慾超強的狗，一天到晚都跟其他的狗發生衝突。我朋友的先生說，其他的狗若是「愛管閒事」，也就是說，如果牠們笨到去直視爵士的眼睛，爵士就覺得自己受到侵犯。在牠的世界裡，任何狗只要走進牠所在的空間，就必須低頭，避開牠的視線，以示尊敬。英文有句諺語說：「貓也能直視國王。」但是狗絕對不能直視爵士，否則就等著被咬。

爵士的隔壁住了一隻沒有閹割的黃金獵犬，名叫「麥克斯」，兩隻狗打過幾次架，後來麥克斯承認爵士的領袖地位，於是好一陣子都相安無事。只要麥克斯走到靠近爵士的某個距離之內，麥克斯就會自動轉移視線，如果牠們之間的距離再縮短一點，牠甚至還趴在地上。兩隻狗似乎都知道彼此之間靠得多近，麥克斯就必須轉移視線或是趴在地上。

但是如果爵士繫著狗鍊，那就一切免談！麥克斯會揚棄所有表示臣服的行為，一副爵士跟跳蚤沒什麼兩樣的神情。有時候爵士被關在玻璃門內看著麥克斯，麥克斯也同樣無法無天，我朋友說，看這兩隻狗的互動實在很好笑。麥克斯完全不把爵士放在眼裡，不但像樹上的松鼠一樣直視爵士的眼睛，甚至還若無其事地在門外流連，到處小便。

即使像鹿這種地球上最膽小的動物也不例外。爵士的住家外圍有一圈隱形圍籬，屋外的鹿都知道電子圍籬設在什麼地方，會冷靜地站在圍籬外吃草，偶而還抬頭直視爵士，任何獵物動物對一隻近在咫尺的狗都不會有這種挑釁動作。這些鹿知道爵士捉不到牠們，所以牠們一點也不害怕，遠距感官系統並不會誘發恐懼反應。

遠距感官與恐懼反應完全隔絕，在野生動物身上格外顯著。一群羚羊看到不遠處有一群驕傲的獅子躺在那裡曬太陽，卻絲毫不在乎。如果仔細觀察牠們的話，就可以發現獵物動物對於掠食動物是在否跟蹤牠們都心知肚明，牠們知道跟蹤行為是什麼樣子，因此只要沒有看到跟蹤行為，就不會擔心。

因此，我們有很多證據顯示，動物的情緒組成有很大的機率是，讓牠們在不必要的時候就不會驚慌恐懼。大自然似乎讓動物與人類擁有有用的情緒，而所謂有用的情緒就是讓我們可以存活到繁殖下一代的情緒。情緒賦予我們預測未來的能力，讓我們得以存活，而有了這種預測未來的能力，我們就能做出正確的抉擇，決定下一步該做什麼。

動物怎麼知道什麼東西才可怕？

有相當多的研究顯示，動物和人類有某些先天的恐懼。在第二章提到的視覺懸崖實驗中，小孩子和小動物會拒絕爬過或走過在他們眼中看似懸崖的地方，這就是先天恐懼的例證。不需要有人教他們怕高，因為他們已經知道害怕。

潘克西普在比較晚近的實驗中也發現，即使是從小養在實驗室裡、一輩子都沒有見過貓的老鼠，只要在牠們平常嬉戲的地方放一撮貓毛，牠們就會立刻停下來。由於害怕的動物都不會嬉戲，因此這是牠們感到恐懼的一個有力的指標。「這些動物會偷偷摸摸地移動，」他在《情感神經科學》書中寫道，「小心翼翼地嗅那一撮毛及週邊環境，好像感覺到出了什麼大事似的。」

這個經驗不禁讓潘克西普博士想到，如果研究人員走進實驗室的時候，混身上下都是他們家裡寵物貓的味道，不知道有多少實驗室會因此天下大亂？根據寵物食品協會（Pet Food Institute）的統計，二〇〇二年在全美有七千五百萬隻寵物貓，這個數目相當驚人。目前我們對於學習與行為心理的了解，有很大一部分都是來自實驗室裡的老鼠，因此你不得不質疑，這些知識有多少是來自擔驚受怕的老鼠？這是一個非常重要的問題，因為在恐懼狀態與冷靜狀態中的學習是截然不同的經驗，稍後我還會再討論到箇中的差異。

潘克西普博士並沒有養貓，但是卻養了一隻狗，一隻名叫「金妮」的挪威獵麋犬。他知道自己每天來上班的時候，聞起來就像是一隻獵麋犬，因此他必須知道自己的實驗有沒有因此受到影響。於是他把金妮的狗毛大量地鋪在實驗老鼠平常嬉戲的地方，不過一切如常，老鼠還是照舊玩樂嬉戲。潘克西普博士因此認為，這個證據顯示古時候的老鼠並不常受到狗的獵捕。

普遍恐懼

我們知道大部分的動物先天一定會害怕什麼東西。兩歲以下的幼兒害怕突如其來的聲音、疼痛、陌生的事物以及身體失去支撐，但是兩歲以上的幼兒就沒有這些恐懼。這就足以證明這些恐懼是與生俱來的，每個幼兒都在同樣的年紀有這些恐懼，也在同樣的年紀喪失這些恐懼。

較大的孩童與成年人也有一些普遍的恐懼，可能是先天的，也可能不是，如驟然響起的聲音、一臉憤怒的陌生人向你走過來、蛇、蜘蛛、陰暗處和高處。動物也有一些類似的恐懼，大部分的哺乳類動物不喜歡蛇，而所有的動物都會被驟然響起的聲音嚇到。基本上，動物討厭任何突發的事物。

至於動物的其他恐懼，則依物種不同而有所差異。舉例來說，鼠類都不喜歡太明亮的地方，如果你把一隻實驗室的老鼠在大白天放到一間空曠的房裡，牠會立刻靜止不動，並且排泄失禁。這對老鼠這種小型的獵物動物來說，倒也合情合理，因為牠們只有躲在掠食動物捉不到或看不到的地方，才能免於遭到獵捕的命運，因此像卡通《湯姆與傑利》裡的情節，都完全符合動物行為，老鼠最喜歡藏在老鼠洞裡。小型獵物動物在又小又暗的地方最快樂，因為躲在這裡，大型掠食動物才捉不到牠們。

像牛、馬之類的大型獵物動物則不然，牠們並不害怕空曠的地方，老實說，牠們必須到空曠的地方覓食，否則就沒有足夠的糧食。想像你是一隻重達千磅的食草動物，你得有好大一片草地才能填飽肚子。為了安全起見，像牛、馬這些群居動物總是一群一群聚在一起，創造出牠們自己的「小空間」。而群體中的支配動物也永遠站在正中央，也就是最安全的地方，因為這樣不管是什麼的掠食動物來襲，都會有很多同伴做肉牆保護牠。

至於像狼這樣的掠食動物，就很喜歡開放空間，但即便如此，牠們在打盹或睡覺的時候，還是會群聚到小洞穴裡，這樣其他的掠食動物才捉不到牠們。簡言之，不管是獵物動物或掠食動物，動物對於牠們生活中的自然危險，都有一種看似自然的恐懼。

有些恐懼易學，有些難學

可是事情還沒完，因為動物（人類亦同）還有一些恐懼介於先天遺傳與後天學習之間，這些都是很常見的恐懼，例如人類對蛇的恐懼。很多人都怕蛇，但是怕蛇的人當中有絕大多數都從未被蛇咬過，有些人甚至只看過蛇的照片，連活生生的蛇都沒有看過，然而他們只要想到蛇就頭皮發麻。

這倒未必表示懼蛇症是一種半先天的恐懼，因為現代生活中有很多比蛇還要更危險的事物，如汽車或電源插座等，但是人類並不會輕易地對這些東西產生恐懼。我甚至懷疑，人類真的會染上所謂汽車恐懼症的可能性。遭逢重大車禍的人也許會罹患創傷後壓力症候群，但是他們並不會因為看到汽車的照片，就會感到害怕（有懼蛇症的人看到蛇的照片就會感到恐懼），他們會害怕坐車，但是恐懼到此為止，並沒有繼續蔓延。

動物對某些恐懼也有同樣的偏執。心理學家米妮卡（Susan Mineka）在西北大學針對猴子與蛇所做的實驗，或許是到目前為止最重要的證據。她的研究動機起於一個已知的事實，野生的猴子怕蛇，但是實驗室裡長大的猴子卻不怕。拿一條活生生的蛇給一群野生猴子看，會把牠們嚇瘋，牠們又做鬼臉又拉耳朵，緊抓著籠子的鐵條不放，全身的毛都豎起來。野生猴子甚至連看蛇一眼都不敢，對蛇厭惡的程度由此可見一斑。

但是同樣一條蛇拿給一隻在實驗室裡長大的猴子看，卻什麼事都沒有，牠好像一點也不擔心。顯然猴子並不是一出生就知道蛇是討厭的東西，必須有人教牠們才行。

米妮卡博士的實驗告訴我們，教導實驗室猴子像野生猴子一樣怕蛇，再簡單不過了。米妮卡博士把不怕蛇的實驗室猴子跟怕蛇的野生猴子放在一起看蛇，實驗室的猴子立刻就會感到恐懼，而且會一直恐懼下去。他們只要看到一隻被蛇嚇到的猴子，就會跟著一輩子怕蛇，前後過程只需要幾分鐘。此外，實驗室猴子的恐懼程度，也跟示範猴所表現出來的一樣。如果示範猴只是恐懼而不驚慌，那麼觀察猴則跟著學會恐懼而不驚慌，如果示範猴嚇得屁滾尿流，觀察猴也一樣嚇得屁滾尿流。

牠們一旦經由觀察學會了怕蛇之後，實驗室猴子也可以示範給其他猴子看，就跟野生猴子示範給牠們看一樣。

米妮卡博士的實驗同時也顯示，不可能用同樣的方法教猴子懼怕花。她播放一捲錄影帶給實驗室猴子看，錄影帶的內容先是一朵花，接著是一隻猴子表現出驚恐的模樣，看起來就好像是錄影帶中的猴子害怕那朵花似的，但是錄影帶卻完全沒有效果。播放猴子表現出怕蛇模樣的錄影帶，可以讓實驗室猴子嚇個半死，但是播放猴子怕花的錄影帶，卻絲毫沒有影響。

大部分的研究人員相信，這表示猴子對蛇的恐懼是半天生的。牠們並不是一生下來就會怕蛇，但是確實是一生下來就準備在第一次出現危險訊號時開始怕蛇。動物行為學家把蛇稱之為預備刺激（prepared stimulus），也就是說，演化已經讓猴子做好準備，很容易就學會對蛇的恐懼。

米妮卡博士還發現，利用同樣的方式可以預防動物產生某種恐懼。如果先把一隻實驗室猴子跟另外一隻不會表現出怕蛇模樣的實驗室猴子放在一起，那麼牠就可以「免疫」。此後，就算牠看到野生猴子表現出怕蛇的模樣，本身也不會產生對蛇的恐懼。牠會堅持在第一堂課所學習到的東西。

邊看邊學

這稱之為觀察學習。不論是演化恐懼或是其他領域的學習，動物與人類都是靠觀察其他動物或人類來學習，並不需要親身經歷才會知道其後果。我覺得大部分的教育好像都沒有學到這一點，文獻總是說，親自動手才是最好的學習方法，但是未必如此，因為在動物和人類身上，演化顯然選擇了較強的觀察學習能力。德瓦爾（Frans de Waal）在《人猿與壽司師傅》（The Ape and the Sushi Master）書中，就提到一個令人嘖嘖稱奇的例子。德瓦爾博士說，日本的壽司學徒得花三年的時間看壽司師傅怎麼捏壽司，等到學徒終於可以自己動手做，就可以捏得很好。

米妮卡博士的研究顯示，人類與動物即使沒有第一手的慘痛經驗，也會對他們所害怕的東西產生恐懼感。傳統學習理論總是假設人類經由直接的經驗學習恐懼，這個理論合乎邏輯，但是卻與事實不符，因為很多患有恐懼症的人都不記得最初有任何不好的經驗。隨便舉個例子來說，大部分恐懼飛行的人或許都沒有任何近乎墜機的經驗。

因此許多心理治療師認為，恐懼症是一種傳染病，跟一群已經有恐懼症的人相處，久而久之，你也可能「感染」恐懼症。米妮卡博士的研究顯示，跟已經有某種恐懼症的人在一起，不但可能學到這種恐懼症，而且還是一種非常自然、容易的途徑。恐懼是會傳染的。

動物從其他動物身上學習到什麼東西值得害怕，是演化讓動物和人類從一開始就遠離麻煩的另一個證據。假設讓每個生物都必須經由第一手的經驗才能學習到什麼是值得害怕的話，就會損失很多動物，因為唯一能夠延續猴子這個物種的，很可能就剩下那些運氣好、一輩子都沒有碰到蛇、或是那些碰到蛇卻僥倖存活下來傳授經驗的猴子。如果讓猴子能夠透過其他猴子學習到對蛇的恐懼，那麼猴子在地球上存活的機率就提高很多。

大象永遠不會忘記

當然，如果你在安全的猴子社群裡學會了蛇是可怕的東西，但是下次真的看到蛇的時候卻忘得一乾二淨，那麼一切都無濟於事。如果猴子長老一再告誡你，蛇是不好的東西，但是你卻忘記了，又會發生什麼事呢？

想一想，你在一生中忘記了多少事情（快想，二次方程式是什麼？），再想想，我們的存亡全都繫於記得多少應該感到害怕的事物，實在令人膽顫心驚。

還好，演化讓恐懼學習變成永久記憶，解決了這個問題。所以你會把三角函數忘得一乾二淨，但是在一九五八年以前出生的人卻永遠不會忘記甘迺迪遇刺時你在什麼地方，在一九九六年以前出生的人也不會忘掉九一一事件發生時你在什麼地方。就算你想遺忘，甚至試著去忘記，也都辦不到。

至於比較小的創傷或恐懼就不太一樣。動物和人類確實可以表現出他們好像遺忘了中度恐懼的樣子，這是以往的行為學家所得到的研究結果。典型的實驗是教導動物害怕某些中性的東西，如某種燈光或曲調，然後再教導動物停止這樣的恐懼。實驗的方法是把燈光或曲調這種制約刺激（conditioned stimulus），跟某些令人厭惡的東西聯結在一起，如電擊動物的腳部或是對著牠們的眼睛噴氣。

在這種制約情況下，動物很快就會對燈光或曲調產生恐懼反應，這個時候，實驗人員立刻停止制約刺激，不再用不好的東西跟燈光或曲調聯結在一起。經過一段時間之後，動物果然一如預期地不再對這種燈光或曲調產生恐懼反應，行為學家把這種現象稱之為消弱（extinction）。因為他們消除了這種反應，動物好像忘了燈光或曲調是可怕的東西，研究人員發現人類也是如此。

事實上，消弱並沒有把恐懼從大腦中完全消除，恐懼仍然存在。如果你曾經在播放某種曲調之後立刻朝動物的眼睛噴氣，教牠害怕這種曲調，然後再停止噴氣，教牠不要再懼怕這種曲調，那麼動物固然在聽到曲調時不會產生眨眼的反射動作，但是牠也沒有忘記這個教訓。只要再一次把曲調與噴氣結合在一起，動物又會回到原點，立刻開始眨眼。牠知道這種曲調就代表要噴氣，並沒有忘記。

動物與人類都可以「克服」某種學習到的恐懼，但是我們現在知道，克服恐懼並不等於遺忘恐懼。消弱不是遺忘，是一種與舊知矛盾的新知；這兩種知識，曲調無害與曲調有害，都永遠存放在情緒記憶中。

快速恐懼、慢速恐懼

如果你長時間跟動物相處，就很容易發現在很多時候，動物的恐懼更甚於人類，也很容易發現你雖然身為人類，但是有某些核心恐懼是跟動物一樣的。牛不喜歡蛇，你也不喜歡，就這一點，你跟任何一頭牛都有相同的意見。

但是除此之外，人類就很難對動物的恐懼感同身受。很多人打電話給我，都說不知道他們的動物為什麼這麼難搞，等我親自到這些出問題的農牧場去看個究竟，通常會發現經理人站在對他而言看似完全正常、安全的飼養場中間，受到幾百頭怒氣沖沖的牛群團團圍住，而他卻根本不知道出了什麼問題。

要了解動物的恐懼，就必須先研究大腦。紐約大學的李竇博士（Joseph LeDoux）就是研究恐懼神經學的重要學者，他在《腦中有情》（The Emotional Brain）一書中解釋了恐懼的來源在杏仁體。對非科學家來說，真正有趣的發現則是大腦中有兩種不同的恐懼：快速恐懼與慢速恐懼，而李竇在書中稱為低路徑與高路徑。

高路徑產生慢速恐懼的原因很簡單，高路徑通過大腦的實際路線比低路徑長。走高路徑的恐懼刺激，例如在路上看到一條蛇，是從感覺器官傳導到深藏在大腦內部的丘腦，丘腦再傳送到大腦頂端的皮質做進一步的分析。李竇博士把慢速恐懼稱為高路徑，因為感官輸入的資訊必須一路送到大腦的最頂端，再由皮質認定你看到的是一條蛇，然後再把這個訊息「這是一條蛇！」，往下傳送到杏仁體，這時候你才感到害怕。整個過程歷時約二十四毫秒。

低路徑則只需要一半的時間。如果採用快速恐懼系統的話，你在路上看到蛇，感官資訊還是送到丘腦，但是卻由丘腦直接送到杏仁體，杏仁體也在大腦深處，位在頭部側面的顳葉。整個過程只需要十二毫秒。李竇博士把快速恐懼稱為低路徑，因為感官資訊不需要送到大腦頂端，皮質並沒有在這條路徑上。

兩種系統會利用相同的感官資訊，同時運作，也就是說，丘腦接收到可能令人恐懼的感官資訊之後，會同時分別送往皮質與杏仁體。如果你在路上看到一條蛇，快速恐懼系統會在十二毫秒之內叫你跳到一旁，然後再過十二毫秒，感到第二波的恐懼，這就是同一個感官資訊繞遠路送到皮質進一步分析之後，終於抵達杏仁體所發出的恐懼訊號。

李竇博士認為，人類大腦中會出現這種運作方式，是因為演化並沒有將速度與精確放在同一個系統裡。他說，走快速路雖然是捷徑，但是路況泥濘。好比說你走在路上，看到一條細細長長又黑乎乎的東西，杏仁體立刻大喊：「有蛇！」經過十二毫秒之後，皮質再發出第二道訊號，可能是「真的是一條蛇！」，但是也可能是「只是一根棍子！」聽起來只是一眨眼之間的事，不過，假設你看到的真的是蛇而不是棍子的話，這一點點時間卻是你會不會被蛇咬到的生死關頭。快速恐懼為了速度而犧牲精確，也是反應能夠這麼快的原因，快速恐懼草擬的現實只是一份概略的草稿。

至於精確地描繪這個世界，則是皮質的工作，因此皮質才能區分蛇與棍子。不過這得花一點時間，而你碰到蛇的時候，卻是一點點時間都浪費不得。李竇博士認為，大自然會演化出這個系統，就是因為俗話所說的「有備無患」，寧可把棍子錯認是蛇，也不要在皮質還沒有下決定之前繼續往前進，結果卻一腳踩到蛇的身上。

此外，還有一件事值得一提，高路徑是有意識的恐懼，而低路徑則沒有意識。高路徑恐懼之所以是有意識的恐懼，是因為經過了皮質這個關卡，讓你意識到什麼東西令你感到害怕，你害怕攔在路中央的那條蛇，因此這是有意識的高路徑恐懼。至於低路徑的恐懼則是無意識、無心的反射動作，在你還不知道是什麼東西之前就叫你先躲遠一點。

怪異的恐懼

關於記憶，有個很有趣的現象，有意識的記憶遠比無意識的記憶更脆弱。兩種不同類型的記憶有各種不同的名稱，似乎十分混淆視聽，這是因為不同的研究領域對於這兩種記憶都各自使用不同的名稱。有些領域稱之為陳述性記憶與過程性記憶，有些則說是外顯記憶與內隱記憶，我大部分使用有意識記憶與無意識記憶，但是在某些情況下，若是使用其他名詞也合情合理的話，我也照用不誤。

有意識記憶處理一些我們稱為「學校學習」的東西，如事實、數字、日期、名稱等。想一想，你在學校裡學到的東西現在忘了多少，就知道這種記憶有多脆弱了。無意識學習就比較穩定和持久，俗話說，你永遠都不會忘記如何騎單車，就是一個很好的例子，因為這是千真萬確的事。一旦你學會了騎單車，就永遠不會忘記，即你因為中風導致腦部嚴重受損，仍然可能記得如何騎單車。完全消弭無意識記憶是很困難的事。

說到這裡，你也許會想，原來佛洛伊德說的沒錯，其實雖不中亦不遠矣。有許多佛洛伊德的想法，到後來都證實是大腦運作模式的正確描述。我不是佛洛伊德的專家，所以我必須聲明，我並不知道是否有任何大腦研究可以證明佛洛伊德的壓抑理論。但是至少有一點得到證實，我們的大腦中確實儲存了大量的無意識資訊。

我不知道像學單車這種無意識（或過程性）學習是不是永久存在。要記得什麼是過程性記憶，最好的方法就是把騎單車視為一種過程。當你在學習如何騎單車或是如何扣鈕扣、解鈕扣的時候，你就是使用無意識、過程性的記憶。你的手指頭自然知道如何解鈕扣，即使不需要有意識的思考，也能完成這個動作。

我不知道過程性學習是不是永久存在，不過恐懼學習似乎是如此。經由學習而來的恐懼，跟經由學習所記得的事實、日期或名稱正好相反，因為你老是忘記後者，但是對恐懼卻永遠不會忘記。事實上，動物與人類的恐懼學習能力很強，甚至比時間的力量更強，即使你並沒有一再接觸到這種恐懼，反覆「練習」這種恐懼。比方說，在路上看到一條蛇，把你嚇個半死，那麼就算你下半輩子再也沒有見過活生生的蛇，還是會愈來愈怕蛇，而且恐懼與日俱增。

根據李竇博士的說法，跟無意識的恐懼記憶比較起來，有意識的恐懼記憶相對較弱，或許這正是恐懼擴散的程度可以超過原有內容的主要原因。可能的情況是，隨著時間久遠，你對自己害怕的東西已經喪失了有意識的記憶，但是無意識的記憶卻仍然很強烈。

李竇博士舉了一個很好的例子。有個人發生一場嚴重車禍，在車禍時，車子的喇叭卡住了，一直響個不停，此後有很長一段時間，他只要一聽到汽車喇叭聲就會感到恐懼。可是到後來，他漸漸遺忘了汽車喇叭的事，因為車禍的細節逐漸從他有意識的記憶中消退。他已經不再有意識地記得自己害怕喇叭聲。

然而，就他無意識的情緒記憶來說，這場車禍和卡住的喇叭，就像昨天才剛發生的一樣記憶猶新。如今他只要聽到汽車喇叭響起，就會全身緊繃、感到恐懼，但是卻不知道為什麼。於是，有意識的心智聯結了身體的恐懼反應與身邊看似完全無害的日常事件，如走在熱鬧的街上、在擁擠的大樓停車場裡找電梯等，可能是任何事情。由於他已經忘記了自己原來所恐懼的事物，所以就發展出各種全新的、毫無理性的恐懼，而這些恐懼都沒有任何實際根據。

李竇博士認為，這正說明了為什麼心理醫生會在病患身上看到很多沒有明顯理由的恐懼。他們所看到的是第二手的下游恐懼，是在有意識的記憶中遺忘了原始恐懼的內容之後，才發展出來的恐懼。新的恐懼就像替身或替代品，取代了原有的恐懼，這聽起來很怪誕，不過卻常常發生，尤其是恐懼症的病患。誠如李竇博士所說的；「恐懼症病患有時候會忘了他們在害怕什麼。」

一旦原始恐懼經驗中有意識的細節逐漸消失，還可能會發生另外一種情況，這個人可能會開始感到一種有意識的恐懼，但是這種恐懼卻沒有依附在任何他可以指證的事物之上，好像是憑空出現的。比方說，他聽到遠方的喇叭聲，並沒有特別留意，但是卻沒來由地感到焦慮，完全不知道是喇叭聲誘發的情緒。他的有意識記憶早就忘了汽車喇叭的事，但是杏仁體卻沒有忘，因此最後他可能以為自己罹患了焦慮症。

李竇博士認為，快速恐懼與慢速恐懼之間的差異，或許是導致心理醫生必須治療許多不同焦慮症的原因。他說，慢速恐懼可能會導致一個人開始懼怕完全無害的汽車喇叭聲，卡住的喇叭並不是造成車禍的原因，而是車禍發生後所造成的結果，但是杏仁體無法分辨其中的差別，因此車禍現場的任何細節都可能染上恐懼的色彩。各種非理性的恐懼或許都是杏仁體只根據現場情況的粗略分析就快速反應的結果。

這樣的事情在動物身上屢見不鮮。有一次我接到電話，要我去看一匹害怕車庫大門的馬，我跟飼主交談之後發現，這匹馬在第一次取精液的時候，曾經一屁股跌到在地。替馬取精液的過程中，必須讓馬爬到一個模型上面，但是不知道怎麼回事，這匹馬卻從上面跌了下來。這是一個很詭異的意外，現場工作人員幾乎捉狂，不但用鞭子打牠，還對牠大吼大叫，於是這匹馬受到心靈重創。

至於牠害怕車庫大門的原因，則是因為牠跌下來的時候，正好看到車庫大門。當然車庫大門跟牠跌倒一點關係也沒有，但是牠的杏仁體卻做了粗略的聯結，車庫大門等於心靈重創的跌倒。

後來，他們再度替這匹馬做人工繁殖的時候，把牠帶到空曠的地方，遠離所有的建築物，結果就順利完成了。然而，任何一匹馬若是像牠這樣一看到車庫大門就捉狂的話，只要一離開了居住的柵欄，不論是騎牠或拉牠，都還是會有潛在的危險。

動物恐懼大不同

雖然動物大腦內的恐懼機制與人類相同，但是由於額葉大小和複雜程度不一樣，因此動物的恐懼與人類的恐懼還是有所差別。

你要記得一件最重要的事：動物會害怕環境中的小細節。我喜歡用高度特異（hyper-specific）這個詞彙來形容動物的恐懼。這個名詞是從自閉症研究中衍生出來的，因為有自閉症的人都是非常高度特異。這是他們跟一般人之間最大的差異。我在談到動物天才時，還會進一步討論人類與動物的高度特異性。因此現在我只先說明，所謂高度特異，就是指在比較事物的異同之際，看到的「異」總是比「同」要多。看到的樹總是比林清楚，有時候根本就是見樹不見林，只看到樹、樹和更多的樹。動物也是如此。

我最喜歡用黑帽馬的例子來說明高度特異的恐懼。第一次看到黑帽馬的時候，是牠的飼主來找我做諮商，她說她的馬害怕戴黑帽子的人，而且只怕黑帽子，就是這樣。

這是非常明確特異的恐懼，我甚至很訝異，一般人竟然能夠發現馬匹這麼明確的恐懼。也許有人認為，發現一匹馬只要看到黑帽子就驚惶逃竄並不是什麼難事，其實不然。你只要運用邏輯思考一下，我們每一天、每一秒都有無限量的資訊輸入感官，而我們的感知世界之所以不會陷入一團混亂，唯一的理由就是神經系統會自動過濾大量的資訊，自動注意某些事情，而不管其他的事。這就是「不注意的盲目」，過濾掉你不在乎的事情。

一般而言，人類的神經系統不會特別注意到黑帽子或其他枝微末節，然而動物的神經系統卻專門注意細節，因為跟正常人的額葉比起來，牠們的額葉發育比較不發達。動物害怕黑帽子的原因是，第一，牠注意到黑帽子，第二，因為一旦恐懼產生之後，牠的額葉沒有足夠的能力去分析並且抑制對黑帽子的恐懼。

這匹馬的飼主竟然能夠發現黑帽子是造成馬匹恐懼的原因，實在讓我刮目相看，她能夠看穿馬匹的眼睛，這是很罕見的能力。

她跟我一起診斷這匹馬，我們想知道，實際導致牠恐懼的變數到底是什麼？我們有沒有辦法訓練牠不受這個變數影響？我們很快就發現牠只注意到黑帽子。我們兩人用盡手邊所有的帽子來測試，例如紅色棒球帽、裝燈泡的棒球帽、白色牛仔帽等。唯一讓牠感到不安的是一頂黑色牛仔帽，一定得是黑的才行。

牠實在很怕黑帽子，我甚至不必戴上帽子，牠就開始焦躁不安。即使我站在牠面前完全靜止不動，只是手裡拿著黑帽子放在腰際，牠就開始往後退，目光直直地瞪著我，但是眼睛卻只看到那頂黑帽子。那頂黑帽子讓我變成壞人。牠對帽子的位置也很敏感，帽子愈接近頭部，牠就愈不安。

所以問題都出在黑帽子的身上，也只有黑帽子才會出問題。之後，我們試著降低這匹馬的敏感度。講到控制恐懼，只有兩種技巧可以在動物身上奏效，但是效果都不好：降低敏感度與反恐懼訓練。降低敏感度，顧名思義就是讓人或動物慢慢接觸他們所害怕的東西，一次只有一點點，讓他們的恐懼不再那麼敏銳，然後逐漸增加。反恐懼訓練就是把人或動物害怕的東西跟他們喜歡的東西（如食物）並列，藉此建立好的聯結，而消弭壞的聯結。

我們花了很長的時間降低黑帽馬的敏感度，也有一點點成效。最後飼主把黑帽子放在地上，我還可以拉著牠，不至於一直往後退。牠甚至還願意用鼻子去觸摸黑帽子，但是這已經是極限了。

這個經典範例說明了動物特有的一種高度特異恐懼。這匹馬對壞與恐懼的分類就是人類身上的黑帽子，不是白帽子、紅帽子或藍帽子，只有頭上戴著或手裡拿著黑帽子的人，雖然牠也並不特別喜歡看到黑帽子放在地上就是了。

這種情況在動物身上也很常見。我見過一隻雪貂，牠最害怕尼龍滑雪外套的聲音，或許以前有人穿著這樣的外套凌虐牠，而牠卻只注意到這個人外套發出來的聲音，因此這種尼龍布料磨擦到尼龍布料的聲音就讓牠的恐懼發作。還有一次則是在一間動物園裡，園內的工作人員跟我說，園裡的黑猩猩害怕粗麻布的聲音，因為牠們剛剛被捕獲的時候，就是被綁在粗麻布袋裡。如果你把一塊粗麻布放進籠子裡，牠們會立刻把粗麻布埋到稻草堆底下，眼不見為淨。

高度特異

知道動物的高度特異到什麼樣的程度，是一件很重要的事，因為若是不知道的話，就無法讓動物適度地社群化。我在一家肉品包裝工廠裡看到，一群牛生平第一次看到走路的人時，竟然集體捉狂，因為在此之前，牠們只看過騎在馬背上的人。這群牛是精心豢養的動物，工作人員對待牠們都很平靜、很溫柔，但是當牠們看到有人走路，竟然會驚惶失措，還差點踩死了那個人。牠們在大腦裡的分類，只有騎馬的人或者是像半人半馬的怪物，牠們知道騎在馬背上的人是安全的，但是並不會進一步引申出，走路的人也是安全的。

另外還有一個例子。發明無反抗訓練法的著名馴馬師許瑞克（Richard Shrake）曾經說過，訓練一匹馬讓你只從左邊或右邊上馬，是很重要的一件事，因為對馬匹來說，左右兩邊是完全不一樣的。如果一匹馬向來習慣讓人從左邊上馬，一旦有人想從右邊上去，牠可能會猛蹬後腿或狂奔，這是很危險的事。

狗也是一樣。最近我跟一位女士聊了一些很有趣的事，她養了一些混血的狼做為寵物（我絕對不會建議大家這麼做）。她說，如果要養混血狼做為寵物的話，就必須在牠們四到十三週大的這段時間訓練牠們社群化，教導牠們所有的人都是好人，而不只是男性飼主而已。否則牠們會認定飼主是好人，其他的則一律都是敵人。不管是女人、小孩、幼兒、嬰兒，都必須分門別類，讓動物熟悉每個類別的不同個體。不只要讓牠們熟悉飼主的幼兒，還要讓牠們知道所有的幼兒都沒有問題；不只是飼主的太太沒有問題，所有的女人也都沒有問題，以此類推。

從另外一個角度來思考這個問題，就是動物沒有引申推論的能力，牠們不會從「男性飼主是好人」這個概念，推論到「男性飼主和郵差是好人」。一般人則剛好相反，因為一般人最常犯的錯誤就是過度引中。所謂的刻板印象就是一種過度引申，比方說，所有的女人都如何，所有的男人都怎樣之類的說法。一般人會很自然地引申推衍，但是你卻必須主動教導動物把所有的女人都包括在「女人」這個類別裡。（動物確實會分門別類，這也是一種推論，我在下一章還會討論到。）

我發現即使是和動物相關的專業人士，似乎也不知道動物心智的這個層面，因為這跟他們平常認知宇宙萬物的方式相差了十萬八千里。即使馴獸師或處理動物的人頗能分析到底是什麼東西嚇到動物，但是一般人還是很難體會動物的情緒。神經脆弱到連一些小細節都會讓你嚇個半死，到底是什麼滋味？

儘管我也算是相當高度特異的人，但是我仍然不知道答案。不過我想，這很有可能是一種對於未知的恐懼。

對未知的恐懼是普遍的現象。每個人對於不知道的事情都有點恐懼，不過人類當然也喜歡有限度的嚐鮮與變化，動物也是如此。牠們害怕未知，卻也受到未知的吸引。

仔細想想，其實動物一直都在面對未知的事物。對於從未見過人類下馬的動物來說，一個靠兩條腿走路的人簡直就是外星人。因此我認為，要在可能的範圍之內儘量知道動物腦子裡在想些什麼，最好的辦法就是不斷地自問：「如果現在眼前看到的東西是我這一輩子都沒見過的，心裡會有什麼感覺？」

有個朋友用一個比喻來形容牛群第一次看到有人用兩隻腳走路時的驚恐。「假設我坐在客廳裡看書，」她說，「抬頭突然看到窗外人行道上有個陌生人，頭下腳上，用雙手撐地走到我的門口，還一副若無其事的樣子，我可能會嚇個半死！」她說，光是想像就已經讓她毛骨悚然。

大概任何人都會被這種情況嚇倒。當你看到從未看過的東西或是沒有預期會看到的東西，就會有點恐懼。這是我們的求生本能，所以當我們面臨未知事物的時候，主宰求生的大腦部位就會啟動，並且開始對著我們尖叫：「這是什麼！？這是什麼！？」還有「這有沒有危險？」

恐懼與好奇

我在第三章提過牛群那種既好奇又害怕的情緒。

談到動物這種既好奇又害怕的情緒，其中最有趣的現象是，最害怕的動物通常也是最好奇的動物。你一定會以為正好相反，像鹿或牛這些膽小的獵物動物在看到牠們不認識的陌生事物時，應該會嚇得立刻逃之夭夭才對。

然而，事實並非如此，愈是害怕的動物，就愈可能去探索異物。印地安人就是利用這個道理來捕捉羚羊，他們手裡拿著旗子，躺在地上，然後等羚羊好奇地靠過來之際，立刻跳起來獵殺羚羊。我從未聽過印地安人用這種方法來獵殺水牛，我猜那是因為他們從來沒有這麼做過。水牛是大型骨架的動物，而我們都知道，骨架大的動物一定不像骨架小的動物那麼膽小害怕。我的推測是，即使水牛看到草原正中央有一面旗子隨風招搖，牠們也不會像羚羊那麼好奇地去看個究竟，因為水牛不像羚羊那麼害怕，畢竟牠們是體型大又身強力壯的水牛，有什麼好怕的？但是嬌小的羚羊卻有很多值得害怕的東西，所以牠們才會一直想要探個究竟。

在馬匹身上也可以看到類似的差異。阿拉伯馬的骨架較小，也比較浮躁，而克萊茲代爾馬就比較鎮靜。如果你把阿拉伯馬跟克萊茲代爾馬放在一起，然後在柵欄上掛一面旗子，結果一定是阿拉伯馬先走近旗子去看個究竟，克萊茲代爾馬則一定是最後才會靠過去。好奇與恐懼確實是連袂而來的。

雖然沒有人能夠百分之百肯定，不過恐懼似乎也跟智慧呈正相關。我會提到這一點，是因為任何一位馴馬師都會跟你說，阿拉伯馬最聰明。如果我們真的發現神經緊張的馬比沈穩冷靜的馬更聰明的話，可能是因為緊張的馬比較會去探索週遭環境，學習較多的東西，並且在過程中變得更聰明。

新鮮的新事物

我想，這一切只說明了一點，動物比人類更常會突然接觸到牠們從未見過的嶄新事物。首要原因是動物的生活經驗比我們狹隘，別的姑且不說，動物不看書、不看電視，因此不像人類一樣有大量的替代經驗。比方說，很多人都沒有親眼見過埃及金字塔，但即使我們真的看到了，也不會大感震驚，因為我們早就在照片上看過了。

其次，動物的高度特異性也表示牠們會一直面臨從未見過、聽過、碰過、嗅過或嚐過的新奇事物。如果你是高度特異的人，也看過不少大型狗，但是卻沒有見過臘腸狗，那麼當你第一次看到臘腸狗的時候並不會自動將牠歸類成一隻狗。我們不知道動物有多麼的高度特異，但是我們卻知道牠們高度特異的程度一定比沒有自閉症的人要高。我想，也許這就表示動物會比人類更常遭遇到新奇事物，因為人類會自動將新事物歸納到舊有的類別。

正因為如此，我小時候第一次看到臘腸狗時，才會完全摸不著頭腦，因為我也是高度特異。對我來說，那隻臘腸狗是個全新的生物，而在一般人的眼中，那只不過是一隻狗罷了。

動物的恐懼如何加劇

動物的恐懼會瘋狂蔓延。

我曾經提過，人類的恐懼也會蔓延，但是動物的恐懼卻是以高度特異的方式蔓延。我有個很好的例子。馬克的「紅狗」最怕熱氣球，老遠看到空中有個像小黑點似的熱氣球，牠就開始捉狂。

科羅拉多州有很多熱氣球，最初是有個熱氣球的燃燒器在紅狗家的正上方加速運轉，嚇到了牠，此後牠就愈來愈怕熱氣球，跟李賓博士所描述的狀況完全一致。牠的恐懼只會加劇，不會減輕，而且恐懼的對象還蔓延到所有其他的熱氣球，不管距離多遠都一樣。

人類的恐懼也會如此加劇，但是紅狗這種開枝散葉的恐懼方式，我想在人類身上是看不到的。最近在牠恐懼的清單上又新增一筆，有人在電線上放了一些紅色的空中標示球，以免飛機誤撞電線，紅狗只要一看到這種紅色的標示球，就開始發狂。

有一天，牠看到油罐車後方的紅色警告標誌，也突然像發了瘋似的狂吠不已。

以前我並沒有仔細思索紅狗所害怕的東西，直到我看了李賓博士的書之後，這才恍然大悟，原來「紅狗」懼怕的都是同樣的東西，只不過有不同的版本而已。這三樣東西都是圓的、紅色的物體，而且看到的時候都是襯著藍天為背景。油罐車也是圓的，尾端漆成紅色，而紅狗看到油罐車時正好坐在馬克的貨車後面，從這個角度看出去，或許正好看到油罐車的周圍都是藍天。

人類的恐懼若是從原始恐懼的事物蔓延到其他原本應該是中性的事物或情境時，李竇博士稱為過度推衍（over-generalizing），也就是恐懼引申過頭。越戰老兵聽到汽車引擎逆燃的爆破聲就嚇得跳了起來，正是因為他們從槍聲過度推衍到汽車引擎逆燃的聲音。

紅狗也是如此，不過牠是以高度特異的方式過度推衍。

人類也可能會有高度特異的過度推衍，像越戰老兵聽到汽車引擎逆燃就跳起來，即是一例。不過動物卻始終如此。我想，沒有人會從害怕紅色的熱氣球變成害怕油罐車的紅色車尾。

動物過度推衍恐懼，似乎都僅限於第一次受到驚嚇的感官途徑，因此紅狗的恐懼推衍都只限於牠看到的東西。人類或許也會這樣，但是在我印象中，人類過度推衍出來的恐懼經常比動物合乎邏輯，也更有概念。舉例來說，我聽說過有人從恐懼搭飛機衍生成恐懼搭電梯，這就跟從恐懼熱氣球蔓延到恐懼空中標誌有所差別。如果你在搭電梯時發生意外，電梯從半空中摔下來幾乎跟墜機一樣都會死人，但是空中標誌卻絕對不會像熱氣球一樣在你家屋頂上方轟隆作響，把你嚇個半死。因此，電梯與飛機在概念上是相通的，而紅色的熱氣球與紅色的空中標誌卻只是在感官知覺上有所關聯。

動物恐懼與人類恐懼之間的差異，或許是因為動物對這個世界知道的比我們少的緣故，畢竟是我們造就了這個人工世界，而不是動物。紅狗不知道熱氣球、空中標示球與液態氮輸送車的作用。

就算這是真的，你得永遠記得，動物推衍的恐懼都是在相同的感官類別，而不是相同的概念類別。黑帽馬推衍的恐懼是黑色的牛仔帽，而不是隨便一頂帽子。（我實在很想用黑色的大皮包來試試看，我很想知道是不是外型類似黑色牛仔帽的任何東西都會讓牠感到恐懼。）動物的恐懼不但是高度特異，同時也以高度特異的方式蔓延擴散。

讓動物的生活免於恐懼

動物跟人類一樣，都有創傷後的恐懼和一般古老的日常恐懼，兩者之間有所差別。對動物來說，創傷後的恐懼總是很棘手，非但永遠不會消除，而且還會蔓延。就算你能夠找到相當有效的反恐懼行為療程，動物終其一生都必須持續這種恐懼治療，是吃力又不討好的工作。

日常恐懼則不一樣。除非動物天生就是緊張大師，否則日常生活中的普通恐懼不至於毀滅牠的生命，當然也不會毀掉你的生命。問題在於，我們很難預料哪些經驗會造成動物的心靈重創，哪些則只是小小的刮痕。

養狗的飼主在決定要不要設置隱形圍籬時，就會面臨這樣的謎題。所謂隱形圍籬就是由無線電訊號所設立的界線，這個訊號會傳送到狗項圈的接收器，一旦狗太靠近這條界線，就會聽到警告的嗶嗶聲，如果牠不理會這個警訊，繼續往前走的話，就會遭到電擊。你可以想像成是一條嗶聲電擊圍籬，而不是有形的鐵絲柵欄。隱形圍籬在大多數情況下都還算有效，我會建議每個養狗的人都裝一個，但是我也擔心，萬一他們真的花了數百美元到一千五百美元不等的代價，結果卻發現這個東西製造的麻煩比他們寵物的價值還多，到頭來可能會找我算帳。

有些狗不怕隱形圍籬的原因，跟疼痛程度與恐懼程度都有關係。像獵犬這種低度恐懼、低度疼痛的狗（不論是黃金獵犬或拉不拉多），有時候會直接衝過圍籬。我認識的一家人養了一隻黃金獵犬，牠可以從庭院衝出隱形圍籬，但是卻不肯衝回來，因為牠不想再被電擊一次。顯然牠在大逃亡的時候並不在乎遭到電擊，但是如果要牠為了回家再被電一次，就覺得太不划算。

這就造成了很大的困擾，因為在那條街上有一家人很怕這隻狗，雖然牠從未對這家人做過什麼壞事。偏偏牠每次逃亡，就一定直奔這家人的房子，牠會撲倒在他們家門口，躺在那裡等主人來帶牠回家。也許牠發現，每次牠躺在這家人門口時，主人總是最快出現。當然這也沒錯，因為受驚的這家人只要看到那隻狗就驚恐萬狀，每五秒鐘撥一通電話給狗主人，而主人一接到電話，自然就會在第一時間趕來把狗帶回去，因為他們也知道受驚的這家人有多生氣。在狗主人抵達之前，這家人會嚇得不敢出門，坐在屋子裡一直往外看。狗主人自然也氣急敗壞，擔心萬一他們不在家時又發生這種事該怎麼辦？這隻狗不知道哪一天又會衝破隱形圍籬，把這家人困在屋子裡不敢出來，萬一這時候發生了什麼緊急況狀該怎麼辦？

我還聽過有一隻傑克羅素㹴犬也會衝破隱形圍籬，只因為牠的伙伴（一隻獵犬）衝過去了。大獵犬毫髮無傷地衝過去，小㹴犬則趴在地上，看著牠知道會遭到電擊的地點，最後才一鼓作氣衝過去。告訴我這個故事的女士說：「牠決定要接受電擊！」我相信如果牠是獨居或是家裡的另外一隻狗不是獵犬的話，牠應該會乖乖地留在原地，然而牠絕對不會讓自己的伙伴落單。

低度恐懼（或低度疼痛）的狗，就可能會有這種麻煩，這種情況不常見，但是確實有可能發生。至於高度恐懼的狗會產生的問題，就比較棘手了。我從未聽說過有狗因為隱形圍籬的電擊而徹底崩潰，不過卻看過一些近乎崩潰的案例。有些狗害怕誤闖界線，因此不管有沒有戴項圈，都拒絕從這裡經過，甚至連主人用狗鏈拉著牠們去散步，牠們也不願意越雷池一步。必須要抱著牠們，甚至硬拖著牠們，才能跨越這條界線。

這還不是最可怕的情況。我聽說過有一隻柯利牧羊犬，就因此懼怕自家的庭院，甚至喪失了最基本的家居訓練，開始在屋子裡大小便。如果飼主強迫牠出門，牠會站在陽台上狂吠，直到飼主放棄，讓牠回到屋子裡為止，然後又在地毯上大便。

這些都是很不尋常的案例。大部分的狗都還是開開心心地生活在隱形圍籬內，當你用狗鏈拉著牠們跨越圍籬時，牠們也不會驚慌失措。不過就算隱形圍籬的效果卓著，你還是得控制全局。雖然動物恐懼跟人類恐懼一樣都是永不磨滅的，但是對於還不足以形成恐懼症的恐懼，牠們也會做實地測試。

我曾經聽說過這種情況。有位女飼主替她的兩隻小狗設置了隱形圍籬，效果就跟仙丹一樣靈驗，但是每天早上要記得替小狗套項圈，卻是苦不堪言。（她不喜歡讓狗晚上戴著項圈睡覺，因為其中一隻皮膚過敏，金屬項圈會磨擦到狗的皮膚。）因此她決定一開始的幾個月機警一點，等到小狗認為出門遭到電擊是理所當然的事情之後，就不必擔心小狗會沒有戴項圈就跑出去。她說，這個做法是根據她在大學時代唸過的一段故事，故事是說史基納如何訓練綿羊待在鐵絲柵欄內，然後用象徵性的絲線取代鐵絲纏繞在柱子上，結果這群綿羊都還是乖乖待在柵欄內，並沒有嘗試要衝破柵欄，雖然那是輕而易舉的事。

我不記得在史基納博士的著作中看過這個故事，如果這真的是他的發現，我會感到很錯愕。在我的實驗中，有些動物不會去測試圍籬，但是有些動物卻會。那位女飼主就是養了兩隻會測試圍籬的狗。剛開始的時候還算有效，兩隻狗不管有沒有戴項圈，都不會靠近圍籬的界線。從牠們的行動中也看不出來牠們把電擊跟項圈聯想在一起，因為每次她把項圈拿下來，要帶牠們去散步的時候，都得硬拖著牠們跨越界線，所以不管有沒有項圈，牠們都害怕遭到電擊。

過了一陣子之後，她就不再掛念著每天一早起床就要替狗戴項圈的事，結果大錯特錯。有一天早上，她坐在屋外看報紙，發現兩隻狗跑到屋子旁邊的小丘上，跑上去幾呎又跑下來，牠們好像來回跑了好幾次，但是她並沒有認真注意牠們的行動，也不太確定。她以為兩隻狗非常靠近電擊的界線，但是並不特別擔心，因為她想這兩隻狗已經跟史基納博士的綿羊一樣，完全被制約。

可是才一轉眼的功夫，狗就不見了。牠們在外面遊蕩了好幾個鐘頭，也許還跑到附近的小池塘邊嬉耍了一陣子，此後就再也管不住了。只要戴上狗項圈而且電池還有電的時候，牠們就會乖乖待在家裡，但是如果她一個閃神，忘了檢查電池或是偷懶忘了在早上替狗戴上項圈，這兩隻狗要不了多久就會發現自己是自由之身。

我不知道牠們是怎麼發現的，不過聽起來牠們好像是做了狗狗版的實地測試。飼主發現，每次她有好幾天忘了替狗戴項圈，同樣的情況就會重覆發生。首先，不管有沒有項圈，兩隻狗會待在隱形圍籬的範圍之內，接著，牠們開始擴張活動範圍，比項圈允許牠們走的界限稍微更遠一點，但是也不會走得太遠，不久之後，牠們就一溜煙地跑掉了。

她不解的是，狗怎麼知道擴張活動範圍不會有事呢？她帶著牠們跨越界線去散步時，牠們還是會害怕，為什麼會自己跑去測試圍籬呢？

牠們也許可以感知到人類無法接受的訊號。我猜牠們在接近警告聲響起的地點之前，會感覺到某種輕微的震動或聽到接收器傳出來的預警聲，也就是說，在正式警告聲響起之前，牠們已經接到預警訊號。一旦小狗沒有接收到這種預警的聲音或感覺，就開始測試邊界範圍。

我會有這樣的揣測，是因為牠們從未觸動警告訊號聲，也就是說，牠們可以知道什麼時候安全，可以將活動範圍往前推進一點。如果牠們只是偶爾零星地測試看看界線是否存在的話，那麼在牠們戴著項圈的時候，也就是多半的時候，應該會觸動警訊才對。

然而，這兩隻狗就真的這樣做了。馬克吐溫對於貓坐到熱爐上的說法，其實並不全然正確。「牠絕對不會再坐到熱爐子上，這當然很好，」他說，「但是牠也絕對不會再坐在冷爐子上了。」這種說法只對了一半，如果這樣的經驗讓這隻貓嚴重灼傷而造成終生的心理創傷，或者這隻貓的灼傷並沒有太嚴重，但是除了喜歡居高臨下之外，沒有什麼特別理由去坐在爐子上，那麼這種說法就可以成立。如果這隻貓並不是徹底地恐懼爐子，只是心生警惕，又或者爐子上堆滿了好吃的肉，那麼我想大部分的貓還是會再回到爐子上去。

脾氣與性情才是最重要的事，天性裡有太多恐懼或太少恐懼的動物，都很難共處，也很難管理。飼主和馴獸師必須依動物的性情不同，修正他們訓練方法。處理牛馬這類大型獵物動物時，如果手法不當，確實可能讓牠們變成危險動物。一隻完全正常的牛或馬，很可能會變成繞著圈子旋轉，並且用雙蹄踢人的旋踢動物。如果發生這種事情，那麼你就是把獵物變成了殺手，這實在太荒謬了。

如果飼主用粗暴的手法來訓練牛馬接受籠頭和韁繩，就可能會發生這樣的事情。他們在動物身上放了厚重的籠頭和六呎長的韁繩，然後把牠綁在柱子上，讓牠去跟木樁奮戰直到筋疲力竭為止。飼主原來的用意是要訓練動物冷靜地跟著韁繩走，但是他們不是輕輕地套上籠頭、綁好韁繩，讓動物在自己的畜欄內慢慢熟悉這種感覺，反而覺得必須來個下馬威，挫挫牠們的反抗力。

這種訓練方法很可怕，但是依動物的性情不同，尤其是天生膽怯的程度，會有不同的效果。冷靜的動物，如賀斯敦乳牛，就會逐漸習慣，牠們也許先倒退掙扎一陣子，但是終究會安分下來，接受這種情況。儘管這是一種愚蠢的訓練方式，但是牠們還是逆來順受。至於比較敏感、恐懼的動物，如果也用這種方法來訓練的話，就可能變得怯懦、容易受驚而且無法管理，這樣的動物終其一生都不會接受籠頭與韁繩。

然而，真正可能變成危險份子的，卻是介於冷靜與恐懼之間的那些中等性情的動物。你若是把牠們綁在木樁上，牠們會害怕，而且一直處於恐懼狀態，但是卻不會失去控制。像這樣的動物才會學著旋轉猛踢。賀斯敦乳牛這種天性冷靜的動物，根本不在乎被綁在木樁上，因此也不需要學習旋轉猛踢，因為牠們並不覺得自己的生命受到威脅。至於天性膽小的牛或許會覺得自己的生命受到威脅，但是牠們太過驚恐，反而什麼都不會做。脾氣介於兩者之間的牛，有足夠的恐懼學習殺人技巧，而且經歷過粗暴的籠頭與韁繩訓練之後，牠們知道自己身上配備了兩尊巨砲：雙蹄。

—

我把高度恐懼的動物稱之為恐懼怪獸，因為牠們完全受到驚恐壓制。我曾經看過賽樂牛變得如此驚狂，竟然整個躺在地上打滾，其中一隻母牛的腳還因此卡在裝卸貨的平台上，卡車很可能將牠從膝蓋以下截肢。我曾經看過這種情況發生，實在太恐怖了。阿拉伯馬也是一樣，這些動物都是恐懼怪獸，牠們甚至在驚恐之中自我毀滅。

不過賽樂牛也有優點，牠們擅長找尋飼料，也是很好的母親。賽樂牛是在法國山區育成的乳牛，牠們會到處去找草地，足跡甚至遍及山坳裡的每個角落，都是又老又肥的哈佛特牛連想都不會想去的地方。此外，如果有任何事物威脅到牠們的牛犢，牠們一定奮戰到底。牠們會遏阻土狼，當然也會遏阻你，如果你企圖對小牛不利的話，所以得非常小心才行。

相對而言，賀斯敦乳牛因為太冷靜，反而是很糟糕的母親。牠們是經過育種繁殖的選擇才變得如此鎮定，藉以增加泌乳量，結果卻在繁殖過程中，把牠們保護牛犢的母性也剔除了。如果土狼真的要來搶牠們的小牛，肯定會得手，因為沒有什麼能讓賀斯敦乳牛激動。此外，賀斯敦公牛也可能很危險，因為牠們沒有什麼恐懼。

是素行不良？還是恐懼作祟？

我看到很多馴獸師與飼主都有一個大毛病，他們不知道動物在什麼時候是因為恐懼才產生不當行為。我認識一隻狗就有恐懼驅使的侵犯行為，主人帶牠出去散步時，不管什麼時候只要有人靠近，牠就開始狂吠。這隻狗是因為恐懼才狂吠，但是狗主人並不知道，所以當這隻狗一直叫個不停，完全不理會主人叫牠安靜的命令時，狗主人開始生氣，最後也對著狗大吼大叫。然而，這只會讓情況惡化，因為那隻狗以為主人歇斯底里的尖叫代表需要牠的保護，於是牠就叫得更瘋狂。

在這個案例中，這名飼主還算幸運，因為在還沒有造成嚴重傷害之前，她就發現問題出在哪裡。她知道這隻狗是因為恐懼才變得暴躁之後，就立即採取全新的作法。其中之一就是當腳踏車從她們身旁經過時，立刻停下腳步，讓狗坐下來，而她則輕輕地撫摸著狗，並且小聲地跟狗說，一切都沒有問題。如此一來，她就能安撫狗的情緒，而狗表現在外的行為也就比較冷靜。（腳踏車是特別棘手的問題，因為腳踏車上面不但坐著一個可怕的陌生人，而且還會動，會誘發狗去追逐移動物體的天性。）

我先前提過，不管動物的脾氣性情如何，我向來都反對以懲罰做為教育的手段，唯一的例外是矯正受捕獵驅使的追逐行為，例如追逐慢跑的人或單車騎士等行為。然而，懲罰在某些動物身上造成的後遺症，遠比對其他動物的影響要更嚴重。比較鎮靜的動物對懲罰可以應付自如，但是有些緊張的動物如果過度承受飼主的怒氣，很可能會完全崩潰。

對動物也要因材施教。高度恐懼的動物，需要高度溫柔的手法來處置，當然低度恐懼的動物也未必需要粗暴的手段，但是牠們面臨粗暴的手段，也還不至於情緒崩潰就是了。我阿根廷見過一些帕索芬諾馬（Paso Fino），不管飼主用什麼手段訓練牠們，似乎都是逆來順受。馴馬師還真的是凌虐牠們，不但硬是把馬匹打到聽話為止，甚至還有鐵絲綁在圍繞馬匹口鼻的繫帶。繫帶是馬匹臉部兩側的短皮帶，用來連接綁縛馬鞍的腰帶，通常繫帶都是鬆鬆地綁著一條寬皮帶，然後套在馬匹的鼻子上。繫帶的作用是防止馬匹突然抬頭，也有一些馴馬師認為，繫帶可以避免馬匹向後退。不過繫帶卻會讓馬匹捉狂，所以沒有理由綁得太緊，更沒有理由去綁上鐵絲，割傷馬匹的口鼻。

那裡的馬，每一匹的鼻子上都有一道四分之一吋的凹痕。如果你在阿拉伯馬的身上如法炮製，牠們肯定會發瘋，而且終其一生都不能騎。帕索芬諾馬是低度恐懼的馬匹，忍耐性十足，但是他們痛恨人類。我一碰到牠們額頭上的毛，牠們的耳朵就立刻向後躺平，露齒示威，不過牠們生氣的程度到此為止，因為牠們知道，如果咬你一口，就一定會挨打。實在沒有理由讓動物痛恨人類至此。

有些馴馬師信誓旦旦地說，粗暴的手段才有效。但是有趣的是，仔細看看這些馴馬師所訓練的馬，都是骨骼粗大、低度恐懼的馬匹，不管受到什麼待遇都會忍氣吞聲，要是換成神經緊張的馬匹，恐怕早就情緒崩潰了。有一次，馬克就在賽馬場上發現這一點。粗暴的馴馬師手下個個都是高頭大馬，他們都一致認為阿拉伯馬基本上就是瘋馬，而溫和的馴馬師手下則都是骨架子細、神經緊張的馬匹。

教養小動物

不久之前，我看到一篇關於國土安全警示的文章，裡面有一句話說：「一旦你嚇到了人，就很難讓他們不受驚嚇。」既然嚴重受驚的動物不可能完全恢復受驚前的情緒，因此你必須盡一切可能的手段，避免動物受驚。

首先，你必須讓你飼養的寵物和動物儘量接觸牠們可能碰到的其他動物或人類，而且必須從動物還小的時候就開始。我已經說過動物必須跟其他動物和人類適度交往的重要性，因為這樣才能避免牠們出現侵略行為，其實這種作法也可以避免牠們出現難以控制的恐懼。

如果你擁有一匹馬，就應該儘可能地訓練牠在面對新奇的事物與變化時也感到心安。讓食草動物接受新奇事物的方法很多，你可以在柵欄綁一件黃色雨衣或是在打開車篷時讓動物在旁邊看，什麼都可以嘗試看看。重點是讓牠們知道無法預期的事情會發生，或者至少讓牠們在無法預期的事情發生時，不至於驚惶失措。

這些訓練在動物小時候比較容易，你只要讓牠們跟著母親就行了。你拿新奇的東西給小牛看，如果母牛不驚慌，小牛也就不會害怕。（米妮卡博士在實驗室猴子與蛇的研究中，就發現了這一點。）

動物可以從其他動物身上獲得恐懼的疫苗接種，這一點獸醫或許不會跟你說，不過也是有好有壞。第一，當你養了新的寵物時，必須慎重選擇牠一開始接觸到的其他動物。我就知道一個慘痛的例子。有對夫妻先後養了兩隻博美狗，結果第一隻狗傳授給第二隻狗的所有教誨，全都是錯的，結果令人沮喪。

第一隻博美狗剛到他們家的時候大約兩歲，從太太把牠帶進家門的那一刻起，就對先生怕得要死，這種情況並不稀奇，很多動物都比較怕男人。但是這隻狗對男主人的恐懼已經到神經過敏的地步，讓這對夫妻以為是前一個飼主十幾歲的兒子虐待牠。他們不斷安撫、訓練，希望牠在男主人身邊也能放輕鬆，但是兩年之後，牠還是怕得不得了；如果牠必須跟男主人單獨在家，就一定躲在自己的箱子裡不敢出來。

幾個月前，他們家養的另外一隻老狗突然死了，於是他們又養了第二隻博美狗。這一次，他們確認這隻狗對男人或其他人都沒有情緒困擾，然後才把牠帶回家。

第一個星期，一切都相安無事，新狗不怕男主人，也適應得很好。可是幾乎在一夜之間，牠的態度卻有了一百八十度的轉變，這隻新狗也突然害怕男主人。這位先生沒有對牠做什麼壞事，但是牠卻萬分恐懼。所以現在只要女主人一出門，這兩隻狗就一起擠在箱子裡不敢出來。你一個人在家裡，可是你養的兩隻狗卻不願意跟你說話，這種感覺真是令人沮喪。

我確定新狗的恐懼是從舊狗那裡學來的。在此之前，牠唯一的飼主是個女人，所以牠或許沒有見過很多男人，沒有學會男人無害的教訓。因為動物都是從其他動物身上學會該怕什麼人，顯然恐懼的博美狗就教導新來的，男主人就是牠們應該懼怕的人。

他們當初帶新的狗回家時，應該先讓牠跟男主人單獨共處一段時間，不要讓那隻恐懼的博美狗來搗亂，最好還有另外一隻不怕男人的狗來作伴。他們把新博美狗帶回家之前，必須先施打疫苗，預防這種男主人恐懼症，以免牠從其他狗身上感染這種恐懼。

利用其他動物的角色典範來安撫動物的恐懼心理，是賽馬業界的秘方。撰寫「海餅乾」（Seabiscuit）

傳奇的希林布蘭（Laura Hillenbrand）說，霍華（Charles Howard）剛買海餅乾的時候，這匹馬是個「廢物」，脾氣乖違，體力又差。牠的第一位馴馬師說，海餅乾可以跑，但是卻不願意跑，因此歸因於懶惰。此外海餅乾還有一個毛病，牠拒絕運動維持身材，又是懶惰所致。結果馴馬師的處置方式是在每一場賽馬都瘋狂地抽打海餅乾，並且讓牠參加更多的比賽，遠超過一般賽馬的負荷，他認為海餅乾花那麼長的時間休息，應該可以勝任，而且馬是聰明的動物，「如果負荷不了，自然就會退出」。

這個方法不能奏效。海餅乾算是性情中等的馬匹，因此一再受到鞭打又被迫參加太多比賽，最後只是讓牠更生氣，脾氣變得更古怪。

於是新的馴馬師史密斯（Tom Smith）當下決定，讓牠跟另外一隻動物交朋友，協助牠「消除暴戾」。希林布蘭在書中寫道，有各種離群的動物曾經跟賽馬共同生活，從德國牧羊犬、雞到猴子，不一而足，但是史密斯偏偏選了一隻母山羊，放到馬廄裡跟海餅乾作伴。從接下來發生的事情，你就可以知道虐待一隻中等恐懼的馬是多大的錯誤，「晚餐時間過後沒有多久，馬伕發現海餅乾開始兜圈子，嘴裡咬著那隻不知所措的母山羊，猛力搖晃。牠從馬房的半截門上面，把母山羊拋出來，丟在農莊的走道上。馬伕趕忙跑去拯救牠。」

山羊出局，於是史密斯又找了一隻名叫「南瓜」的拖車馬匹。南瓜是低度恐懼的馬匹，希林布蘭說，牠是養馬人稱為防爆動物的那種馬。南瓜從小在蒙大拿州跟牛群一起長大，「在農場上幾乎什麼事情都經歷過，包括公牛在牠屁股上戳了一個洞。牠堪稱沙場老兵，不管碰到災禍，都泰然以對……南瓜對牠看到的每一匹馬都很親善，甚至還充任替代父親，照顧一些浮躁的馬匹，對整個農莊有鎮定的功效。」史密斯用南瓜做為「馬廄鎮定劑」，而這也正是牠對海餅乾的作用。這兩匹馬後來就一起共度餘生，不久之後，海餅乾又有一隻名叫「波卡」的狗和一隻叫做「喬喬」的蜘蛛猴在農場裡跟牠作伴。

這是海餅乾復原的開始，也是任何人處置浮躁動物時可以採納的原則。你不需要特殊的訓練，只要替動物找到合適的友伴，記得不要把母山羊跟捉狂的純種馬配在一起就行了。

以毒攻毒

如果你所有或管理的動物已經開始恐懼，並且干擾到牠們或你的生活，那麼你的下一步一定是趕快設定降低敏感度或反恐懼訓練的計畫。我在此不會詳談，因為坊間有很好的書籍告訴你該如何進行，而且光靠書本恐怕還不夠，你可能需要聘請專業的馴獸師來協助。

如果環境能夠配合的話，你也許可以嘗試另外一種方法，就是利用動物高度特異的天性去對抗高度特異的恐懼，以毒攻毒。我是從一位牧場管理人那裡學會這一招，他買了一隻受虐馬匹，沒有人可以駕馭，那匹馬遭到前飼主用雙頭馬銜凌虐。雙頭馬銜的中間有個接頭，正好位在動物的舌頭上，所以新飼主只不過換了一套不同的馬勒，改用單片馬銜，問題立刻迎刃而解！（單片馬銜沒有接頭，是完整的一片馬銜。）這一隻受虐動物的恐懼記憶是永遠無法抹滅的，但是新主人只不過是換了一片馬銜，就在短短三十秒鐘之內，讓牠脫胎換骨成為一匹可以騎的好馬。這匹馬的恐懼類別非常明確，「雙頭馬銜是不好的」，但並非「所有的馬銜都不好」，牠並沒有把雙頭馬銜和單片馬銜視為同一類，對牠來說，這就是兩種不同的東西。

我希望自己早幾年就知道這些。我唸大學時，阿姨買了一匹馬給我，名字叫做「熱天」，如果帶著牠慢慢走或小跑步都沒有問題，但是如果你要牠加快腳步快跑，牠每隔三、四次就會踹一下。阿姨用很便宜的價錢跟馬商買了這匹馬，所以才會買到問題馬。結果這匹馬因為太危險，既不能讓我騎，也不能在觀光農場工作，畢竟你不能用一隻會把客人摔下來的馬，最後只好再賣回給馬商。

如果當時我就有現在的知識，我就會把高中時代用的英式馬鞍找出來，再用不同的襯墊放到馬背上去。熱天是在西部受訓的馬，一直都使用西部馬鞍，我敢打賭，如果用英式馬鞍，牠就不會有問題了。牠會以為牠背上的英式馬鞍是完全不同的東西，於是就會有全新的開始。

這個故事的教訓是，如果你生活中的動物所害怕的東西，是可以輕易地遷移的，那你就走運了！

選擇健壯的動物

害怕的動物需要花很多精神去照顧，因此你若是希望寵物能夠輕易地融入你的生活，就應該選擇性情鎮定、不易受驚的動物。其實這並不難，不過若是挑選剛出生的小動物，就沒有人能夠保證牠們的性情如何，這就跟人類生小孩一樣，完全沒有任何保證。

我已經說過，混種狗是最安全的選擇。純種狗都毀在繁殖人員的手下，即使好的繁殖人員也不例外，因為當你過度選擇某種特徵，就一定會出問題。從公雞強暴犯這個案例就可以看到，過度選擇單一特徵，最後神經系統就會出毛病。

不過還是會有一些好的品種，即使像洛威拿和比特鬥牛犬這一類危險的品種，也還是會有一些貼心聽話的好狗。但是不要聽信別人說洛威拿或比特犬的侵略性是一種「迷思」，因為真的不是。性情與外貌是彼此相關的，可惜我們並不清楚兩者之間的聯繫何在，但是我們確實知道是有關聯。

我最喜歡用貝爾耶夫（Dmitry Belyaev）在俄羅斯針對銀狐培育所做的實驗，做為性情與外貌彼此相關的例子。貝爾耶夫博士本身是基因學家，他相信我們在家畜身上看到的特徵，都是天擇的結果，狗之所以成為我們現在看到的狗，是因為牠們的行為有助於生存與繁殖。

為了證明他的假設，他利用銀狐開始研究天擇過程。他想知道，野生銀狐在經過幾個世代之後，能不能變成跟狗一樣被人類馴服，因此在每一個世代，他都只允許最「馴服的」動物，也就是最能容忍與人類接觸的狐狸，交配繁殖。

這個實驗計畫從一九五九年開始，到了一九八五年他去世之後，又有另外一批研究人員接手繼續做。實驗的時間前後長達四十年，狐狸總共歷經了三十幾個世代的「馴服」選擇培育，現在這些狐狸都很溫馴，不過跟狗比起來還是略遜一籌。研究人員表示，這些狐狸小時候還會彼此爭寵，嗚咽哭叫、搖尾乞憐，爭取人類的關注。牠們被人類馴服了，就跟貝爾耶夫的假設一樣。

有趣的是，牠們的外貌也隨著個性產生變化。第一個改變的就是皮毛顏色，從銀色變成黑白相間，跟邊境柯利犬一樣。從照片上看起來，牠們也神似邊境柯利犬，尾巴開始捲曲，有些狐狸的耳朵也開始下垂。耳朵下垂很好，因為達爾文曾經說過，沒有任何一種馴養的動物沒有下垂的耳朵，至少在發現這種動物的國度裡沒有。我覺得這種說法不完全正確，因為我就想不起來，在哪一個國家、哪一個品種的馬匹有下垂的耳朵。雖然其他每一種家畜都至少有一、兩個品種會有下垂的耳朵。至於野生動物中，只有大象的耳朵是下垂的。

看著這些狐狸的照片，我發現牠們的骨架也變得比較粗大，這原本就在我的意料之中，因為骨架細小的動物神經也比較緊張。貝爾耶夫要培育出冷靜的狐狸，所以從一開始或許就選擇體型較大、骨架較粗的動物。

馴服的狐狸除了體型與行為上的變化之外，大腦也跟著產生變化。牠們的頭比較小，血液中的壓力賀爾蒙濃度也比較低，大腦中反而是抑制侵略性的血清素濃度較高。另外一個有意思的變化是，公狐狸的頭骨已經雌性化，牠們頭骨的形狀比野生公狐狸更像母狐狸的頭骨。

一如預期的，他培育的狐狸當中，有些就產生了神經方面的毛病。牠們罹患癲癇症，頭部開始往後仰，擺出一種很奇特的姿勢，有些母狐狸甚至吃掉自己的孩子。過度選擇的純種培育總是會出大紕漏。

我擔心過度選擇而培育出有冷靜性格的黃金獵犬與拉不拉多也會有同樣的問題。最近，黃金獵犬開始出現一些不尋常的侵略性格，至少有一名飼主跟我說過，黃金獵犬變成過動的動物。她養黃金獵犬已經好多年了，同一時間都至少有三、四隻黃金獵犬，所以會注意到牠們變得不一樣。雖然只是個人經驗，不過她所說的情況跟貝爾耶夫的實驗是一致的。這名飼主並沒有看到任何侵略行為，但是可以預料到，過度冷靜的狗到最後侵略性都愈來愈強，因為恐懼原本替侵略行為把關，而黃金獵犬經過選擇培育之後，都變成低度恐懼的動物。侵略行為也跟大腦的癲癇活動有關，如果黃金獵開始出現類似癲癇的大腦活動（並不一定是明顯的重大癲癇發作），就可能出現侵略行為。

選擇混種狗時，最好挑選一看到你就自動靠過來、主動與人親善的狗。在養狗場或收容所裡，很多混種狗都有嚴重的情緒困擾，所以你很難判斷牠們在適應新家之後會變成什麼樣子。不過即使在動物收容所內，天生性情溫和的狗還是不會出現受驚的樣子。

然而，新精舍修士卻有截然不同的建議。他們說，一窩小狗裡總是會有獨行俠、侵略者與隱士，而你不應該挑選第一個向你跑來的小狗，因為那會是一隻支配犬，也最有可能產生行為問題。我並不完全認同他們的說法，尤其是講到混種狗的時候。新精舍修士專門訓練德國牧羊犬，或許他們的觀察都是根據牧羊犬或洛威拿的行為，這些狗都是專門培育出來做守衛犬的。如果你挑選的是天性緊張或害羞的品種，那麼我想你一定應該選擇一窩小狗中最外向的那一隻。

挑選小狗時，給牠們做一個簡單的驚嚇測試，也不失為一個好方法。突然拍手或跺腳，看看牠們有什麼反應。小狗突然聽到很大聲的音響，應該會自然地退縮一下，但是如果有小狗嚇得轉頭就跑，甚至跑到籠子或紙箱的角落裡蜷縮起來，那麼最好不要選。馴狗師也用類似的測試方法，來挑選最適合當工作犬的小狗。他們用四、五節鐵鍊串在一起，然後在離小狗約四呎遠的地方，重重地摔在地板上。真的因此受到驚嚇的小狗，就不適合做為協助殘障人士的工作犬。

從骨骼大小也可以看出很多端倪，儘量選擇骨骼強健、皮厚肉粗的小狗，但是未必要養一隻百來磅重的怪物，只要不選那些骨骼細緻瘦小的狗就行了。選馬也可以運用同樣的原則。

不過判斷幼馬的性情，還有另外一項特徵指標，鬃毛螺旋的位置。鬃毛螺旋是所有牛馬臉部上方都會有的一塊圓形「捲毛」，愈緊張的動物，捲毛的位置就愈高。第一個發現這個特徵的人是我和馬克，不過馴馬師很早以前就口耳相傳，螺旋位置愈高的馬就愈聰明。我和馬克則發現，真正的差別不在牠們聰明與否，而是恐懼程度，高度恐懼的動物多半比較聰明，這是馴馬師看到的重點。馬克替馴馬師和他們所訓練的馬匹種類交叉比對時，發現粗暴馴馬師手下訓練的馬匹都有較粗大的骨骼與較低的鬃毛螺旋。

我先前已經提過，儘管毛色沒有關係，不過在領養或購買動物時，要避免膚色太淡的動物。如果小狗的身上有太多白化症的特徵，例如藍眼睛、粉紅色的鼻子、身上大部分都是白毛等，我就會敬而遠之。

大部分的野生動物要不是只有單一顏色，就是全身都是斑點雜色，只有家畜才會出現身體大片區域的皮毛都是白色，卻有小部分的雜色斑紋。（斑馬和臭鼬都很接近，但是牠們或許有太多的黑色皮毛，所以不能算是雜色斑紋。）貝爾耶夫的狐狸一開始大部分都是灰色，後來牠們愈來愈馴服，有些就出現黑白兩色的雜紋，就跟你看到的邊境柯利犬一樣。

我一直都很注意身上皮毛有白色區塊的動物，我發現這樣的動物似乎不像身上沒有白色皮毛區塊的動物那麼害羞怕生。在荒郊野外跟野生黑熊一起生活的基爾漢（Ben Kilham）就替他認識的一隻熊命名為「白心」，因為這隻母熊的胸口有一撮白色的毛。白心是最友善的熊，是基爾漢可以靠得最近的一隻熊，然而牠卻也第一隻被獵人打死的熊，因為牠不像其他黑熊一樣那麼怕人。

後來我又看到一張在阿富汗拍的照片，照片中是一群熊在跳舞，每一隻熊的胸口都有一塊白毛，我甚至在野生動物的照片中也看到同樣的模式。替水獺拍了一系列照片的葛薩雷斯基（Derek Grzelewski）就曾經說過，有些水獺比較「好奇」，不像其他水獺那麼「謹慎」。如果你仔細看他拍攝的兩隻好奇的水獺，都在喉嚨的部位有一塊白色的皮毛，其中一隻甚至還直視攝影機的鏡頭。這是整組照片中唯一的幾張近照，或許是因為其他沒有白色花紋的水瀨都跟攝影師保持距離吧。

我不知道是否可以就此判斷一隻胸口有幾個白色斑點的黑色小狗長大後會變成什麼樣的成犬，但牠長大後若是像大麥町那麼調皮搗蛋的話，我會覺得很意外。

第六章　動物如何思考？

在丹佛機場的停車場上，對著停放車輛拉屎的鴿子，可以分辨莫內與畢卡索之間的差別。到了晚上，牠們棲息在一座人造的水泥鴿舍，就在機場裡最昂貴的停車場旁邊。每當有錢的旅客倦遊歸來時，總是看到他們的路寶越野車（Land Rovers）和凌志（Lexuses）高級轎車上，布滿了點點的鴿糞。對旅客來說，這些鳥極討人厭，簡直就是長了羽毛的老鼠。

牠們也是潛力十足的藝術鑑賞家。佩吉（George Page）在著作《動物在想什麼？》（Inside the Animal Mind）中描述了一個著名的實驗，教導鴿子如何分辨畢卡索與莫內的畫作。這些鴿子很快就學會了兩位大師之間的差異，知道去啄畢卡索的作品，而不啄莫內的畫，反之亦然。不但如此，當實驗人員拿出一幅馬內（不是莫內！）的作品時，馬內的畫風很像畢卡索早期的畫作，這些鴿子也會去啄馬內。這些小鳥就像剛入門的藝術科系學生，都犯了同樣的錯誤。

另外一個實驗也顯示，在實驗室裡出生長大、一輩子沒有見過樹的鴿子，如果看到一幅畫裡有樹，很快就學會去啄那幅畫。如果只是如此，似乎還不值得大驚小怪，但是即使畫裡不是完整的樹，只是樹的一部分，牠們也還是會去啄畫。牠們知道就算只有樹的一部分，那仍舊是一棵樹，儘管就型態上來說，單獨一片葉子一點也不像樹就是了。

鴿子遠比人類想的要聰明得多。

研究動物的科學家終於開始迎頭趕上穿著網球鞋的老太太，因為她們老早就說獅子狗「菲菲」會思考。但是這仍然是一場拉鋸戰，一邊是人多勢眾的專家學者，相信動物沒有什麼感情，也不太聰明，而另外一邊則是孤軍奮戰的一小群研究人員，認為動物腦子裡的運作遠比我們所想的複雜。真正激烈的戰爭似乎總是往單邊傾斜，發動攻勢的似乎永遠都是所謂「揭穿動物真面目」的一方。至少我從來沒有聽說在哪一次大型學術論戰中，有誰因為做了什麼研究，證明動物比人類所想的要笨，因此遭到學校開除或是喪失他們的研究經費。而類似這樣的研究也不在少數。聲稱動物不能做什麼事，並不會被學界視為褻瀆。

所幸，現在說動物比我們所想的要聰明，也已經開始受到尊重。這都得歸功於許多人的研究，其中最主要的研究搭檔就是蓓伯格博士（Dr. Irene Pepperberg）跟她的非洲灰鸚鵡「艾利克斯」，艾利克斯現在的認知能力，已經有四到六歲孩童的程度。

他的成就具有革命性的意義，因為在艾利克斯之前，沒有人能夠教導鳥類做任何事情，而且還不是因為沒有人嘗試過。鳥類的研究學者花了很多時間，教鳥類學習像顏色這樣的概念，但是卻沒有任何一隻鳥學到一點皮毛。鳥類甚至無法認識代表熟悉事物的標籤，這是大家公認人猿能夠做到的事情。儘管專家還是極度質疑人猿的語言能力，據稱「甘志」（Kanzi）的理解性語言（receptive language，所謂「理解性語言」是指你可以了解的語言，相對的「表達性語言」，則是指你用來說或寫的語言。）能力，已經達到相當於兩歲半幼兒的程度，不過顯然你可以教人猿做很多事情，而鳥類似乎就真的是笨頭笨腦。

所以蓓伯格博士這種前無古人的成就真的是驚世駭俗。此外，艾利克斯不只學會了像顏色、形狀的分類，而且學得很快。一旦學會了分類，即使看到從未見過的新事物，也能立刻回答像是「什麼顏色」和

「什麼形狀」之類的問題。

這就表示艾利克斯學會了像顏色、形狀這種抽象類別，而不只是像貓、狗之類的具象類別。蓓伯格博士說，抽象類別與具象類別之間的差別在於分類與重新分類之間的不同，我們利用分辨貓和狗這樣的簡單分類來形成基本的具象類別，而且是永久、固定的類別，狗永遠不會變成貓，而貓也永遠不會變成狗。

然而，當你使用抽象類別來分門別類時，物體卻可以跨越類別的界線，例如，藍色的三角形可以跟藍色的方塊或紅色的三角形歸為同一類，端視你使用哪一種抽象類別（顏色或形狀）做為分類的標準。

很多研究顯示動物能夠認知具象類別。如果牠們不會的話，反而才是意外，因為牠們必須能夠分辨一些基本分類，如食物與非食物、棲地與非棲地等，才能夠生存。

但是動物是否能夠處理最複雜的抽象類別呢？目前的研究還找不出確切的答案。我們知道，抽象類別即使對小孩子來說也是很困難的。剛開始，小孩子學會草和花椰菜是綠的，蘋果和玫瑰是紅的，但是他們並不知道紅與綠本身也是一種單獨的類別，對他們來說紅與綠只是蘋果的一部分而已。動物行為學家一直認為，如果形成抽象類別對小孩子來說都這麼困難的話，那麼對動物而言，簡直就是不可能的任務。所幸有蓓伯格博士和艾利克斯，我們才知道這並非不可能。

艾利克斯還可以接受命令，重新分類。如果蓓伯格博士給牠看一個藍色的方形木塊，然後問：「什麼顏色？」牠會說：「藍色。」如果再問：「什麼形狀？」牠會說：「四個角。」對艾利克斯來說，顏色和形狀是兩種不同的抽象類別，可以適用於任何物品，而不只是牠學過的物品。

動物有真實認知的能力嗎？

牛津大學的鐸金絲博士（Marion Stamp Dawkins）專門研究動物行為和思想，我最喜歡她對於動物思想的定義。她先說明真實認知（true cognition）不是什麼，真實認知不是與生俱來的本能行為，也不是去學習簡單的首要法則。

真實認知，鐸金絲博士說，是動物在新的情況下解決問題時自然發生的事。

根據這樣的定義，鳥類簡直就是明星。我最喜歡的一個鳥類實驗是有關藍樫鳥偷竊行為的研究，藍樫鳥是出了名的偷吃賊，所以牠們天生就會藏食物以免被其他的同類偷吃。

研究人員設計讓藍樫鳥必須在其他同類虎視眈眈的情況下藏食物；他們先給第一組藍樫鳥一些米蟲和一個裝滿沙子的製冰盒，結果所有的藍樫鳥都在其他同類的注視之下，把蟲子藏在製冰盒內。

接著研究人員移走在一旁觀看的藍樫鳥，這時候，第一組藍樫鳥立刻把米蟲挖出來，重新藏在製冰盒的其他格子裡。顯然牠們知道在一旁觀看的藍樫鳥會來偷吃食物，也知道其他的藍樫鳥知道牠們把蟲子藏在什麼地方，所以牠們必須換地方重新藏好。

這就是真實認知。這些藍樫鳥遭遇了新奇的情況，然後找出解決之道。

馬克也看過兩隻喜鵲用同樣的策略對付紅狗。紅狗在啃一塊骨頭，而喜鵲想據為己有，於是兩隻鳥就聯手支開紅狗。其中一隻鳥先誘使紅狗去追，另外一隻則飛下來吃一些骨髓；等紅狗回來把這一隻鳥趕走，前一隻鳥又飛回來偷吃一點。兩隻鳥使出調虎離山計，騙過紅狗。

先前還有一個正式的實驗，研究烏鴉如何騙過對手覓食，研究的對象分別是一隻具有支配優勢的雄性和另外一隻居臣屬地位的雄性。實驗開剛始的時候，臣屬的烏鴉總是能夠找到實驗人員所藏的食物，可是有支配優勢的烏鴉卻把牠趕走，將食物據為己有。於是臣屬的烏鴉就開始把支配雄性引到牠早就知道沒有藏食物的箱子前面，等跟在後面的支配雄性把牠趕走之後，牠再立刻轉往真的藏有食物的箱子，這時候牠已經領先一步了。如此過了一會兒，支配雄性就不再跟著牠，而是自己去找食物了。

烏鴉真的是很聰明的鳥。《科學》期刊登出「貝蒂」與「亞伯」的實驗時，也是舉世震驚。貝蒂與亞伯是研究人員做實驗的兩隻烏鴉，牠們在實驗中必須選擇彎曲的鐵絲或是直的鐵絲，從試管中攫食食物。在一次實驗中，亞伯拿了彎曲的鐵絲，因此貝蒂就只剩下直的鐵絲可以用，可是當牠發現直鐵絲拿不到食物時，牠就把鐵絲彎成了一個勾子來用。牠使用不同的技巧，總共做了九次，而且在使用後，還會加以改良，修正勾子的角度讓牠用起來更順手。

從來沒有人看過動物有這樣的表現，甚至在不久之前，研究人員都還相信，人類是唯一會使用工具的生物。到了一九六〇和七〇年代，雖然人類終於發現黑猩猩也會使用工具，可是沒有人看過他們製造工具，牠們只是從生活環境中撿拾手邊的事物，如樹枝、樹葉等，用來搗開白蟻丘、挖掘白蟻來吃。因此貝蒂製造工具的創舉就更顯得驚人了，尤其是考量到牠從來就不知道鐵絲及其特性，也沒有任何理由會知道，因為在大自然環境中，沒有任何東西可以像鐵絲這樣在彎曲之後還能維持固定的形狀。

我還聽一個認識的人講過另外一個烏鴉的故事，也是令人嘖嘖稱奇。他實在受夠了烏鴉損壞他的房子，這一點我完全可以體會，因為我們家附近也有一隻烏鴉花了五年的功夫，破壞我浴室天窗外的橡膠防風雨條，把整條橡膠拉出來。牠花了五年的時間，鍥而不捨地拉出了一條六吋長的橡膠，認真投入的程度讓他的行為看似一種本能，甚至是近乎強迫症的行為。

不管我做什麼都沒有用。我從浴室裡朝天窗丟帽子把牠趕跑，但是不久又飛回來。如果牠一直拉咬下去，天窗可能會漏水。不過我更擔心，萬一牠終於把整條橡膠都拉出來，可能會吃掉，因此生病，甚至死亡。這就是盲目的本能凌駕認知的結果，有時候如此聰明的一隻鳥，在其他時候卻蠢不可及。

我認識的那個人家裡也遭遇到類似的情況，不過他選擇的武器卻遠比一頂軟帽更有殺傷力，然而他卻始終沒有射中那隻烏鴉，因為烏鴉總是知道他什麼時候想要去拿槍。每當這個人在院子裡工作的時候，烏鴉就會跑過來破壞房子，可是只要他一回頭進屋子裡去拿槍，那隻鳥就逃之夭夭。如此周而復始，讓他完全摸不著頭腦，他進屋時若沒有拿槍的意圖，烏鴉就會留在院子裡，如果他進屋時有拿槍的意圖，烏鴉就會飛走。

那隻鳥怎麼知道什麼時候該逃呢？也許牠可以偵測到那個人的行為差異。我猜，那個人如果氣到要進屋拿槍，可能會怒氣沖沖地瞪著烏鴉看，因此烏鴉就知道這是危險的訊號，於是趕快飛走。

沒有人看過狗製造工具，但是狗如果碰到新奇的狀況，也會自行解決問題。例如導盲犬碰到新狀況就必須有適度的反應，當然，有些工作犬比其他同類更能夠解決問題。在某個城市裡，築路的工程師為了節約經費，在十字路口刪減了人行道上的輪椅專用坡道，一般來說，每個十字路口的人行道上都應該有八個輪椅專用坡道，分別位於四個街角的兩側。但是為了省錢，這些工程師把數目減為四個，分別放在每一個角落的街角上，隔著十字路口與對角線的街角遙遙相望。

這對工作犬來說就成了一個難題，因為牠們都是在八個坡道的路口受訓。有些狗就搞不清楚狀況，帶著主人從對角線橫越馬路，但是真正聰明的狗在帶著主人從對角線的坡道下來之後，會轉一個彎，回到正常十字路口坡道應該在的位置，然後才帶主人過馬路。這就是新問題的解決之道。

墨西哥市裡的野狗又比我們的工作犬更勝一籌。牠們在十字路口會看著燈號成群結隊地過馬路，可能是看到人類過馬路的情況學會的。

湯瑪士（Elizabeth Marshall Thomas）也在《狗兒的秘密生活》（The Hidden Life of Dogs）中提到，她的狗是自己發現十字路口很危險。為了避免被轉彎的車輛撞到，她那隻到處亂跑的狗學會了在路的中間過街，而不是在十字路口，這樣牠就可以看到各方的來車，不至於被突然左轉或右轉的車禍嚇到。

在農牧場上，也可以看到很多動物意外地學會了一些有用的技能，例如怎麼樣闖過圍籬或是打開柵門等。這也許不是真實認知，但是有些動物還是相當聰明。在原野上，很難說哪些是真實認知，哪些不是。大部分的牛馬就算看過人類拉開柵門的門閂不下千百次，也不會去碰門閂。但是如果某一隻動物不小心學會了怎麼開門，牠就怎麼樣都停不了，無法放棄所學，而且通常再怎麼訓練也沒有用。我阿姨養的一匹馬學會了把頭伸過柵門，然後頂開柵門的鉸鏈，屢試不爽，最後我們只好在柵欄上方加裝一個棚架，才遏止了牠這種行為。一旦有一隻動物學會了如何開柵門，其他動物就可以靠觀察也學會如何開門。如果發生這種情形，你的麻煩就大了。

最大的問題是衝撞柵欄。每年我會接到律師打來二十通左右的電話，都是說牛群失散跑到公路上被汽車撞，而車主總是要控告牧場主人沒有設置適當的柵欄。我往往得大費唇舌跟律師解釋，一旦放牧地的牛群學會了如何衝破柵欄，那麼市面上沒有任何一種柵欄能夠把牛群圈養在柵欄內，唯有屠宰場內那種鋼製的家畜圍欄能夠承受得了牛群的撞擊，而鋼製圍欄所費不貲，不可能用來圈圍放牧地。牧場主人在放牧地使用木製柵欄之所以能夠把牛群圍在裡面，只是因為牠們不知道自己有足夠的力量衝破柵欄而已。

那麼衝撞柵欄算不算真實認知呢？有時候算，有時候不算。通常牛群都是在意外的情況才發現牠們能夠撞破柵欄。牛群會一直推擠柵欄，想要吃到另外一邊看起來更綠的草，直到有一天，柵欄真的倒了。於是牠們便下了一個適當的結論，如果一直推擠柵欄，就可以出去到任何地方吃草。此外，動物也發現，或許也是意外，牠們如果硬闖通電圍籬，再怎麼痛也只有幾秒鐘而已。我們知道這一點，是因為學會硬闖通電圍籬的豬在還沒有碰到鐵絲網之前，就開始尖叫，顯然牠們知道接下來會發生什麼事。

有些牛群是經由嘗試錯誤，才學會如何衝破柵欄，但是其他的牛群卻已經開始累積牠們意外學會的知識。在亞歷桑納州高地有一頭公牛，堪稱是衝撞柵欄的冠軍，公牛向來都是衝撞柵欄的高手，而且一旦學會了，就很難圈養在柵欄內。但是這隻衝撞柵欄的冠軍公牛破壞的速度遠超過美國林務局設置柵欄的速度，即使是符合政府標準的高品質四線帶刺鐵絲柵欄也攔不住牠。有一天下午，牠就衝破了四道全新的柵欄，我後來看到牠時，牠已經被關進牛棚內闖不出來的堅固獸欄。

這頭牛闖過了這麼多帶刺的鐵絲柵欄，身上竟然毫髮無傷，黑白雙色的牛皮上連一點刮痕都有，讓我們都大為訝異。這就是認知的作用，牠學會了如何撞破帶刺的鐵絲柵欄而不會受傷。沒有人看過牠倒底是如何衝撞柵欄，但是牠一定知道如果先用頭去推倒柱子，然後再走過去，就不會受傷。牠還是很小心的。

賀斯敦公牛的情況又不一樣。賀斯敦乳牛喜歡用舌頭舔舐、操弄物品，所以牠們打柵欄門閂的方式是肉牛絕對不會嘗試的。但是我認為牠們並不是真正解決任何問題，反倒更像是有喜劇收場的意外。一開始的時候，牠們純粹只是滿足自己想舔舐的慾望，結果卻發現可以用舌頭開門，儘管如此，牠一旦學會之後，就成了開門專家，幾乎什麼樣的門都會開，連市場上的拉門門閂也不例外。唯一能夠把賀斯敦牛關在獸欄裡的門閂，是一種帶有狗鍊搭扣的鐵鍊門閂。牠們也很喜歡享受出去的自由；在一個飼養場裡，就有一群賀斯敦牛逃出獸欄，跑到辦公室外去舔窗戶，還把經理卡車的烤漆都舔個精光。

動物跟人一樣聰明嗎？

我無法回答這個問題，任何人都沒有答案。有些研究人員相信，講到智商，我們都知道人類是所有生物的冠軍。但是這種信念沒有根據，因為他們只是這樣認為，並不知道是否屬實。我一直覺得，儘管其他哺乳類動物跟我們在很多方面很類似，但是在其他方面卻完全不一樣，我們針對動物做過許多測試與實驗，但是結果卻未必符合我們的假設。

蓓伯格博士和艾利克斯的突破，應該讓所有的研究人員三思。不但我們知道的一直在變，連我們找出動物腦子裡在想些什麼的方式，有時候也一直在變，這就是蓓伯格博士的實驗帶給我們的教訓。她能夠完成其他人所不能的原因，就在於她是第一個想到，鳥類無法學習的原因，或許錯在人類，而不是鳥類。

在她之前，所有用來做研究的鸚鵡都使用操作制約的模式。操作制約又稱為工具制約或刺激反應制約，也就是動物想到什麼東西，就會學習去做什麼事情。老鼠學會操作拉桿以便獲得食物，就是一種操作制約。使用操作制約的實驗人員會給鳥類看紅色的三角形與藍色的三角形，然後說：「碰觸藍色。」每次鸚鵡不小心啄到藍色三角形，實驗人員就給予食物獎勵，如果啄到紅色三角形，就沒有東西吃。過了一陣子之後，牠應該學會認識藍色，因為牠每次聽到「碰觸藍色」而去啄了藍色三角形的時候，就會得到獎勵。這是典型的行為學派理論。

問題是，沒有任何一隻鳥因此學會認識藍色，也不認識紅色，什麼都沒有學到。人猿在這種人為安排下，也學不到什麼東西，但是沒有人願意接受這個事實，因為大家都覺得在實驗室裡做刺激反應實驗，比在動物的自然棲息地觀察牠們如何學習要科學得多。只有極少數研究人員開始在比較自然的環境下教導人猿學習，但是他們卻受到猛烈的抨擊，說他們的實驗沒有控制，完全不科學云云。在科學界，沒有控制的實驗比洪水猛獸更可怕。

蓓伯格博士決定放棄操作制約，改採另外一個學派的行為學理論，稱之為社會典範理論（social modeling theory），這是史丹佛大學的班杜拉（Albert Bandura）在一九七〇年代，根據他認為真實人類與真實動物如何學習真實世界所發展出來的理論。多年來，行為學家一直認為動物和人類都是經由操作或古典制約學會他們所知道的每一件事。（典型制約是控制天生的反射反應，如眨眼睛或流口水。帕夫洛夫的狗學會一聽到某種聲音就流口水，正是一種典型制約。）

但是班杜拉博士指出，動物在實驗室裡的刺激反應學習只不過是透過嘗試錯誤的學習方式。動物可以獲得回饋獎賞而強化的行為，會愈來愈多，反之，會得到懲罰或負面強化的行為就會愈來愈少。

這樣的學習模式聽起來合乎邏輯，但是仔細想想，在野生環境中會發生什麼情況，就不是那麼一回事了。在現實世界裡，嘗試錯誤的學習模式會讓很多動物喪生。如果小羚羊學習看到獅子拔腿就跑的唯一方式，就是發現不跑會發生什麼事的話，這個世界上可能沒有任何一隻小羚羊可以存活下來，要不了多久，世界上也沒有獅子可以存活，因為牠們沒有羚羊可以吃。

班杜拉博士認為，動物和人類都是透過大量的觀察來學習。他認為，小羚羊是看到其他羚羊一見獅子拔腿就跑，所以才跟著做同樣的事情。現在我們知道班杜拉博士的說法是正確的，這都要歸功於米妮卡針對猴子與蛇所做的實驗。

班杜拉博士對這種社會典範學習理論顯然是重要的發現，但是卻沒有人想到利用這個理論來研究動物學習，而這就是蓓伯格博士的創舉。她替艾利克斯設定了社會典範情境，揚棄一對一的教學方式，改採二對一，也就是兩個人教一隻鳥的方式來教導艾利克斯。她並不直接教艾利克斯，而是經由其他人來教，艾利克斯則坐在牠的棲木上看。從來沒有人這樣做過。

她同時也採用鸚鵡真的很想要的東西做為教材，例如一片酥脆的好樹皮。動物跟人類一樣，只有對牠們來說真的很重要的東西（如食物），才能吸引牠們的注意力，而學習又必須是全神貫注才行。野外的鸚鵡對藍色三角形原本就毫不在乎，換到實驗室裡又為什麼要理會呢？牠一點也不在乎。

因此，蓓伯格博士若是要艾利克斯學習認識藍色，她就拿一片酥脆的好樹皮漆成藍色，然後跟研究助理與艾利克斯坐在一起，問那名助理：「什麼顏色？」

如果助理答對了，就可以把玩這片樹皮，如果答錯了，就沒有樹皮可玩。在整個過程中，艾利克斯都只是坐在一邊看。蓓伯格博士把她的技巧稱之為典範／對手，因為這名助理不但是艾利克斯模倣的典範，同時也是牠的對手，爭奪蓓伯格博士在教學中使用的任何物品。她在艾利克斯和助手之間建立一種競奪稀有資源的關係。

典範理論確實是一大突破，艾利克斯學到很多東西，甚至還會自己發問！有一天牠看到自己在鏡子裡倒影，還問蓓伯格博士說：「什麼顏色？」

牠問了六次自己是什麼顏色，六次聽到的答案都是，「這是灰色，你是灰鸚鵡。」然後牠就知道灰色也是一種類別。從此以後，訓練牠的人如果拿一樣東西給牠看，牠就能夠分辨是不是灰色了。

在我看來，這簡直就是奇蹟。從來都沒有人教艾利克斯提出問題，這完全是自動自發的行為，實在是令人難以置信。因為從自閉兒的語言發展來判斷，發問跟發表意見似乎是不同的技能。會說話的自閉兒很少發問，有些人甚至從來不發問，我認識一位自閉兒的母親，她的兒子從兩歲就開始說話，但是到現在十六歲了，曾經問過的問題用一隻手就可以數完。

提問確實是重要的技能，因此當柯吉爾夫婦（Bob and Lynn Koegel）在加州大學聖塔芭芭拉校區的自閉症研究訓練中心開始教導自閉兒發問時，就成了他們臨床治療上的一大突破。我在想，如果我們開始教人猿或海豚發問，而不只是教牠們回答問題的話，會不會在牠們的語言理解上有重大突破。

學習是人類的一小步，卻是動物的一大步

大部分的鳥類和動物確實比我們所想的要聰明得多，但是這並不表示牠們沒有人類所沒有的限制。

（人類也有一些動物沒有的限制，我在下一章還會再深入討論。）

我已經說過不只一次，人類跟其他哺乳類動物最大的差異，就是我們擁有體積較大、發育較完善的額葉。額葉較大的好處之一，就是擁有較大容量的工作記憶。因為工作記憶是一般智力的重要因素，所以動物整體的工作記憶容量若是比較小，自然就會影響牠們的一般認知能力。

問題是，工作記憶容量很大的人或動物跟工作記憶容量少很多的人或動物相比，會有什麼樣的差別呢？我想這個問題可以從我自己的大腦著手，因為我的工作記憶很糟糕。假設我是一台電腦的話，應該就是硬碟很大，但是微處理器很小，因此凡是牽涉到多功作業，例如同時說話又要找錢的時候，電腦就會當機。另外一個問題則是腦中計算，我無法先記住一個數字，然後再運算其他數字。對我來說，在腦子裡兩個兩位數相加已經是極限，如果是兩個三位數相加，我就非得寫下來看到才行。

由於我們不會要求動物多功作業或是加減乘除，所以我們能夠發現差異的地方主要在於動物必須妥善處理序列行為（sequencing）的情境。（我這裡只討論到靈長類和家畜，不包括鳥類以及像海豚這樣的海生哺乳類動物，因為鳥類和海豚的大腦結構跟人類相去甚遠，我對他們的序列行為能力所知有限，因此不予討論。）動物並不擅長序列行為，最好的例子就是狗被狗鍊纏住的情況，很多飼主碰到一隻狗看著狗鍊纏繞上樹幹，束手無策的情況，總是感到很訝異。

這個問題主要歸因於牠不記得導致這種情況發生的事件順序，所以就無法回溯原來的步驟。即使讓牠重新再來一次，嘗試找出問題的癥結，還是會發生同樣的情況。假設一個步驟行不通，牠必須要能夠記在腦子裡，然後嘗試其他的步驟，但是一隻狗恐怕沒有足夠的工作記憶容量來做這件事情。就像是天黑後開車到陌生市街而迷路的人一樣，即使有絕佳工作記憶的正常人碰到這種情況，也可能會一直繞圈子轉不出來，因為他的工作記憶已經達到極限，因此在嘗試新的路徑時，工作記憶無法保留所有他已經嘗試過的不同路徑，於是就一直重覆相同的路徑，最後又回到起點而不自知。

狗可以經由很多直接訓練，記住序列行為，就像在狗展裡表演的工作犬一樣。但是我想，一隻狗學習表演的序列行為，可能就跟我在大型肉品包裝工廠必須知道所有事情發生的順序同等困難。我第一次走進大型肉品包裝工廠時，那個地方看起來極其複雜，而經理卻能記得所有的繁複程序，讓我大為詫異，我不知道別人是如何理解並且記得這麼錯綜複雜的事情。

在一九七〇年代初，我每星期二下午都要去看一家大型肉品包裝工廠，前後為期三年。我總是站在工廠兩側的高空走道居高臨下，俯瞰百來名員工處理包裝動物的屍體。那個地方對視覺來說是一團混亂，因此每個星期二下午我都得下載很多細節到腦子裡來處理。

起初我都只注意到一些真的是枝微末節的小地方，工廠的總監鮑伯也覺得很奇怪，因為我老是問一些細節問題，像是他們在剝除獸皮時如何把鏈子附到獸皮上。顯然沒有自閉症的人不需要知道每一件小事，就可以掌握這個地方的大概，但是我卻不行。

這種思考方式可能跟動物一樣，但是卻有一大缺點，就是要花很長的時間下載足夠細節，才能理解一個複雜的序列行為。我必須在想像中創造一個錄影帶，以這個工廠為例，我總共花了六個月的時間，才學會了所有的細節，在腦子裡全程下載了整個工廠的完整錄影帶，耗費二十四個星期二的下午。

然後有一天，我站在高空走廊上，突然茅塞頓開，一切都變得如此簡單。我再也不必擔心會記不住這些序列，因為我可以在腦子裡從頭到尾演練一遍，整個序列中的每一個步驟都跟下一個步驟緊密相連，所以我不需要在工作記憶中同時保留數百個不同的個別細節，只要一次記得一個步驟就可以了，因為這個步驟自然會引出下一個步驟。

對我來說，在腦子裡學習序列行為或是把兩個數字相加，就像是在電腦螢幕上同時開兩個以上的視窗一樣。如果我要計算四十九加五十六，那麼我得先把九和六加起來，得到一十五，然後記住一，這是第一個視窗。

接著我得花很長的時間才能關閉九加六的那個視窗，然後打開第二個視窗來處理四加五，等到我好不容易開了新的視窗，我早就已經不記得那個四和五了。就算我記住了四和五（還有前一個視窗裡的一），我還是得花好長的時間才能關閉四和五的這個視窗，然後重新開啟前一個九和六的視窗，這時候我也早就忘了這個視窗裡的十五。總之，我一次只能處理一個視窗，好像得花一輩子的時間才能從一個視窗切換到另外一個視窗。我在想，動物是不是也像這樣。

當我可以把整座工廠都放進同一個視窗，而不必在不同的視窗間跳來跳去之後，問題就迎刃而解。我可以理解並且記得所有的過程，此後再去其他的肉品工廠，就算工廠內部擺設略有差異，我還是可以輕易找到熟悉的機器。我猜想，狗可能也是一樣要把牠學習的序列行為全部放進同一個視窗裡，一旦如此，牠也能跟人類一樣大喊一聲：「我懂了！」牠不但知道自己在做什麼，而且還會應用到新的情境裡。這是我的揣測。

無法言語的人

一九七四年，哲學家內格爾（Thomas Nagel）寫了一篇名為〈做蝙蝠是什麼滋味？〉（What Is It like to Be a Bat?）的論文，引起研究人員的激辯，至今不休。我想，三十年後的今天，研究人員可能會說我們不可能知道做蝙蝠是什麼滋味，但是原因為何，可能彼此又有歧見。

對我來說，「做蝙蝠是什麼滋味？」根本不成問題，因為答案只有一個，我永遠都不會知道。同樣地，蝙蝠也永遠不會知道做我是什麼滋味。當然，內格爾教授討論的不只是同理心，還有科學方法，以及是否能夠完全從大腦生物學的角度來解釋意識的問題。不過我的觀點並不會因此而改變，因為我們確實永遠都不可能知道做蝙蝠是什麼滋味，但是這個事實並不表示我們對於做一隻蝙蝠就完全一無所知。

既然所有的科學家幾乎都相信動物沒有語言，因此要尋找這個問題的答案，最好從那些無法言語的人身上著手。我們已經看到自閉症患者與動物之間有很多共通之處，但是還有其他線索可能來自有正常大腦卻沒有言語的人。無語的人在想些什麼？

世界上可能有很多人都無法言語，他們通常是天生失聰，而且因為生長的社區太小，沒有任何人能通手語，或是因為太窮，沒有設立啟聰學校。不過也有一些無法言語的人是出生在美國中產階級的家庭，卻從來沒有學過手語。這些人的大腦完全正常，也有正常的父母，不但有正常的收入也深愛著他們，他們家境並不貧困，也沒有受虐，而他們無法言語的唯一理由是從未接觸到語言。（也許在很多案例中，父母相信讓他們的孩子學習手語，會導致他們避免使用剩餘的一點點聽力。）

奇怪的是，沒有人曾經實地研究過這一群人。我利用搜尋引擎谷歌（Google），搜蒐關鍵字「無語人」，結果只找到九筆資料。這真的很奇怪，尤其是考量到像野生兒和嚴重受虐兒獲得多少的社會關注，這個現象就顯得格外離奇。以受虐的金妮為例，這個十三歲的加州女孩從小失語，因為她從約二十個月大起，就被父親綁在便盆上，不准她跟任何人接觸。當金妮的母親終於帶她去尋找社福協助時，她只會說兩句話，「住手」和「不要」。當然，像金妮這樣的案例非常有趣，但是因為她的情緒極度受虐，再加上嚴重的營養不良，因此很難判定她的認知技能跟正常的無語動物或自閉症患的認知技能有多大的關聯。

為什麼正常的無語人都沒有人重視呢？

有關正常的無語人，最好的一本書是夏勒（Susan Schaller）所寫的《無語問蒼天》（A Man Without Words），她全憑一己之力，花了二十年的時間，在各地研究無語人。剛開始的時候，她試圖尋求專家的協助，結果那些專家只是冷言冷語、拒不合作，還有人惡意仇視。甚至有一名學者對著她大吼：「妳是誰啊？」還有一名研究生跟她說：「再也沒有人對那個題目感興趣了，那是上個世紀的流行。」

夏勒最早對失語人感興趣，是從她自願去教伊德馮索（Ildefonso）開始。伊德馮索是聾啞的墨西哥移民，從小生長在沒有聾啞教育的小鎮，《無語問蒼天》就是她研究伊德馮索的故事。她發現伊德馮索完全沒有語言的概念，後來又知道他還有一個失聰的兄弟，他們兩兄弟小時候自己發明了一套簡單的溝通方式，但是他根本不知道世界上有語言或文字的存在。他知道其他孩子拿著學校裡的書做很重要的事，但是根本不知道是怎麼回事。

然而，伊德馮索只跟夏勒相處了六天，就掌握了語言的概念。在書中描述他得到啟發的那一刻，就很像電影《熱淚心聲》（The Miracle Worker）打水的那一幕，像是海倫凱勒突然知道語言是什麼東西一樣。

儘管他很快就知道語言的概念，但是他仍然花了很長的時間才學會並且使用夏勒教他的語言。我覺得這本書中最有衝擊力的部分，就是夏勒教他顏色詞彙的那一天。夏勒教他認識各種顏色的名稱，像是紅、黃、綠等，可是一提到「綠」，他就突然變得焦躁不安，一邊模倣跑步和躲藏的動作，一邊打著手語：「綠！綠！」

夏勒不解他為何如此驚恐，後來才知道原來綠色是伊德馮索生命中最重要的概念。伊德馮索以前是非法移民，平常替農民割稻、採收蘋果維生，生命中所有好與壞的事物全都是綠色的——綠色的鈔票和綠色的蘋果讓他可以養活在墨西哥的家人；穿著綠色制服、開著綠色卡車的邊界巡警卻是壞人，會把他捉起來遣送回墨西哥，回到那個沒有工作、沒有糧食的地方。

生命中最重要的東西就是一張綠卡，像是擁有神奇的魔力一樣，趕走綠色的壞人。

夏勒寫道，她無法想像伊德馮索的世界。如今，她花了二十年的時間研究無語人，我希望她對這些人的世界了解更多，也期望早日看到她的下一本書。她確實在伊德馮索身上看到與眾不同之處，我想這樣的差異也同樣出現在動物和自閉症患者身上。

伊德馮索和會說話的人之間最主要的差別，在於他少了一層抽象思考。舉例來說，他沒有真實與偽造這樣的類別，他只知道有些綠卡可以防止綠衣人遣送他回墨西哥，但是有些綠卡卻不管用，不過他並不知道箇中原因。

此外，他也沒有公正與不公正這樣抽象的類別，但是，這不並表示他沒有道德或良知。夏勒對於這一點著墨不多，不過她說有一天吃過午飯後，他用手語表示要付帳，但是她堅持要請他吃飯，結果伊德馮索就開始發脾氣，而且愈來愈生氣，最後終於用手語表示：「上帝。朋友。玉米餅。買。我。」

「他把上帝和朋友串連在一起，並且置於買玉米餅之上，」夏勒寫道，「他的怒氣是宗教上的憤怒，因為我只關心物質世界，理當受到斥責。在這裡，誰比較有錢是微不足道的事。」後來，他又問她，「上帝」是什麼意思，不過他已經自行摸索出來了。夏勒寫道，他猜到「上帝」這個字代表「看不見的偉大力量，跟我們眼前看得到、摸得到的東西不一樣，但是卻更重要」。

雖然伊德馮索大致了解有些事情比物質世界更偉大，但是他似乎並沒有任何人類正義公理的概念。他不知道，綠衣人來捉他、把他遣返墨西哥是公正還是不公正，他只知道這是綠衣人會做的事，所以他要離綠衣人遠一點。他嘗試去了解規則，但是卻不了解規則背後的原理。

伊德馮索像一張白紙般純潔，他看不到人類所作所為的好與壞，也不知道世界上的規則有好有壞。他學會了語言之後，也看到了人類所做的各種壞事，讓他覺得很難過。動物也像白紙一樣純潔，即使自己受到人類虐待或是看到其他動物受到人類虐待，牠們似乎也沒有發展出公正與不公正這種抽象的類別。動物跟伊德馮索一樣，都試著學習規則，但是卻不了解規則的背後還有原理。既然他們不知道這些規則底下還有原理，自然也就不知道規則本身也有公正與不公正，更不知道一個人能夠打破這種公正的抽象原理。動物的生活更接近純粹的事實。

然而我們必須了解一件很重要的事，伊德馮索的純潔並不是愚蠢或是沒有思考能力。伊德馮索並不笨，他的智力與論證能力無異於一般人，甚至比一般人還稍高一些，因為他雖然身體有殘障，卻能夠移民到一個陌生的國度，找到工作，維持自己的生活。

同樣的道理，當我們討論到動物時，也不應該把純潔視為等同缺乏智力。狗遇到壞主人依然忠心耿耿，這並不表示牠愚蠢，只表示牠純潔。狗的論證能力與一般智力或許比人類低，但是狗對人的「盲目效忠」並不能證明牠的智力較低。

儘管伊德馮索沒有公正與不公正的抽象概念，但是他對於是非對錯卻有明確而立即的反應，比方說，他就針對友誼一事，義正詞嚴地對夏勒說教了一番。這顯即使沒有語言，仍然會有良知，換句話說，動物也可能會有良知，至少有這種可能。許多飼主都看過他們的狗在做錯事之後表現出懊悔的模樣，不過動物行為學家卻反駁這種詮釋。話雖如此，沒有人能夠證明純潔的動物在做了牠自知是錯的事情之後，不會覺得懊惱。同樣地，純潔的孩子在做了他自知是錯的事情之後，也可能會覺得心裡過意不去。我們不應該假設動物從來沒有罪惡感這種情緒，因為我們真的不知道事實如何。

有個朋友跟我說過她養的一隻狗表現出懊悔的故事，而我也覺得那應該是真的愧疚感。她養了兩隻狗，一隻公狗和另一隻稍微小一點的母狗，有一次她帶牠們去散步時，其中一隻狗繫了狗鍊，另外一隻沒有。不巧，來到她家附近的小山丘時，有個鄰居看到牠們，就開始對著主人大吼大叫，指責她沒有幫狗繫上鍊子。

因為她沒有多帶一條狗鍊，只好把現有的鍊子穿過一隻狗的項圈，然後綁在另外一隻狗的項圈上。但是如此一來，兩隻狗就頭緊挨著頭，靠得非常近，這時候居支配地位的狗就不高興了，因為支配動物總是緊密地捍衛牠們的身體空間，不讓其他動物靠近。這種作法違反了支配犬原則。

他們就這樣一路走回家，支配犬愈來愈不耐煩，神經也愈來愈緊繃。等他們好不容易走到家門口的車道上，支配犬突然忍不住大發脾氣，爆出一聲怒吼，然後朝著同伴的鼻子咬了一口，這是從未發生過的事，小母狗也立刻發出哀嚎。

我朋友馬上過去把鍊子解開，但是支配犬並沒有一溜煙地逃掉，反而留在臣屬犬的身邊，不停地舔著牠的嘴唇。我朋友說，支配犬看起來好像嚇壞了，她從來沒有看過牠像這樣親暱地親吻同伴。我朋友和看到這整件事的隔壁鄰居都一致認為，牠顯然對牠所做的事情感到很愧疚，想要跟同伴道歉。牠的行動看似感到懊悔，而我也認為並不能排除這種可能。牠是老大，並不需要親吻臣屬犬來保持自己的老大地位，反倒應該是臣屬犬來跟牠搖尾乞憐才對，而不是支配犬去示好。不過臣屬犬並沒有搖尾乞憐，只是接受了牠的親吻，然後兩隻狗又和好如初。

雖然伊德馮索像白紙一樣純潔，但是一般人類透過語言來表達的許多抽象「事實」仍然存在，宗教就是一個很好的例子。伊德馮索從小就上教堂，但是卻不明白有什麼意義。話雖如此，他在成人教室裡第一眼看到馬槽裡的耶穌嬰兒像，立刻就知道那跟釘在十字架上、長大成人的耶穌是同一個人，這一點讓我相當詫異。

儘管他不明白家人的基督教儀式，但是卻有一種宗教感。從他首度發現語言以來，不過只經過短短三個星期就學會了「上帝」這個字，而且還知道「上帝」代表「看不見的偉大力量」，在我看來，這就足以說明一切。

夏勒在多年之後又碰到了其他的無語墨西哥人，我想他們或許也都有這種宗教感。她說，伊德馮索有一些無語的朋友，有些還住在一起，他們把收藏的綠卡視為「黃金」一樣寶貝珍藏，不過在我聽起來，倒是覺得他們好像把綠卡視為魔術，而不是黃金。他們在房子裡有個特別的地方收藏這些綠卡，像是一座神龕似的。這些綠卡就像是宗教偶像或護身符一樣，可以保護他不受邪惡的綠衣人迫害，而他們的「宗教」則像是土著民族所信奉的異族宗教。這些綠卡也像是他們的救世主，引領他們來到上帝應許的福地樂土，有更多食物與工作的地方。

這些人無法分辨合法綠卡與偽造綠卡之間的差異，他們或許根本就沒有偽造和真實這種抽象類別。但是經過一段時間之後，他們會發現有些綠卡的魔力比其他綠卡強，因為一旦你被綠衣人逮捕，拿出一張綠卡給他們看，有時候奏效，有時候卻反而遭到沒收，所以有些綠卡比其他的更有效力。對宗教而言，你不會去測試上帝的效力，你不會站到火車前面說上帝會拯救你，這正是無語人對綠卡的感覺，他們不會去測試這些綠卡，這樣做是不對的，所以就會敬綠衣人而遠之。

宗教也許是人類與生俱來的概念，所以伊德馮索雖然沒有語言來表達，卻依然散發出這種宗教的感情或認知，一點也不令人訝異。同樣的道理，如果動物雖然無法表達，卻仍然擁有像伊德馮索這樣的宗教感情或是能夠感知到某種更高現實或看不見的世界，我也不覺得奇怪。有些動物是不是有宗教感情和認知？動物相不相信魔力？我想沒有人能夠完全否認這種可能。

伊德馮索的故事告訴我們：雖然語言文字可以讓思考變得更抽象，但是不透過語言文字，卻可能讓你擁有更多的抽象思考，甚至可能超越任何人所相信的範疇。蓓伯格博士說，語言與動物之間真正的問題應該是，概念在什麼時候變得如此繁複，讓你非得用語言文字來表達不可？

言語礙事

伊德馮索的心智中還有一個層面是夏勒博士沒有提到的，那就是他對視覺細節的記憶。我不知道在他學會手語之前，視覺記憶會不會比一般人要好，因為研究顯示，語言會抑制視覺記憶，稱為語言遮蔽，這已經是大家公認的現象，我在第三章也曾經詳細討論過。舉例來說，有個研究是讓受測試的人觀看一捲搶劫銀行的短片錄影帶，看完之後，他們花了二十分鐘做一些不相干的事情，然後其中一組受測試的人花五分鐘寫下他們對於搶匪面貌可以記得的任何細節，而另外一組則繼續做毫不相干的事情。

結果沒有寫字只做其他事情的那一組受測試人當中，有三分之二可以指認出搶匪的照片，而用文字描述搶匪面貌的人，卻只有三分之一可以正確指認出搶匪。這已經是公認的效應，許多研究都有同樣的結論，有些研究甚至還進一步探討聲音記憶的效果，用文字描述聲音的人，反而比沒有用文字描述聲音的人，更無法從其他聲音中指認出他們所聽到的聲音。

這些研究同時也發現，語言文字不會永遠消除視覺記憶，只是暫時抑制而已。研究人員要求那些使用文字描述來搶匪面貌的人再去做一些跟文字無關的事情，例如拼圖或聽音樂等，過了一會兒之後，他們的視覺記憶就會恢復，又能夠跟那些從一開始就沒有使用文字描述的人一樣，指認出搶匪的照片。

我想對正常人來說，文字可能有某種過濾的效果。動物和自閉症患者所面臨的一大考驗，就是處理環境中有如砲轟彈炸一般的細節。有語言能力的正常人不會意識到每一個小細節，但是我卻看得一清二楚，動物也是一樣，而且這些細節永遠都不會消失。如果我在想到「碗」，那麼立刻就看到各種不同的碗出現在我的想像中，像是我書桌上的陶瓷碗、上個星期天去餐廳吃飯時用的湯碗、阿姨的沙拉碗和睡在碗裡的貓，還有超級盃足球賽那個像碗一樣的獎盃。

我想動物也有同樣的問題，但在伊德馮索仍然是無語人的時候，他的視覺記憶不知如何。

清醒與意識──動物內在

有關伊德馮索，還有最後一件事值得一提，他絕對有意識，這一點毋庸置疑。多年來，一直有很多人堅稱，如果沒有語言，就沒有意識。我還記得唸大學時有位教授就對班上的同學說，動物沒有意識，因為牠們沒有語言文字可以思考。因為我自己也不是用語言文字來思考，所以聽到他這番話，讓我大為震驚。我記得當時對自己說，如果動物沒有意識的話，那麼我也應該假設我自己沒有意識。顯然我有意識，但是我卻不用文字思考，因此絕對不能因為動物不用文字思考，就假設牠們一定沒有意識。伊德馮索有意識，但是他卻完全沒有語言能力。

我認為動物也有意識。我的問題是，那匹被黑帽子嚇個半死的馬，是否跟罹患創傷後壓力徵候群的人一樣，在腦子裡一遍又一遍地演練，一再看到牠會發生什麼事情的圖像呢？動物餓的時候，會不會跟我一樣在腦子裡看到食物呢？牠們渴的時候，腦子裡會不會出現水的圖像？

我還有另外一個問題，動物是否跟人類一樣有持續的心智活動？抑或是牠們可以腦子裡一片空白地四處走動？

我們知道動物有某種持續的心智活動，因為牠們的腦波圖跟我們差不多。我猜想他們的意識內容也可能大部分是圖像和聲音，甚至還有嗅覺、觸覺或味覺的意識「思想」。

二〇〇一年一月，有一份老鼠做夢的研究報告問世，多少可以間接證明動物以圖像思考。麻省理工學院生物學系專研大腦與認知科學的威爾森教授（Matthew Wilson）和同系研究生陸易（Kenway Louie）合作，在老鼠的大腦裡植入電極，然後教老鼠走迷宮。接著他們全程記錄老鼠的腦波電流，結果發現腦波圖形非常精確，甚至可以從記錄中看到老鼠在特定時間、做什麼事情時的腦波動態，如第一次向左轉、第一次向右轉、經過第一道走廊或經過第二道走廊等。

後來老鼠睡著了，進入快速動眼期（REM，即淺睡期），威爾森和陸易又記錄到同樣的腦波電流，跟牠們在清醒時走迷宮的腦部活動一模一樣。這些睡眠中的腦波電流也同樣精確，研究人員甚至可以分辨每一隻老鼠在特定的時間點上，在夢境裡跑到了迷宮的哪一個位置。既然人類在快速動眼期也會夢到圖像，因此這個研究算是相當好的證據，足以證明動物也以圖像作夢。我們無法確認威爾森和陸易的這些老鼠是否真的在夢中看到了迷宮的圖像，因為要探知任何人在夢裡看到什麼東西的唯一方法，就是把這個人叫醒，然後問他看到什麼，當然我們無法叫醒老鼠來問他們在夢裡看到什麼東西。然而，作夢中的老鼠所發射出來的腦波跟牠們睜開眼睛時的腦波完全吻合，這個事實就足以讓人猜測老鼠跟人一樣都可以在夢境裡看到圖像。如果據此再進一步假設，牠們在清醒時也是以圖像思考，似乎也不至於太離譜。

專才動物

動物或許可以稱得上是認知專家。有些動物，如賀斯敦乳牛，就是操縱專家、狗是嗅覺專家，而其他動物，如鴿子，則是視覺專家。

有些鳥類與哺乳類動物必須記得牠們收藏食物的地點，所以是記憶專家，牠們還有非常大的腦部區域專門儲藏視覺記憶。每年秋天，星鴉（Clark's nutcracker）在兩百平方哩的範圍內藏了多達三萬顆的松子，到了冬天卻還能找到九成以上的收藏。

跟動物和自閉症患者比較起來，正常人就是通才。一般人可能精通某些事情，但是對其他事情就不那麼在行，然而，對某一個主題真正天縱英明的人，通常對很多其他主題也會有同等聰明。唯一的例外是天才兒童在智商測驗各個項目的分數，變異性比正常智商的兒童大的多。但是這並不表示天才兒童只在某些項目聰明，碰到其他項目就無藥可救，因為就整體而言，他們還是極度聰明，而且做不同的智商測驗（不只是一、兩種而已），都有優異的表現。

一般智力（又稱為一般流動智力）的發現，是一項很重要的證據，足以證明人類是通才，而動物則是專才。一般智力，也就是傳統智商測驗所測量的智力，曾經引起很大的爭議，有些人如心理學家嘉德納（Howard Gardner）就強調多重智力，而不只是單一的一般智力，還有一些心理學家則完全拒絕接受一般智力的概念。

然而新的大腦研究卻支持一般智力存在的說法，甚至還標示出一般智力所在的位置——前額葉皮質外側（lateral prefrontal cortex），也就是頭部最頂端，靠近側面處理工作記憶、抽象思考和反應抑制的區域。反應抑制就是阻止你的直接反應動作，例如聽到鈴聲就去接電話，假設電話鈴響時你正在準備晚餐，並且決定不去接電話，那麼前額葉皮質外側就必須要發揮功能，阻絕你每次聽到電話鈴聲就一定要拿起話筒的衝動。

華盛頓大學的葛瑞博士（Jeremy Gray）就是專門研究一般智力的學者，他發現受測試人的一般智力愈高，前額葉皮質外側的活動就愈活躍。葛瑞博士向《紐約時報》表示，他在實驗中使用的智商測驗，最困難的一種就像是「一邊聽人家討論有趣的話題，一邊記憶一組十位數字的新電話號碼」。

這個新發現跟行為研究的結果吻合，也就是說，能夠整合許多資訊是在「學業表現優異」的一大重點。跟柯吉爾夫婦合作的研究生西蒙（Jennifer Symon）也做了一項有趣的實驗，她比較「一般」學童與老師心目中有天分的學童，結果發現有天分的學童比較擅長多面向的工作。她利用愈來愈複雜的任務，來測試這些學童。在單要素的任務中，她給受測試學童四隻外形一模一樣、只有顏色不同的玩具熊，要求他們選出藍色的熊，這份工作只要求學童注意一個要素：顏色。在雙要素任務中，學童必須從兩個不同面向的玩具中做選擇，例如有不同顏色的玩具熊和玩具狗，而研究人員則要求他們選出綠色的狗。典型的三要素任務是要求學童選出「大圓點的圓形」，而四要素任務則要求他們選出兩樣物品，例如大泰迪熊和小方塊，這樣總共就有四個要素必須納入考量。

西蒙博士發現，有天分的學童在三歲就能完成四要素任務，也就是他們必須同時注意四個面向，並且把四件事情合在一起才能完成的任務，而一般學童則必須到六歲才能完成。

到目前為止，還沒有人研究過動物或鳥類大腦的一般智力，我也不知道如果有人做，會有什麼樣的發現。既然動物的前額葉皮質（尤其是家畜）都比較小、功能也比較弱，我猜想牠們的一般智力應該也會比較低；或許正是因為如此，牠們才能變成超級專才，這一點我在下一章還會詳細討論。現在我只能說，我認為動物和自閉症患者所表現出來的專才，都要歸因於他們的前額葉皮質功能較弱。

我編的故事，我堅持到底

正常人較高的一般智力，有時候確實會讓他們聰明反被聰明誤，我最喜歡引用的例證就是老鼠在操作壓桿任務中擊敗人類的故事。多年以前，有人決定利用標準的操作制約實驗讓老鼠與人類一較高下，這種實驗通常只用在動物身上。（要記得，操作制約就表示動物或人類做到了實驗人員希望他們做的事情時，就會得到獎勵回饋。）在這個實驗中，老鼠和人類必須看著電視螢幕，每當螢幕上方出現圓點時，就要去壓拉桿。實驗人員並沒有跟受測試的人說明他們應該做什麼，所以受測試的人類和老鼠一樣，都得自己去發掘。

實驗的設計是螢幕上方有百分之七十的時候都會出現圓點。因為錯誤的反應並不會有任何懲罰，所以最聰明的策略就是不管什麼時候都去壓拉桿，如此一來，就有七成的機率可以獲得獎賞，即使你根本不知道螢幕上出現的是什麼形狀的圖形。

老鼠就是如法炮製，只要螢幕上變換圖形，牠們就去壓拉桿。

但是人類卻沒有發現箇中奧妙。他們一直想要找出一個規則，所以有時候會去壓拉桿，有時候不會，試圖從中找出解答。有些受試者自以為他們已經找到規則，於是應用這個規則來決定什麼時候去壓拉桿，什麼時候不壓，然而這只是他們的錯覺，因為他們根本就沒有發現什麼規則。結果老鼠得到的獎賞遠比人類多。

我相信老鼠在實驗中的表現比人類好，要不是因為牠們的額葉皮質功能較差，就是因為老鼠沒有語言，也許兩者兼具。關於人類的大腦，我們倒是確實知道一件事情，主宰意識語言的左腦總是會編造一些故事來解釋到底發生了什麼事。正常人的左腦裡就像是住了一位通譯，根據他們在當下所做或所記得的事情，隨機擷取一些矛盾的細節，然後編造出一個合情合理的故事。如果其中有些細節與大局不相吻合，就予以刪除或修改。左腦編造出來的故事與現實差距太遠，以致於聽起來像是天方夜譚。

或許就是這些通譯在壓桿實驗中壞事。受測試的人類一直想編出一套關於圓點的故事，而且一旦編出來之後，就堅持到底。但這個故事反而矇蔽了他們，完全沒有想到他們應該徹底忘了圓點，只要螢幕變換圖形就去壓拉桿就對了。

動物福利：以錯誤方式照顧動物

為了照顧動物福利，我得一直跟聰明的人類說，不要聰明反被聰明誤。

我在這個領域中最重要的貢獻就是採納了「危害分析關鍵管制點」（Hazard Analysis Critical Control

Point，簡稱「HACCP」）背後的理念，並且應用在動物福利上。我替美國農業部擬定的動物福利稽核表就是HACCP型式的稽核表。

我設計的HACCP系統，主要是分析農場上攸關動物福利的關鍵管制點。我對關鍵管制點所下的定義是，單一、可以檢測而且內含許多錯誤的要素。比方說，我在稽查農場動物時，特別注意的一件事就是牠們的腿有沒有問題。有很多事情都可能影響到牛的行動能力，如不好的基因、不好的樓板設計、飼料中太多穀類、腳部潰爛、足蹄照護不週、粗暴對待動物等。有些稽查員想要檢查所有的因素，因為他們認為好的稽查就是徹底的檢查。

然而我的方法卻不一樣。我只檢查一件事：有多少頭牛跛腳？我只要知道這個問題的答案就可以了。光是這一項檢測就足以涵蓋導致牛群跛腳的眾多錯誤，如果農場上有太多動物跛腳，那麼農場稽查就不合格，就是這麼簡單。同樣一家農場想要通過下次稽查的唯一方法，就是找出讓動物跛腳的原因，並且加以改善。如果管理階層知道問題所在，他們可以立刻著手改進，如果他們不知道問題何在的話，就應該聘請專人來告訴他們，然後再加以修正。

以我自己的動物福利稽核表來說，稽查員必須做五項關鍵檢測，確保動物在肉品包裝工廠內受到人道待遇：

- 第一次就正確電擊或屠宰動物的比例（至少要達到百分之九十五）
- 動物在電擊後失去意識的比例（必須是百分之百）

- 在處置和電擊過程中，動物出聲的比例。（尖叫、怒吼，乃至於哞哞作聲，都表示動物在喊：「痛啊！」或是「我嚇死了！」）處置過程則包括行經走道和拘禁在固定裝置中等候電擊的過程。（每一百頭牛不能有超過三頭牛出聲。）
- 動物跌倒的比例（動物很怕跌倒，因此這個比例不能超過百分之一，這個數字還是超過動物在良好情況下跌倒的比例，因為只要地板安全乾燥，動物就絕對不會跌倒。）
- 電擊棒的使用率（不能對百分之二十五以上的動物使用電擊棒。）

此外，我還列舉了五項凌虐動物的作為，只要發生以下任何一種情況，就肯定不合格：

- 用鐵鍊拉扯動物
- 故意讓牛群彼此踐踏奔跑
- 用刺棒或其他物品戳刺動物的敏感部位
- 故意在動物面前用力甩門
- 失去控制和毆打動物

只要知道這些，就可以判定一家肉品包裝工廠的動物福利做得好不好。只要這十項小細節就夠了。你不必知道地板會不會滑，很多稽查員總是要檢查地板，不知道什麼原因，只要一講到檢查工廠，每個人都搖身一變成了地板專家。我不必知道地板到底如何，我只要知道有沒有動物跌倒就行了，如果有動物跌倒，那就表示地板有問題，工廠稽查就不合格。就是這麼簡單。

工廠也樂得接受這份稽核表，因為他們可以做得到。這份稽核表完全根據稽查員可以直接觀察並且有客觀標準的事項而擬定的，公牛在處置過程中有沒有哞哞作聲，一聽就知道。

我的稽核表還有一個重要的特色，大家都只要記得兩套各五個檢測項目就可以了。這是正常工作記憶對於細節可以輕易記得的程度。

然而我卻發現學術界，乃至於政府部門的人好像始終都搞不懂。以語言為思考基礎的人大都難以置信，覺得這麼簡單的稽核表怎麼可能行得通，他們就像那些在壓桿實驗中受測試的人一樣，認為簡單就一定會出錯。他們沒有發現，這五個關鍵管制點，每一個可以檢測到其他三到十個不等的項目，這些項目都可能對動物造成不好的後果。

高度語言導向的人如果控制稽查過程，通常會犯五個關鍵的錯誤：

- 他們用文字記載稽核標準，提出的一些要求，如：「最低限度地使用電擊棒」、「使用防滑地板」等，不是流於主觀，就是模糊不清，不同的稽查員往往必須自行摸索「最低限度」是什麼意思。好的稽核表應該有客觀的標準，任何人一眼就可以看到有沒有達到要求的標準。
- 不知道什麼原因，高度語言導向的人總是傾向於檢測輸入端，如餵食時間表、工作人員訓練記錄、設施設計上的問題等，卻不去檢測輸出端，也就是動物實際上的狀況如何。好的動物福利稽核，應該是檢查動物，而不是檢查工廠。

- 高度語言導向的人幾乎一定會讓稽查工作變得過度繁複。一百個項目的檢查表，效果未必趕得上只有十個項目的檢查表，這一點我可以證明。
- 語言導向的人流於書面稽核，只檢查工廠的記錄，卻沒有檢查動物。好的動物福利稽核應該是稽查動物，而不是書面資料或工廠。
- 語言導向的人對於重要的問題總是視而不見，對於小地方卻是小題大作。

這五個錯誤最後都會傷害到動物。稽查過程一旦變得過於繁複，稽查人員就轉而注意如何興建人道屠宰場的枝微末節，對工廠實施微觀管理。他們不理會動物有怎麼樣的結果，只想要告訴工廠如何建造地板，然後再派遣稽查人員來檢查建造過程，確保地板沒有蓋錯。結果在一團混亂之中，反而看不到動物。我才不管地板如何，我只關心牛群。牠們有沒有跌倒?這才是我想要知道的。

除此之外，還有一件事，繁複的稽核表反而讓稽查人員抓不到重點。如果你給他們一張有一百個項目的檢查表，他們只會把其中五十項當作重要的項目來檢查。反之，如果檢查表上只有十個項目，那麼每一項都是關鍵，工廠只要有任何一個項目沒有達到標準，就應該是不合格，沒有別的話好說。十個關鍵項目裡若是有一個不合格，十分之一的不合格很容易決定整個工廠都不合格，然而，同樣不合格的項目，在總共有一百項的檢查表上看起來，似乎就沒有那麼嚴重。

更糟糕的是，當稽查人員手裡拿著一張冗長又繁瑣的檢查表時，往往會完全疏漏掉重大問題，即使這個問題也列在檢查表上。有個朋友跟我說過一件駭人聽聞的事，某家工廠裡的電擊設備出了問題，導致動物沒有完全失去意識，於是活生生的動物就吊在勾子上一路送到屠宰線。美國農業部的稽查人員卻沒有發現這個問題，因為他只注意到某個工人在打豬屁股時太過用力，並且忙著在檢查表記上一筆。同時，工廠的屠宰線上出現了還活生生的動物，這麼重大問題已經足以讓這家工廠自動不合格，但是稽查人員卻沒有看到，或是他看到了，卻沒有留下印象。

我想，這種視而不見的盲目，一定跟正常人的認知極限有關。當稽查人員必須檢查工廠運作中的一百個不同項目時，他就看不到扮成大猩猩的女子了。當然，我也不是說重打豬屁股就沒有問題，這肯定是錯的，必須予以矯正。然而，當檢查表太冗長的時候，稽查人員就開始高度關注細節，而忽略了事關重大的重要細節。

這種事情我已經看過很多次了。大約一年前，我去歐洲考察工廠，那裡的工廠和稽查員應該依照列了一百個項目的檢查表，逐次監督改善，但是那些工廠都慘不忍睹。

有時候，那些以文字思考的人想要列入的稽核標準根本就與現實脫節。舉例來說，我曾經跟肯德基炸雞合作，提升養雞業的動物福利標準。其中一位以文字抽象思考的人想要在稽核表上加入一項檢查標準，每天晚上至少要關燈四個小時。好吧，假設我在凌晨三點去農場檢查雞舍的燈關了沒有，那我要怎麼出來？我根本出不來嘛。所以我不信任書面稽核。

我需要稽核的不是燈光，而是關燈之後對雞隻的福利有什麼結果。必須關燈的原因是黑暗可以減緩小雞的成長速度，現在的養殖業都讓雞隻成長得太快，導致牠們的雙腿無法承擔身體迅速膨脹後的重量，最後就站不起來。這是很可怕的事情。關燈可以減緩小雞成長的速度，防止類似的事情發生，因此關燈非常重要，因為跛腳對雞的福利來說是很嚴重的問題。我曾經看過一座農場內有半數的雞都不能走路。所以我到了一座養雞場，想要知道的是，這裡的雞能不能走路？如果雞都跛了腳，那就一定是出了什麼問題，養雞場的稽核就不合格。

我堅決反對書面稽核，因為任何有心人都可以竄改書面資料，但是我直接觀察到的現象卻是不能捏造的。我不需要檢查電擊設備的維修記錄，如果電擊器妥善維護的話，自然就不會出問題，我只要知道這一點就行了。我曾經檢查過雞翅膀受傷的情況，總之，我就是要看到動物。

書面稽核與冗長的檢查表還可能有一種潛在的危險，工廠環境可能以極緩慢的速度惡化，但是卻沒有人發現。一旦你脫離動物，開始做書面稽核，即使不好的現象也很快就會變成常態。

我要強調一點：在肉品包裝工廠內維持動物福利的標準，是持續不斷的責任。HACCP的原則就是你必須不斷地檢查是否符合標準，否則一切都會走樣。這就有點像是維持體重一樣，你必須時時注意。書面稽核往往會掩飾一些逐漸惡化、不符合標準的小地方，最後卻成了動物福利的大窟窿。

不幸的是，對抽象文字思考的人來說，一百個不同項目的檢查表聽起來比只有五項標準的檢查表似乎要更關心動物福利。但是我確實可以證明，動物在經過十項標準稽核的工廠裡比經過一百項稽核的工廠，更能受到人道待遇。而且工廠使用我的檢查表之後，不只在大項目表現比較好，連小細節也有顯著的改善，因為小細節也是大項目裡的一部分。

儘管我的檢查表只有五個關鍵管制點，但是檢查的標準卻很嚴格，所以大部分的工廠都覺得無法通過稽核。可是後來麥當勞開始稽核工廠。一九九九年，他們取消了一家大工廠的供應商資格，因為這家工廠沒有通過稽核；另外還有其他幾家工廠也遭到暫停供貨的處分。此後，整個產業就開始皈依，農場上工作人員處置動物的方法也跟著改變。我可以告訴你，如果你現在去農牧場看看，他們對待牛群的態度可好著呢！使用我這種檢查表來做稽核的工廠，他們處理動物的方式都比使用一百項檢查表的工廠要好得多。

大部分的大型工廠都要接受連鎖餐廳的稽核，如麥當勞、漢堡王、溫蒂國際公司等。從麥當勞第一次要求供應商採用我的標準來稽核工廠，四年來，幾乎每一家工廠都可以輕騎過關。現在你若是走進工廠，一切都改頭換面，簡直就像變魔術一樣。我把一九九九年視為分水嶺，在此以前稱之為「前麥當勞時代」，在此之後則是「後麥當勞時代」。在一九九九年之前，工廠會採購最好的設備，但是卻沒有好好管理，任由東西損壞，也不肯花錢、花時間來訓練或監督工作人員，該炒人魷魚的時候也沒有做到。自從麥當勞開始要求稽核工廠，他們才開始上我的網站去學習他們早就應該知道的東西。改變的速度可以用光年計算。

在一九九九年之前，我花了二十五年的時間替工廠裝置設施，有些工廠使用方法正確，但是有些卻拆得七零八落，不堪使用。如今，我發明的設施都有妥善維修，再也沒有什麼東西損壞。在我事業的前二十五年，我只是硬體工程師，現在終於安裝了管理的軟體程式，訓練稽查員。這是我替北美半數工廠安裝了硬體設備之後，又替他們安裝的軟體。

——

我設計的五項檢查表，簡單明瞭，但是成效卓著。我的檢查表雖然有效，雖然我可以證明在使用一百項檢查表稽核的工廠裡，動物還是沒有受到良好的待遇，但是我仍然必須奮戰不懈才能持續推廣。

動物會跟人一樣彼此交談嗎？

動物研究和語言學研究這兩個領域有火花四射的爭論。很多人在情感上認定語言是人之所以為萬物之靈的獨有特質，是神聖不可侵犯的能力，是人之異於禽獸的最後一道防線。

如今，連最後一道防線也受到質疑。北亞歷桑納大學的史樂伯齊可夫（Con Slobodchikoff）研究動物溝通與認知，有令人震驚的成果。他利用聲納研究吉氏土撥鼠（Gunnison's prairie dog）的呼救訊號（吉氏土撥鼠是生長在美國和墨西哥的五個土撥鼠品種之一），結果發現土撥鼠在棲息地有一種溝通系統，包括名詞、動詞和形容詞。牠們可以通知對方什麼樣的捕獵者靠近了，如人類、老鷹、土狼、狗（這些是名詞），還可以說明移動的速度有多快（這是動詞），甚至告知一個人有沒有帶槍。

他們還可以分辨個別的土狼，然後通知彼此是哪一隻土狼來了。是那隻性急的土狼，牠喜歡直接衝到土撥鼠的棲息地，突襲遠離洞口來不及躲藏的土撥鼠，或者是那隻有耐心的土狼，牠可以在洞口守候一個鐘頭，等待晚餐自己出現。如果土撥鼠傳遞的訊號是有人來了，那麼牠們就可以通知大家，這個人穿著什麼顏色的衣服，還可以說明他的尺寸和形狀（這些都是形容詞）。牠們還有很多其他訊號，有待進一步的解讀。

史樂伯齊可夫博士利用錄影機拍攝所有的情況，然後分析聲音的光譜，再比對錄影帶的內容，看看土撥鼠發出呼救訊號是針對什麼東西所做的反應。他同時也觀察其他土撥鼠如何反應，這是很重要的線索，因為他發現土撥鼠對不同的警訊會有不同的反應。如果警訊是說有老鷹從空中俯衝，那麼所有的土撥鼠會立刻衝回牠們的洞穴，消失在洞裡；如果警訊只是說老鷹在空中盤旋，那麼土撥鼠會停止搜索食物，站起來警戒，看看接下來發生什麼事；如果警訊是說有人來了，那麼土撥鼠會一溜煙地跑回洞穴，不管這個人走得快或慢。

史樂伯齊可夫博士同時也發現，土撥鼠不是一出生就聽得懂這些訊號，就像嬰兒一出生就會哭一樣，牠們必須學習這些訊號。史樂伯齊可夫的根據是旗竿市（Flagstaff）附近有不同的土撥鼠棲息地，每個地方都有不同的方言，既然這些動物在基因上幾乎是一模一樣，因此他認為這些訊號的差別不是來自基因差異。換句話說，每個棲息地都有自己的一套訊號，然後代代相傳。

這是「真的」語言嗎？語言哲學家可能會予以否認，不過否認動物也有語言的證據似乎愈來愈薄弱。當然，不同的語言學家對於語言的定義也有所差異，至少大家都一致同意，語言必須有意義，可以複製（你可以使用相同的字，創造出無限多的新訊息），有取代性（你可以用語言討論不存在的東西）。

土撥鼠利用牠們的語言來指出現實生活中的真實危險，所以絕對有意義。牠們的語言或許也可以複製，因為相同的形容詞可以用在不同動物身上。史樂伯齊可夫博士也做了一個有趣的實驗，看看牠們會用什麼樣的訊號來指涉一個從未見過的物品。

他用三夾板做了三個側面像，分別是臭鼬、土狼和一個黑色的橢圓形，然後加上滑輪，拉著走過土撥鼠的棲息地。土撥鼠對這三個物品都發出警告訊號，而且每一隻土撥鼠看到同一個的木製品所發出來的訊號也都完全一致，顯示這些訊號不是臨時才發明的。其中至少有一個針對木刻土狼的訊號，是史樂伯齊可夫博士先前已經記錄過的一種訊號再加以變化的，這更進一步證明土撥鼠是結合「舊有的」字來描述新的東西。

還有另外一個有趣的發現，這三個木製品對土撥鼠來說都是新鮮事物，但是牠們卻用三種不同的訊號來指認每樣物品。史樂伯齊可夫博士認為，這就表示土撥鼠並不只是用一種機械式的訊號表示「有新東西來了」，他說，土撥鼠似乎使用變換律語法（transformational rules）來創造新的訊號。在人類語言中，變換律語法讓你可以把單字變成有意義的句子，而聽你說話的人也用同樣的語法解讀你說的話。土撥鼠的變換律語法似乎是以速度為基礎，根據捕獵者移動速度的快慢，牠們會隨之調整訊號的快慢。

我們還不知道土撥鼠能不能使用牠們的語言來談論不存在的東西，不過既然其他動物都曾經使用過語言討論不存在的東西，沒有理由認定土撥鼠就不行。有些人猿經過研究人員用英文訓練多年之後，就會用牠們自己的字眼來談論放在另外一個房間、眼前看不到的食物，這就是空間的取代性。也至少有兩隻人猿曾經使用手語，詢問動物同伴的下落（牠們被帶去看獸醫，不在現場）。我想，如果史樂伯齊可夫博士研究的土撥鼠已經會用名詞、動詞、形容詞，而且牠們的訊號還有語意和複製性，那麼他們應該就可以利用這些訊號去溝通，談論並不是近在眼前的東西。

為什麼是土撥鼠？

就我所知，土撥鼠的溝通能力似乎超過大腦結構更複雜的動物，包括靈長類。為什麼土撥鼠會發展出比猿猴更複雜的訊號？也許是不得不。土撥鼠是超級獵物，在土撥鼠洞穴附近出沒的肉食動物，幾乎沒有一個不吃牠們。史樂伯齊可夫博士列舉土撥鼠的天敵清單，名單之長，甚至還有大部分人連聽都沒聽過的動物：「土狼、狐狸、獾、金鷹、紅尾鷹、赤褐鷹、鵟（鷹的一種）、黑腳雪貂、家犬、家貓、響尾蛇、牛蛇」。八百年來，美洲原住民也一直獵捕土撥鼠做為食物，現在的人類則把他們當成射擊練習與運動的槍靶。

甚至，土撥鼠已在同一個洞穴裡住了幾百年，換句話說，附近任何一隻掠食動物都知道去哪裡可以找到牠們，但是這也表示，土撥鼠對附近每一隻掠食動物都瞭若指掌。土撥鼠在如此脆弱的情況下，當然要發展出一套精緻的溝通系統，才能維繫物種延續。史樂伯齊可夫博士揣測，如果要尋找動物使用的語言，我們應該研究最需要語言才能存活的動物，而不是跟我們基因最接近的近親靈長類。

如果他的說法正確，對於認定人類語言是獨一無二的人來說，無疑是一大打擊。如果小小的齧齒類動物用他們小小的齧齒類大腦，也能自然演化出語言來符合牠們生活之所需的話，那麼語言之所以獨一無二，就不再是因為人類發明了語言來溝通高度抽象的思想，而是因為發明語言的生物都非常脆弱，隨時可能被吃掉。

音樂語言

我想，土撥鼠的語言很可能是一種音樂語言。史樂伯齊可夫博士利用特殊的電腦程式來分析土撥鼠的訊號，結果發現這些訊號有不同的頻率比，他認為這是土撥鼠自創的形式。他推論這些頻率比會形成某些形式，簡單的說，這些訊號就是不同的音樂。

加州大學戴維斯校區的殷蘇菲（Sophie Yin）在研究一千隻狗吠的聲音時，也有類似的發現，她的研究顯示，狗在不同環境中會有不同的叫聲。狗在發現陌生人時，叫聲是快速緊急，狗在玩的時候，叫聲則是緩慢而富有和聲。沒有人知道這些和聲代表什麼意義，但是和聲隨著狗的處境而不斷產生變化，這個事實在我看來，就表示這些和聲可能對其他狗來說是有意義的。狗對聲音的語調也特別敏銳，這也是語言的音樂部分。

有些科學家，例如曾經出版《語言本能》（The Language Instinct）和《心智探奇》（How the Mind Works）等書的麻省理工學院認知心理學家平克（Steven Pinker），他就認為音樂只不過是演化留下來的包袱，本身沒有真正的目的。然而有這麼多的鳥類和動物創造音樂，如果音樂純粹只是演化包袱，在我看來似乎沒有什麼道理。更何況，如果音樂真的只是演化包袱，大腦又為什麼要有不同的區域來分析音樂的五種不同要素呢？腦傷病患的研究顯示，大腦有五種不同的處理系統來分析音樂，包括旋律、節奏、拍子、音調、音質。我的假設是，音樂是許多動物的語言。

腦部掃瞄研究已經開始為這個假設提供佐證。《自然神經科學》（Nature Neuroscience）刊登過一篇研究報告，研究中發現理解語言的大腦部位，布卡氏區（Broca's area），也同樣能夠理解音樂。這是一個重大發現，因為認知科學家一直相信，布卡氏區只能處理語言，其他什麼都不行。到目前為止，研究人員對於這個新發現的詮釋，認為可能表示，布卡氏區不僅限於處理語言，同時也處理「組成複雜資訊的隱性規則，如音樂和語言」。

不過我認為這個解釋可能是說，認知科學家原本是對的，或許布卡氏區真的只處理語言，或許這也是布卡氏區處理音樂的原因，因為音樂也是一種語言，或者可能是一種語言。也許，音樂或是其他類似音樂的東西曾經是人類的語言，而現在仍然是鳥類和動物的語言。

有一件事情讓我相信這樣的說法。好幾位高功能性的自閉症患者都曾經跟我說過，他們小時候看電視，會跟著覆述電視裡的句子，但是並不知道意義是蘊藏在文字裡，還以為所有的意義都在語調裡。我完全可以體會，因為聲音的語調是我唯一可以輕易察覺的社交線索。此外，我至少還認識一位自閉兒的家長可以透過歌唱跟患有自閉症的女兒溝通。如果媽媽用唱的：「來擺碗筷。」她女兒就能理解，但是如果媽媽用說的：「來擺碗筷。」她女兒就聽不懂，顯然她是從音樂裡察覺意義。我猜想這是不是因為自閉症患者回到更早期動物的溝通方式，也就是比較接近音樂的溝通方式。

最後一點，我母親跟我說，她知道我還有救的原因，是她發現我會跟著她在鋼琴上彈奏，一起哼著巴哈的曲子。當時我才兩歲，還不會說話，每天都做一些像是撕壁紙下來吃掉之類的事情。我還沒有接受任何診斷，但是母親知道一定是出了什麼嚴重的問題，因為我的發育跟不上隔壁同齡的女孩。然而我卻會哼巴哈。

這一切種種都讓我相信，音樂和語言之間必有關聯。

從科學的角度來說，我覺得已經有一些間接證據可以支持這種想法。有些非洲部落使用促音語言（click language），也就是改變音調來代表不同意義的語言，而針對這些部落所做DNA研究顯示，聲調性語言（tonal language）可能是人類最早使用的語言。中文就是一種聲調性語言。雖然聲調性語言並不等同音樂，但是研究人員針對非中文母語的人進行調查，結果發現音樂科系學生辨識中文聲調變換的能力，要比非音樂科系的學生好。

我們也有證據顯示，早在人類演化音樂之前，動物就已經有音樂了。這個證據是國立音樂藝術計畫的鋼琴師葛蕾（Patricia Gray）和五位生物科學家所做的動物音樂研究。研究報告發表在聲譽卓著的《科學》期刊，報告中指出：「雖然鯨類與人類的演化途徑在六千萬年前就已經分道揚鑣，但是我們的音樂卻有非常多的共通點，這個事實顯示音樂早在人類出現之前就已經存在。因此人類非但沒有發明音樂，反而在音樂發展史上算是姍姍來遲呢。」

莫札特顯然受到鳥鳴歌唱的影響。他養了一隻白頭翁做寵物。他在筆記上抄錄了一段已經完成的《G大調鋼琴協奏曲》，然後他的寵物白頭翁再加以修改，把升半音改成降半音。莫札特在白頭翁改過的版本旁邊寫道：「真是太美了！」白頭翁死掉的時候，莫札特不但在鳥塚旁唱歌，還朗頌了一首他為那隻鳥所寫的詩。而他接下來創作的曲子《音樂玩笑》（A Musical Joke），也處處可見白頭翁的風格。如果連莫札特這樣的音樂天才都景仰師法一隻鳥，那麼早期人類在發明第一首人類音樂時，也就極可能模倣鳥類。

但是研究學者還是不願意接受動物音樂，他們拒絕承認動物可以跟人做同樣的事情——創作音樂。就連葛蕾也只用「音樂的聲音」這個名詞，而不肯用「動物音樂」。話雖如此，大家還是一致認同，動物音樂裡的個別元素跟人類音樂完全一樣。座頭鯨唱的歌跟人類的歌曲一樣，都有重覆的副歌，有些鯨魚的歌曲甚至還會押韻。鯨魚使用韻腳的原因大概跟人類一樣，韻腳可以幫助記憶詩歌中的下一句是什麼。康乃爾大學的吉妮（Linda Guinee）與潘恩也發現，篇幅較長、結構較複雜的鯨魚之歌，比篇幅短、結構簡單的歌曲更常押韻。（潘恩就是發現大象利用低頻聲音溝通的人。）

鳥類創作的歌曲跟人類作曲家的作品一樣，在節奏和高低音調關係，都使用相同的變奏。此外，牠們的歌曲也可以變調。鳥類的歌曲也運用漸快、漸強、漸弱等技巧，也用到了全世界作曲家都採用的音階。

動物和人類的音樂品味也很接近。老鼠和白頭翁都可以分辨出「好的」和弦聽起來和諧悅耳，不和諧的和弦聽起來就「不好聽」。二〇〇二年於任內逝世的前加州科學院鳥類及哺乳類動物學系主任兼博物館館長巴提斯塔（Luis Baptista），手邊就有一捲錄音帶，是他在墨西哥錄下了一隻白胸森鷦鷯唱歌，跟貝多芬第五號交響曲的開場音樂一模一樣。這隻鳥在唱歌之前，不可能聽過貝多芬交響曲的唱片，顯然我們聽起來美妙的音樂，在鳥類聽起來也同樣美妙，於是鳥類也創作了同樣的音樂主題。

研究人員也認同，鳥類歌曲極為繁複，因此也極適合做為真正的動物語言。專研動物溝通的科學家大都認為，動物的叫聲太簡單，不能成為一種語言，但是卻沒有人認為動物的音樂很簡單，而它複雜的程度其實可以做為真正的動物語言。舉個例子來說，奏鳴曲很可能是鳥類發明的。奏鳴曲的結構是由一段主旋律開場，到了樂章主體，主旋律也隨之改變，一直到最後才又重覆開場的主旋律收尾。一般麻雀創作和演唱的歌曲就是奏鳴曲。加州大學聖地牙哥校區的音樂心理學家德伊志（Diana Deutsch），把人類製造的聲音分為三類：音樂、演說和附屬語言發聲（paralinguistic utterance），如笑聲或呻吟聲。她認為動物的叫聲類似我們附屬語言發聲，但是她說：「談到鳥的歌曲，有精緻繁複的高低模式，似乎以（人類的）音樂來做類比，比較適當。」換言之，動物音樂就是音樂。

研究動物歌曲的科學家說，動物唱歌是為了保護牠們的地盤和求偶，但是我覺得動物使用聲調性語言的用途不僅止於此。我們知道音樂與情緒緊密相連，音樂可以疏緩大腦中央的情緒中心，甚至更深入屬於腦部最古老部位的小腦。康乃爾大學的克倫漢索（Carol Krumhansl）曾經做過腦部掃瞄研究，結果發現大調與快節奏的音樂可以啟動讓人覺得快樂時的生理改變（如呼吸急促），而以小調與慢節奏的音樂則製造讓人覺得悲傷的生理改變（如脈搏減速、血壓升高、體溫下降）。

也許動物利用聲調來彼此傳達複雜的情緒。

動物的無罪推定

事實上，我們對於動物溝通和動物語言所知有限。如果動物研究史持續下去，也許連我們自以為知道的事情都會變得陌生，因為每當研究人員以為他們證明了動物不能做什麼事情的時候，就會有動物冒出來反證牠們可以做得到。在動物溝通和語言的範疇，也跟動物研究的其他領域一樣，動物一再證明牠們能做的事比我們所知道的要多出許多。

在動物溝通這個主題上，主要的論辯分為兩大陣營，一方認為人類語言和動物溝通是兩種截然不同的事情，彼此涇渭分明，另外一方則認為人類語言和動物溝通都是在同一個光譜上。後者相信動物語言可能比人類語言更簡單，就像兩歲幼童使用的語言比成人的語言簡單，但是仍不失為語言，兩者之間的差異是量化而非質化。

我個人投這個陣營一票，同時相信動物研究人員必須改變他們的研究典範。我們已經看到這麼多動物能夠做這麼多令人訝異的事情，到了這個時候，我們的研究假設應該是動物也許能做什麼事情，而不再是他們不能做什麼事。研究問題的設定會限制你所發現的答案，因此我認為，如果我們給動物無罪推定的話，說不定會學到更多。

二〇〇二年，喬姆斯基（Noam Chomsky）、郝塞（Marc Hauser）和費契（W. Tecumseh Fitch）三名學者在《科學》期刊發表一篇文章，指稱人類是唯一擁有遞迴性（recursive）語言的動物。遞迴性，簡單地說，就是指人類可以利用規則，結合單獨的聲音和文字，創造出數量無限而且意義不同的句子。

然而，蓓伯格博士卻指出，海豚和鸚鵡都能夠理解遞迴性的句子。海豚可以聽得懂相當複雜的句子，如「去碰左手邊那塊灰色的沖浪板」和「游到右手邊那塊黑色的飛盤」。顯然喬姆斯基及其同儕都認為這不能算數，因為這些句子並不是海豚自己創造出來的，牠們只是聽得懂而已。然而，科學家怎麼能夠斬釘截鐵地說，他知道海豚不能創造遞迴性的句子是不爭的真實？這一點倒是讓我百思不解。

不久之前，蓓伯格博士又開始訓練艾利克斯和另外一隻灰鸚鵡「葛里芬」，這一次是教牠們發出音素，也就是字母與字母組合所代表的聲音。英文裡總共有四十個音素。蓓伯格博士和助理想要知道鳥類是否能夠理解文字是由字母組成，而字母又可以重新組合變成其他的字，所以他們從貼在冰箱門上的字母磁鐵開始教起。

有一天，贊助研究經費的合作單位來參觀蓓伯格博士的實驗室，她跟工作人員想讓「艾利克斯」和「葛里芬」出來炫耀一下，於是他們抓了一把塑膠的彩色字母放在盤子上，開始問艾利克斯一些問題。

「艾利克斯，什麼聲音是藍色的？」

艾利克斯發出「Sssss」聲。沒錯，藍色的字母確實是「S」。

蓓伯格博士說：「乖鳥兒。」接著，艾利克斯就說：「要花生。」因為牠每次答對問題都應該要得到一顆花生。

但是蓓伯格博士卻不希望牠在來賓參訪的有限時間裡，坐在那裡吃花生，於是她叫艾利克斯稍等一會兒，然後又問道：「什麼聲音是綠色的？」

綠色的字母是兩個字母的組合「SH」，艾利克斯發出「Sshh」聲。牠又答對了。

蓓伯格博士說：「乖鸚鵡。」接著，艾利克斯又說：「要花生。」

可是蓓伯格博士說：「艾利克斯，稍等一下。什麼聲音是橘色的？」

艾利克斯又答對了，但是牠仍然沒有吃到花生。表演一直持續下去，牠也一直在觀眾面前發出字母的聲音。艾利克斯顯然愈來愈火大。

到最後，艾利克斯不耐煩了。

蓓伯格博士形容當時的狀況，牠斜眼看著著我，大聲說：「要花生，Nnn、uh、tuh！（Nut）」

艾利克斯拼出了花生這個英文字的字母。蓓伯格博士和助理花了無數個小時的時間，訓練牠辨識塑膠字母，目的是要看牠最後會不會知道文字是由聲音組成的，沒想到牠已經知道如何拼字。早就更上一層樓了！

蓓伯格博士說，「像這樣的事情並不是每天都會在實驗室裡發生，但是一旦發生，就會讓你了解到牠們那個豆粒般大小的腦子裡還藏了更多的事情，遠超乎你最初的想像。」我想要再加上一句，遠超過人類的認知。蓓伯格博士及其研究團隊或許已經是全世界研究鸚鵡認知能力的首要權威，跟艾利克斯合作也長達二十年，但是他們卻完全不知道艾利克斯已經學會了拼字。

—

從現在開始，我們應該把動物視為有溝通能力的生物，而不再假設動物什麼都不會。動物研究人員對很多事情都視為理所當然，如「動物沒有語言」、「動物沒有心理的自我意識」。在動物研究文獻上，到處都可以看到類似這樣以偏蓋全的論述。然而，擺在眼前的事實是，我們既不知道動物不能做什麼，也不知道牠們能做什麼；要證明否定的假設並不容易，而且這也不應該是研究的重點。

如果我們對動物感興趣，就必須為了動物來研究牠們，並且要儘可能地從牠們的角度著手做研究。牠們在做什麼？牠們有什麼感覺？牠們在想什麼？牠們在說什麼？

牠們是誰？

還有，我們該怎麼做才能更公平、更負責、更仁慈地對付牠們？

這些才是真正的問題。

第七章　動物天才：極度天賦

事情愈來愈明顯，即使懷疑論者也不得不承認，動物確實比我們想像的要聰明。

問題是，牠們到底有多聰明呢？

我的答案是，有些動物就跟有些人一樣都是某種形式的天才。這些動物的天賦異稟，遠超過任何人類能力所及的範圍，不管付出多少心血、努力練習也望塵莫及。

這些動物是誰呢？

像鳥類就是其中之一。我對鳥類的認識愈多，就愈覺得我們對某些物種的鳥類智慧極限幾乎一無所知，像鳥類遷徙或許就是我們所知道的一種異常天賦。鳥類的腦子跟胡桃差不多大，但是牠們卻能夠學習並且熟記長達數千哩的遷徙路線。就我們目前所知，遷徙路線最長的候鳥是北極燕鷗，來回一萬八千哩，有些北極燕鷗每年都往返南北極之間。

極度記憶

這些物種堪稱天才，倒不只是因為牠們擁有像是長了一對翅膀、能夠飛翔這些與生俱來的神奇能力，而是這些鳥類必須學習遷徙路線。牠們並不是一出生就知道自己這個物種的遷徙路線，因為這不是天生就會的技能，然而牠們卻不費吹灰之力就可以學會。有些候鳥在學習遷徙路線時，牠們的學習能力跟天才程度相當。

有一部講候鳥的好電影，叫做《返家十萬里》（Fly Away Home），這是根據利希曼（Bill Lishman）的故事改編而成的片子，講述利希曼跟他的夥伴達夫（Joseph Duff）駕著輕型飛機，教導一群加拿大野雁返家的過程。他們展開這個計畫的目的，是為了拯救瀕臨絕種的美洲鶴，於是利希曼成立了一個名為「遷徙行動」（Operation Migration）的慈善組織。根據「遷徙行動」的資料，全世界只剩下一百八十八隻美洲鶴，而且都聚集成一大群，使牠們更容易陷入絕種的危機。

在利希曼之前，試圖拯救這個物種的人總是以人工圈養的方式來培育小美洲鶴，但是這個方法行不通，因為等小鶴長大之後，沒有成年的美洲鶴教牠們遷徙路線，牠們就沒有辦法野放。牠們不知道如何遷徙，只好留在原地，等冬天來了，就活活凍死。

利希曼想到用輕型飛機帶領美洲鶴沿著遷徙路線飛行一遍，藉此教牠們如何遷徙，小型的單人飛機可以用每小時二十八到五十八哩的慢速飛行。他先用加拿大野雁做實驗，因為野雁並沒有絕種的危機，任何一個在東岸打過高爾夫球的人都可以跟你保證，野雁的數量非但不缺，而且牠們的糞便所造成的問題，甚至到了難以控制的地步。一些邊境柯利犬還因此有了新的任務，在高爾夫球場上驅趕野雁。這倒是好事一樁，因為柯利犬本來就需要工作，如果整天無所事事，牠們反而心不在焉。

不久之後，利希曼就證明了不但可以教野雁跟著人類操縱的輕型飛機飛行，而且只要飛過一次，牠們就可以學會單程四百哩的遷徙路線。飛越四百哩沒有任何標誌的空曠地形，而且只飛過一次，沒有任何人能夠記得這個路線，鳥類遷徙確實是一種極度天賦。

他知道可以教野雁遷徙之後，就開始用沙丘鶴做試驗，沙丘鶴是美洲鶴的親戚，但是沒有滅絕的危機。一九九七年，他率領七隻沙丘鶴從南安大略飛到維吉尼亞州，單程四百哩，這些沙丘鶴在維吉尼亞州過冬，到了三月底的某一天，牠們跟平常一樣出去覓食卻沒有回來。兩天後，利希曼接到安大略省一名校長打來的電話，說有六隻大鳥在校園裡，讓學生看得不亦樂乎！七隻鳥裡有六隻可以沿著牠們這一輩子只飛過一次的路線，從反方向飛行四百哩路，安然返回加拿大；而且最後還回到距離牠們成長地點只有三十哩的地方。

很多動物都在某一個領域有極度的記憶力和學習能力。灰松鼠每年冬天都要埋藏幾百顆堅果，而且每顆堅果都埋在不同的地點，但是牠們全都記得。牠們不但記得每一顆堅果埋在哪裡，而且還記得是什麼樣的堅果，甚至記得是什麼時候埋的。牠們並沒有做什麼記號，也不是用嗅覺來找堅果，或許有很多人會這樣猜想。幾天前我看到一篇園藝專欄，有位女性讀者寫信去問，有什麼方法可以防止松鼠把她的花園挖得亂七八糟。專欄作家回答道，松鼠忘了牠們把堅果藏在哪裡，所以就到處亂挖。這個說法不是真的，松鼠清楚地記得牠們把數以百計的堅果埋藏在什麼地方。加州大學柏克萊校區的雷文尼博士（Pierre Lavenex）專門研究灰松鼠的記憶力，他說：「牠們利用環境資訊，例如樹木和建築物的相關位置，靠埋藏地點和遠方地標之間的角度和距離，運用三角測量找出牠們埋藏的堅果。」

人類絕無這等本事；正常人在大半時間甚至不記得汽車鑰匙放在什麼地方，更不要說是五百顆埋在不同地點的堅果了。如果一個人必須仰賴埋藏的堅果才能生存，他能撐多久呢？他絕對撐不過冬天，這一點毋庸置疑。「人類可以找到幾個地點（也就是利用地標和三角測量找到他們埋藏東西的確切地點），」雷文尼博士說，「也許六、七個，但是松鼠比起來就差太多了。」

大部分的動物都有像這樣的「超人」技能：動物有動物天分。鳥類是導航天才，狗是嗅覺天才，老鷹是視覺天才，也可能是其他的任何技能。

極度感官與動物智力

很多動物都有極度敏銳的感官。警犬的嗅覺可以聞出走私的違禁品、毒品或爆裂物，效果比X光機器還要好三倍，在測試時的整體成功率高達百分之九十。

狗可以嗅到人類無法聞到的東西，並不足以讓牠成為天才，無非就是一隻狗而已。就像人類可以看到狗眼睛所看不到的東西，並不表示我們比較聰明。

不過若是看到一些狗利用過人的感官能力，自己發明一些解決問題的方法，那就已經進入真實認知的範疇了，也就是在新環境中解決問題的能力。癲癇警訊犬就是一個很好的例子，證明動物可以利用牠們過人的感官能力來解決問題，而這些問題都不是狗一出生就知道如何解決的。癲癇警訊犬，據牠們的飼主說，是可以預測癲癇發作的狗。我們是否真的可以訓練狗來預測癲癇發作，至今仍有爭議，而且到目前為止，人為訓練都不算太成功，不過卻有一些狗自己摸索出預測之道。這些狗是經過訓練成為癲癇反應犬，也就是說，一旦有人癲癇發作，牠們就可以予以協助，例如躺在病患身上避免病患傷害自己，或者是把藥物或電話拿給病患等。這些都是基本協助行為，任何一隻狗在受訓之後都可以做得到。

然而在這些癲癇反應犬之中，有些就更上一層樓，從看到癲癇發作產生反應，更進一步到感知癲癇發作的徵兆。沒有人知道牠們是怎麼辦到的，因為人類看不到這些徵兆，沒有人能夠坐在癲癇病患的面前，然後看到（或是聽到、聞到、感覺到）癲癇即將發作。不過一項研究顯示，有百分之十的飼主說，他們的癲癇反應犬已經變成癲癇警訊犬。

《紐約時報》報導過一則驚人的新聞，有位住在佛羅里達州，名叫史丹德莉（Connie Standley）的女子，養了兩條大型的法蘭德斯畜牧犬，牠們就能夠在癲癇發作的三十分鐘之前預測她要發病。當牠們預測到史丹德莉的癲癇症即將發作時，就會拉扯她的衣服、對著她吠或是啣著她的手，把她拉到安全的地方，以免發作時受傷。史丹德莉說，牠們可以預測到八成的癲癇發作。史丹德莉的兩隻狗顯然受過癲癇警訊犬的訓練，但是像這樣的狗並不多，大部分的癲癇警訊犬原本都只是訓練成癲癇反應犬，而不是訓練來預測癲癇發作。

癲癇警訊犬讓我想起「聰明漢斯」的故事。漢斯是二十世紀初一匹全球知名的德國馬，牠的飼主歐思登（Wilhelm von Osten）認為牠會算術。歐思登先生問漢斯像是「七加五等於多少？」這一類的問題，然後漢斯就會用馬蹄在地上輕點十二下。漢斯甚至還能夠回答像「如果這個月的八號是星期二，那麼下一個星期五是幾號？」之類的問題。即使是完全陌生的人向牠提出數學問題，牠也會回答。

後來有位名叫芬格斯特（Oskar Pfungst）的心理學家發現，漢斯並不是真的會計算，而是觀察人類在不知不覺中傳遞出去的微妙提示，連人類自己都不知道。牠感知到應該開始輕點馬蹄時，就開始輕點馬蹄，一旦感知到該停的時候，牠就停下來。提問的人有非常細微、無意識的動作，只有漢斯才看得到，而這些動作太過細微，就連做動作的人自己都沒有感覺。

芬格斯特博士也沒有看到這些動作，他是刻意去找這些動作，最後終於解開這個謎團。他讓提問的人離開漢斯的視線，並且問一些連他們自己都不知道答案的問題，結果發現只有提問的人就站在漢斯眼前，並且也知道答案的時候，漢斯才能正確的回答問題。如果這兩個條件有任何一個不符合，牠的表現就立刻走樣。

心理學家常用「聰明漢斯」的例子來證明，那些相信動物有智慧的人都只是自欺欺人；然而在我看來，結論卻不是這麼顯而易見。從來沒有人能夠訓練任何一匹馬去做漢斯所做的事情，牠完全是自學的。難道動物擁有觀察另外一個物種的能力，就像漢斯能夠察覺人類的細微動作一樣，真的只是證明牠無非是一隻「笨動物」嗎？難道牠蹬馬蹄真的只是古典制約下的產物嗎？我想問題沒有那麼單純。

漢斯與癲癇警訊犬有一個雷同之處，牠們都是在沒有人類協助的情況下，自己學會這些技能。我已經提過，就我所知，目前還沒有人知道如何訓練一隻「新手」狗，教牠如何預測癲癇發作。馴犬師所能做的，最多只是在狗協助癲癇發作的病患之後給予獎勵，然後就讓狗自己去辨識可以預測癲癇發作的徵兆。這種訓練方法的效果不算太好，但是有些狗還是可以自學成功。我想這些狗確實表現出較高的智慧，就像有些人能夠完成別人做不到的事情，也是較高智慧的表現。

癲癇警訊犬的行動，或許還有漢斯的表現，何以是較高智慧，或較高天分，的表現呢？因為牠們並不需要去做這些事情。狗可以發現癲癇發作的徵兆是一回事，畢竟這可以歸因於犬類嗅覺、聽覺或視覺的某種獨特能力，就像狗可以聽到狗哨而人類卻聽不到一樣。然而，狗發現了癲癇發作就迫在眼前的徵兆之後，決定要採取行動，這又是另外一回事了。這就是人類的智慧，所謂智慧就是人類利用與生俱來的感官和認知技能，來達成有用而且有時候也很驚人的目標。

肉眼所不能見

講到這裡，你也許開始懷疑，如果動物真的這麼聰明的話，為什麼都沒有人發現呢？

首先，我們對於大多數的野生動物在做些什麼一無所知。即使有珍古德這樣的人，花了多年時間在動物的原生地近距離觀察一群動物，我們仍然不知道動物自己以為牠們在做什麼，也不知道牠們彼此溝通談論自己在做什麼時候都講些什麼話，所以看到烏鴉貝蒂能夠即時折彎鐵絲勾取食物，或是灰鸚鵡艾利克斯能夠拼出花生這個字，總是讓我們大吃一驚。就在幾天前，我在一場研討會上碰到一位女士，她就跟我說，佛羅里達州的某家飯店養了一隻超級聰明的鳥，這隻金剛鸚鵡自己發明了一個名詞「甜脆」（crackery），指的是甜餅乾（cookie）或脆餅乾（cracker）。這兩種食物是飼主平常給牠吃的零食，顯然牠自己決定「甜餅乾／脆餅乾」是自成一類的食物，所以需要一個新的名字，於是牠就把「甜餅乾」和「脆餅乾」結合起來自創新詞。牠倒也沒有錯，因為甜餅乾和脆餅乾確實分屬不同的類別，兩種都是零食，但也都不是「真正的」食物。我猜這隻鳥開口要吃「甜脆」的時候，牠想要的也許就是垃圾食物。

住在紐約市的摩根納（Aimee Morgana）也有一隻灰鸚鵡「尼克西」（N'Kisi），會說五百多個英文字彙，還會用動詞的現在式、過去式和未來式，有一次甚至用「flied」來代表「flew」。她把摩根納平常用的芳香精油，稱為「漂亮氣味的藥」。

重點是我們真的不知道動物的能與不能。動物不斷表現出從來沒有人知道的嶄新技能，讓我們看得目瞪口呆，或許這就是一個教訓，我們知道的實在太少了。

如果動物這麼聰明，為什麼牠們沒有主宰世界？

我想，研究人員之所以沒有認真地看待這個教訓，主要的原因是大部分的人都很自然地認定，根本沒有停下來仔細想一想，如果動物真的像人類一樣聰明，甚至還有過之而無不及，那麼牠們應該會有更多的表現才對。動物發現的東西都在哪裡？這是一個大哉問。

「如果動物夠聰明，牠們不會到現在都還在森林裡拉屎」——這就是我們對動物認知的基本理論，如果牠們真的很聰明，不是早就應該發明抽水馬桶了嗎？

這種針對動物智商的室內馬桶理論都忘了一件事，很多原住民也都沒有發明室內馬桶，但是他們還是跟其他人一樣聰明。我們對動物的看法其實很接近十九世紀歐洲探險家大量接觸到非洲原住民時對土著文化的看法，當時正是動植物學家為地球上所有動植物分類命名的全盛時期，因此歐洲人也替人類創造了不同的分類。他們認為歐洲人最聰明，亞洲人次之，非洲人則墊底。

歐洲人當然錯了，究其原因，可能有一部分也跟人類對動物有錯誤認知的原因一樣。歐洲人犯的最大錯誤是把智商跟文化演進混為一談，累進文化演進是指每一世代都可以在前一世代建立的基礎上累積知識，而不必歸零重頭開始。文化要能夠演進，就必須有文化棘輪（cultural ratcheting）的效應，也就是說，一群人或動物必須設法保留先前世代所學習到的知識，以便後代可以在這個基礎上累積新的知識。文化棘輪效應是指一個文化可以保存一個不斷擴充的知識本體，並且傳承下去，這樣就不必每一世代都要自己發明這些知識。

研究人員並不知道為什麼有些文化演進的速度比其他文化快，也不知道其中的過程如何，但是他們確實知道這與智商無關。或許需要一對一的直接教學，再加上非常普遍的專注學習，這樣知識流失的速度才不會跟獲得的速度一樣快。

所有的人類文化，包括原住民族在內，都有某種程度的累進文化演進。至於其他物種，研究人員目前認為只有鳥類，也許還有黑猩猩，可能有文化演進。然而我們對動物生活還有很多層面都無法理解，所以也還不到蓋棺論定的時候。以海豚為例，海豚經常連續幾個小時彼此交談，經過了這麼多世代，牠們非常可能發展出一套豐富的「心智」文化，只是我們看不到而已。我們又怎麼會知道呢？

我在讀《無語問蒼天》的時候，就想到海豚。在聾啞者的文化中，失聰的人彼此用手語一再重覆相同的訊息，確定每一個人都了解並且知道相同的資訊，作者夏勒談到她去參加他們的野餐會，「雖然每個人都從（手語的）自我介紹中知道我的名字，也知道我從那裡來，但還是一個一個傳看我英文名字的拼法，傳閱我的名牌和加州的名牌，直到每一個人都看到完全一樣的資訊，他們才覺得滿意。」

我不知道海豚是否也做同樣的事情。在海豚之間一再重覆傳遞寶貴的文化資訊，確定沒有遺漏任何一隻海豚。海豚沒有書、也沒有手，牠們無法用文字或建個什麼東西來記錄牠們知道的事情，我這樣說的原因是早期人類也沒有書寫文字，但是他們製作一些簡單的工具、衣服和遮風擋雨的棚子，或許是這些東西不但有實際用途，同時也是如何製作的說明指南。（如果是真的很簡單的東西，光用看的就可以知道怎麼做。）

但是你若只有口語傳播，又建立了複雜的文化，那麼傳遞文化的過程就會像是玩傳話遊戲，始終都會面臨資訊在傳輸過程中遭到扭曲的危險，甚至損毀你想要傳遞的知識。要避免這種情況的唯一方法，就是養成一再覆述的習慣，每一個傳遞的知識都要一遍又一遍地來回重覆，確定接受資訊的人或海豚收到了完全一致的訊息，而不只是聽個大概而已。

不一樣的聰明

我認為動物比我們所想的要聰明，同時我也認為很多動物或許擁有不同種類的智力，跟正常人所有的一般流動智力不一樣。

我在前一章提到，動物是認知專家，牠們對某些事情很聰明，但是對其他事情就沒有那麼聰明。人類則是通才，表示在某個領域聰明的人在其他領域也會很聰明，這是智商測驗顯示的結果。

自閉症患者聰明的方式就跟動物一樣，我們都是專才。有自閉者的人做智商測驗的分數高低起伏很大，威廉絲（Donna Williams）是來自澳大利亞的自閉女性，曾經寫過一本自傳叫《自閉症回憶錄》

（Nobody Nowhere），她在書中寫到她做智力測驗在各個不同項目的分數，從智能不足到天才都有。我相信這是真的！

根據我長年觀察動物以及跟自閉症患者相處的經驗，我可以斷定擁有極度天賦的動物，就像是自閉症的天才神童。

如果你沒有看過自閉症天才，或許可以去看看電影《雨人》（Rain Man），這部片子就是講自閉症天才雷蒙和他弟弟的故事。雷蒙在日常生活中連烤片吐司都會讓廚房整個燒起來，但是他卻能計算出二十一點牌局裡的牌數，贏了好幾千美元。這種智力的不平衡就是典型的自閉天才，一旦脫離他們專精的領域，他們的智力與能力幾乎都比不上正常人，因此以前才會把這樣的人稱為白痴天才。就跟擁有極度天賦的動物一樣，自閉天才可以很自然地完成一般人連教都教不會的事情，不管他們多努力學習、花多少時間練習也都還是辦不到，然而自閉天才的智商卻跟智能障礙的低能兒屬於同一等級。

聚合與分裂：動物與自閉症患者何以與眾不同？

達爾文最早使用聚合（lumpers）與分裂（splitters）這兩個詞彙來形容兩種不同的分類學家。聚合分類學家總是根據主要特徵，把許多動物或植物歸於一大類，分裂分類學家則是根據次要變種，把牠們區分為許多不同的小類。聚合是求同概括，分裂則是求異細分。

這是動物與自閉症患者跟正常人之間最主要的差異。動物與自閉症患者都是分裂分類學家，他們在看不同事物時，總是看到兩者之間的差異，而不是雷同，這就表示，動物在現實生活中不擅長歸納引申。（當然，正常人通常都過度籠統引申。）因此你在訓練動物社群化的時候必須特別小心，要讓牠們跟許多不同的動物和人交往熟悉。

訓練動物學習其他技能也是一樣。接受訓練引導盲人過街的工作犬並不會把兩個不同的十字路口歸納成同一類，因此即使你訓練牠們學會過一、兩條街，也不能期望牠們會自動引申，把所學應用在新的十字路口。你必須訓練牠們走十幾種不同類型的十字路口，比方說，紅綠燈掛在路中間、人行道上劃有斑馬線的十字路口，紅綠燈掛在路中間但是卻沒有斑馬線的十字路口，還有紅綠燈架在柱子上的十字路口等。

這也是馴犬師總是叫人自己訓練狗的原因，你把小狗送到訓練學校學習服從是沒有用的，因為牠只學會服從馴犬師，而不是服從你。此外，家裡每個成員都要參與訓練工作，因為如果只有一個人訓練的話，這隻狗就只會服從這個人而已。

而且你還要小心謹慎，不要陷入定型化訓練。所謂定型化訓練是指每次訓練都在相同時間、相同地點，而且都使用相同的口令與指令。如果你的狗是經過定型化訓練，牠還是可以學會這些口令，完美地達成你要求的動作；但是你若不在平常訓練的地方，或是下口令的順序跟平常訓練不一樣，那麼牠就不會聽話。牠學會的只是一種固定模式，無法涵括到其他時間、其他地點或其他人的個別命令。

教自閉兒的人也面臨完全一樣的挑戰。有位行為學家跟我說過，他如何教導一位自閉症男孩在吐司麵包上塗奶油的故事。這位行為學家跟男孩的父母親花了很大的功夫，終於教會男孩在吐司上面塗奶油，大家都很興奮，但是興奮之情卻維持不久，因為等到有人拿花生醬給這個男孩塗麵包的時候，他卻茫然不知所措！他剛學會這種塗奶油的嶄新技術，只是塗奶油專用，不能涵括花生醬。於是他們得重頭再來一遍，教他如何在吐司上面塗花生醬。有自閉症的人始終都是這樣，動物也是如此。

因為這種情況太普遍，也太極端，因此說動物是分裂分類學家似乎還不夠，牠們是超級分裂的分類學家。高度特異的特質就是如此。

這倒也不是說動物和自閉症患者完全沒有歸納引申的能力，他們顯然還是會歸納引申。害怕黑帽子的馬將原始的創傷經驗引申到其他戴著黑帽子的人身上；塗奶油的小男孩也把這項技術引申到其他的奶油和吐司麵包；工作犬稍加訓練之後，也知道如何把他在其他十字路口學習到的經驗，引申到從未見過的新十字路口。

不同的是，相較於沒有自閉症的人，動物和自閉症患者的概括範圍幾乎都更狹隘，而且都有特定對象。戴著黑帽子的人和在麵包上塗奶油，都是相當狹隘的分類。

藏圖天賦

對正常人來說，高度特異聽起來像是某種嚴重的心智障礙，從很多方面來說，確實也沒錯。高度特異可能就是動物看似不如人類聰明的主要原因。如果一匹馬始終覺得生命中最可怕的事情不是粗暴的工作人員，而且他頭上的那頂帽子，那麼這匹馬能有多聰明呢？

如果牠去學校上課的話，可能就不是那麼聰明了。然而，在學校課業上表現聰明並不是最重要的事，擁有較高的一般智力，付出的代價就是犧牲了較高的高度特異智力，不能兩全其美。

換句話說，正常人不能擁有像動物一樣的極度感官，因為高度特異與極度感官總是連袂而至。我不知道兩者是否有因果關係，或者只是大腦中同一個差異的兩個不同層面，但是我可以肯定，「聰明漢斯」做不到人類可以做的事，而人類也做不到漢斯做的事情。漢斯擁有一種特殊的天賦，是人類所欠缺的。

在還沒有進一步研究之前，我姑且根據一些自閉症研究的發現，把這種能力稱之為藏圖天賦。一九八三年，艾米塔夏（Amitta Shah）和她的同事傅萊絲（Uta Frith）測試了二十個自閉兒、二十個正常的孩子以及二十個有學習障礙的孩子（所有受試者的心智年齡都相同）他們做的是「藏圖測驗」，在測試中，先給受測試的小朋友看一個圖形（如三角形），然後要他從一個物品的圖片中（如娃娃車）找出同樣的形狀。

結果自閉兒尋找隱藏圖形的能力比其他兩組好，他們總是立刻就指認出圖形，在二十五個題目中，平均答對二十一題，至於其他兩組的平均成績都只有十五題。這是很大的差距，甚至可以說正常人在藏圖測試的表現跟自閉症患者比起來，簡直就是殘障。自閉兒的分數甚至都要超越實驗人員呢！這些發展障礙的孩子得分竟然跟正常的成年人一樣！

我相信這是真的，因為在幾年前，我在《有線雜誌》（Wired Magazine）看到一個藏圖測驗，我也是一眼就看到答案。對我來說，那些圖形並沒有真的藏起來。

就我所知，還沒有人用藏圖測驗來測試過動物，但是我敢說牠們的成績也一定優異。對動物做藏圖測驗，最容易的方式也許是做一個簡單的認知測試，教動物去碰觸或去啄特定的形狀，然後再給他看一幅藏有這個形狀的圖片，看看受測試的動物是否還能夠找到這個形狀。

大部分的人都無法體會這種藏圖天賦在必要時有多麼管用。馬里蘭州的一家人力仲介公司專門替有自閉症的成年人安排類似品管之類的工作，他們旗下有一群自閉症男性在一家成衣工廠，負責檢查剛從生產線製造完成的T恤，看看衣服上的絹印商標是否有瑕疵。沒有自閉症的人很難察覺不同絹印商標之間的細微差異，但是這些有自閉症的員工真的是一眼就看出來。這是藏圖測驗的翻版，對他們來說，絹印瑕疵根本就沒有藏起來。

這家人力仲介的客戶在裝訂工作上的表現也比正常人要好。在整理企業報告時，必須迅速又正確地分辨出封面及封底。對正常人來說，兩者看似雷同，但是在自閉症員工的眼裡卻有很大的差異，他們總是一下子就可以完成。極度感官讓他們得以看到正常人所看不到的細微差異。這家仲介公司甚至還介紹一名有自閉症的女性去擔任潛水艇零件的品管員。

在九一一事件發生過後不久，我就想到這些自閉症員工。當時的新聞報導說，檢查行李的人很難在X光機的螢幕上看出武器的形狀，因為包包裡面的雜物太多。如果你是正常人，而你的工作又是整天坐在同一個地方盯著小螢幕看，那麼要不了多久，你就無法分辨究竟是武器，還是壓在行李箱裡的垃圾，因為螢幕上擠成一團，所有的東西都是一片模糊。然而，對有自閉症的人來說，可能就不成問題，我覺得機場安檢單位應該試用自閉症的人來做這份工作。

我覺得有太多的天賦遭到浪費，不管是不「正常」的人或是「正常」的動物。或許是因為我們不知道動物若是有機會，到底能做些什麼，只好把一切交給像癲癇警示犬這樣的動物，讓牠們自由發揮，發明自己能做的工作。

自閉神童

我從本書一開始就提到，我認為動物天才可能跟自閉神童是同一回事；這是我多年來跟動物相處、近距離觀察動物之後，一直都存在的感覺，也曾經在《圖像思考》（Thinking in Pictures）一書裡提過。但是我卻不知道為什麼在我眼中，動物天才和自閉天才看起來如此相似，也不知道兩者是否來自大腦裡的同一個差異。

這倒不是說自閉神童與動物神童所做的事情都一樣。動物在單趟飛行之後就學會複雜的遷徙路線或是能夠預測癲癇發作，這些都充分顯示動物神童的才華。至於自閉神童則能夠在電光石火之間就在腦子裡推算日期或計算質數，抑或者是成為藝術巨匠，光憑記憶就可以精準地描繪出建築或風景的完美線條，他們大多從小就展露藝術才華，而且還有完美的透視畫法，這一點格外令人驚奇，因為即使是偉大的藝術家，也都要經過老師調教才能學會如何透視畫法，而四歲大的自閉神童卻自然就知道怎麼畫。

儘管自閉神童與動物神童在表面上看似如此不同，但是至少有一件事情相似，他們所展現的天賦有很多都會用到卓絕的機械性記憶。有自閉症的人向來以記憶力超強著稱，他們能夠牢記完整的火車時刻表、世界上每一個國家的首都等，自閉症患者似乎是唯一能夠跟星鴉一決高下的人，只有他們才能記得三萬顆松子埋藏在什麼地方。除此之外，我實在不知道動物天才為什麼讓我感覺如此熟悉。

一九九九年，澳大利亞國立大學心智研究中心的心理學家史耐德博士（Allen Snyder）發表了一篇論文，揭櫫所有不同天賦的統合理論。如果他的理論正確的話，或許也可以解釋動物天才的由來。史耐德博士以及跟他合作一起發表論文的米契爾博士（D. John Mitchell）表示，所有不同的自閉天賦能力，都是因為自閉症患者不像正常人一樣，並沒有把他們看到或聽到的東西，迅速處理成一個統合的整體或是概念。

正常人看到一棟房子，是透過感官將成千上百片的資訊，揉合成一個統合的東西——一棟房子。這是大腦自動處理的過程，正常人想不這樣做都不行。因此，教繪畫的老師常用的一種授課方式，就是要求學畫的學生把一幅畫倒過來臨摹，或者是畫一個物品週邊的反空間，而不要畫物品本身。把畫倒過來看或者畫反空間可以騙過你的大腦，讓這些圖像維持原有的片斷資訊，因此你才能真的畫出這個物品，而不是你大腦中對這個物品的統合概念。一般人看到他們倒過來臨摹的作品總是很訝異，因為沒有想到會畫得那麼好。

有自閉症的人或多或少就困在片斷感官資訊的階段，程度就依個人而有差異。撰寫《自閉症回憶錄》的威廉絲就說，她無法一眼就看到一個完整的物體，她所看到的東西像是播放這個物體的幻燈片。比方說她看到一棵樹，也許是先看到樹上的一根樹枝，然後切換到下一張幻燈片，看到一隻鳥坐在枝頭，然後又切換到下一張幻燈片，看到幾片樹葉，以此類推。有些自閉症患者的問題比較嚴重，我甚至覺得他們這種片斷感官系統，讓他們近乎全盲或全聾。我懷疑有些自閉症患者幾乎沒有感官輸入的統合能力，幾乎就像是自閉的海倫凱勒。

史耐德和米契爾說，有自閉症的人之所以能夠看到片斷資訊的原因，是他們有特殊管道可以獲得較低階的原始資訊。正常人在大腦將感官傳入的片斷資訊統合成一個整體之前，根本沒有意識到他們眼前看到的是什麼東西，但是自閉症患者卻可以意識到這些片斷資訊。

這也是自閉神童不用教就會用透視畫法繪圖的原因，他們只不過是描繪出自己眼裡所看到的東西。這無非就是一些大小與材質的細微變化，不過這些變化就足以告訴你哪一個物品比較近，哪一個比較遠。正常人除非經過一番訓練和努力，否則無法看到這些細微的變化，因為他們的大腦會不知不覺地處理這些資訊，因此正常人只能畫他們所「看到」的東西，也就是經過大腦處理，把所有資訊都拼湊起來之後的完成品。正常人畫的不是狗，而是他們大腦裡對狗的「概念」，只有自閉症患者畫的才是狗。

說起來也很諷刺，我們總是說自閉兒關在他們自己的小世界裡，但是如果史耐德博士的理論正確的話，其實正常人才是活在他們自己的腦子裡。有自閉症的人比正常人更直接、更精確地體驗現實世界，完全沒有不注意的盲目、變化盲目或其他各種盲目。（就我所知，史耐德博士並沒提到不注意的盲目和變化盲目，但是針對這些概念的研究卻可以支持他的理論。）

數學神童也是利用同樣的腦部差異來計算日期或質數。有位自閉神童可以指出你出生的那一天是星期幾，因為他對時間的概念是七個不同的日子成為一個序列，如此不斷的重覆，甚至可以回溯到時間的起始點。他們利用這個模式迅速地往回掃瞄，直到你的生日為止。

正常人對時間的認知就完全不同，對他們來說，一個月、一年或十年就是一個統合的時間，而不是個別日子的集合，結果就是一團混亂。（史耐德博士的理論比我這裡的解釋更複雜，他認為大腦有一個處理器，把所有輸入的資訊，如時間、空間、物體等，分成相等的部分，所以自閉神童才能辨識出哪個數目是質數，因為質數不能再等分。）

推算日期也是一種藏圖天賦。我相信，自閉症患者所有的神童天賦，有大部分乃至於全部都是某種藏圖天賦的變化。

我也相信，動物所有的神童天賦（savant talent），也有大部分乃至於全部都是某種藏圖天賦的變化，就在過去這幾年間，史耐德博士和加州大學舊金山校區的醫生米勒博士（Bruce Miller），都提出充分的證據足以佐證我的說法。米勒博士研究的病人罹患了一種名為額顳葉失智症（frontotemporal dementia）的疾病，也就是大腦前半部逐漸喪失功能，罹患了額顳葉失智症的病人，大腦的額葉和顳葉（也就是頭部的兩側）都會受到影響。自閉症患者在腦部的這兩個部位功能也不健全，而我在本書中也一再提到，動物腦部和人類腦部之間最大的差異就是動物的額葉比較小，發展也比較不完整。重度額葉受損比自閉症更嚴重，如果你的額葉嚴重受損，那麼幾乎所有心理疾病的徵狀都可能出現，自閉症、注意力缺乏過動症、強迫症、嚴重情緒失調等，只要你想得到的都有。

不過至少會出現一些自閉症的徵狀。我們知道米勒博士的病患就是如此，因為有些病人開始展現神童天賦。有些人到了五、六十歲才突然變成藝術家，甚至還在藝展中得獎，有些則出現音樂天賦。另外一位病人則發明了一種化學火警偵測器，還獲得專利，不過他在發明這項專利的同時，也接受標準語言檢定，在十五項物體之中只能說出其中一項的名稱。一位完全喪失語言能力的病人，竟然可以設計滅火裝置！這些病人都有突發性的天賦。

我猜想這些病患可能突然擁有高度特異的感官功能，也就是自閉神童能夠推算日期或是不用學習就會用透視畫法製圖的相同能力。

史耐德博士已經開始測試新的假設，自閉天賦來自有意識的接觸大腦裡的原始資料。他使用磁刺激干擾受測試者的額葉功能之後，他們就開始繪製非常詳細的圖畫，這是短短幾分鐘之前都還做不到的事。此外，閱讀挑錯的能力也會增加。史耐德博士在啟動磁刺激之前，要求受測試著大聲朗讀一首詩：

一鳥在手
勝過二鳥在
在林

幾乎所有的人都會唸成：「一鳥在手勝過二鳥在林。」

大約五分鐘之後，史耐德博士啟動磁刺激，有些受測試者立刻唸成：「一鳥在手勝過二鳥在在林。」一旦他們的左額顳葉功能受到干擾，重覆的「在」就立刻跳到眼前，他們也開始變成藏圖專家，感知到以前無法感受到的細節。其中一個人甚至還跟史耐德博士說，他覺得自己更「警惕」，也更「意識到細節」，他高度警覺到週遭環境的細節，甚至還說他希望有人要求他寫一篇文章，這是他平常不喜歡做的事。

魔鬼藏在細節裡

我不知道動物極度天賦的運作方式，是否跟史耐德博士認為自閉天賦的運作方式一樣，不過已經有很多證據顯示，至少動物可以看到一般人所看不到的鮮明細節。我已經說過視覺細節對動物來說有多重要，另外還有一個針對螞蟻導航能力所做的研究也令人激賞，同時佐證了史耐德博士的實驗。

螞蟻的行進路線受到阻礙的時候，會跟人類一樣使用地標來記憶牠們的路線。比方說，如果牠們在去程經過一塊灰色鵝卵石，回程就會尋找同樣的灰色鵝卵石。

然而，人蟻之間卻有一個很大的差別。當螞蟻找到地標的時候，會做一件正常人不會做的事，牠經過地標之後會停下來，轉過身，站到牠在去程時看到這個地標的位置再看一眼。

牠必須這樣做，因為對螞蟻來說，一塊灰色鵝卵石在去程和回程看起來可能不一樣。牠必須要回到同樣的位置，也就是牠第一次看到這塊鵝卵石的地方，確認這是牠稍早前看過的同一塊鵝卵石。在我看來，這就表示螞蟻也許不會自動把不同片斷的感官資訊統合成一個整體或者是牠們統合的程度不如正常人。

對沒有自閉症的人來說，去程和回程看到的都是同一個地標。正常人去別人家作客的路上看到一間紅色的大穀倉，回程時也自動看到同一座紅色的大穀倉，雖然是從不同的方向看到穀倉，不過在他眼裡看起來卻是一模一樣。

這是因為正常人的神經系統自動刪除了很多細節，然後在空白處填補上他預期會看到的東西。如果他是有意識地看到真正在眼前的東西，那麼就他就會發現去程和回程所看到的紅色穀倉有些許不同，因為穀倉的北面和南面看起來不會一模一樣，東面和西面也不會完全一致。就算當初蓋房子的人刻意設計出四面都完全一樣的穀倉，在自然環境中的光線和陰影也一定會有所差異。

我也會做螞蟻所做的事情，又多了一點讓我相信高度特異是動物與自閉症患者之間的關鍵聯結。我開車去一個陌生的地方時，也會跟每個人一樣沿路尋找地標，可是回程的時候，我選擇的地標看起來都跟原來不一樣。我必須開過每一個地標，來到我當初第一次看到這個地標的位置，然後回頭從原來的角度再看一眼，才能確認這是我在去程所看到的同一個東西。對動物和有自閉症的人來說，同一個物體的兩面看起來確實不一樣。

想想動物能做什麼，不能做什麼

我希望從現在開始，我們可以多想想動物能做什麼，少想一點動物不能做什麼。這一點很重要，因為我們跟動物之間的距離愈來愈遠，而牠們應該是我們生活中的範型，不只是寵物或研究對象而已。

你總是聽說人類馴服了動物、我們把狼變成了狗，但是新的研究顯示，說不定狼也馴服了人類。人類與狼同時進化，我們改變牠們，牠們也改變我們。

我們聽說研究人員開始把不同的研究結果拼湊在一起，就是證據殊途同歸的最佳範例，也就是不同研究領域的新發現彼此互通有無，但是卻全都指向同一個方向。狼在什麼時候、又是如何變成狗的？多年來，研究人員能夠掌握的最有力證據都是考古學的發現，考古學家從人類居所的地底下挖掘出經過仔細埋葬的狗骨骸，還有人發現人和狗埋在同一個墳墓裡。

這些最早埋葬的狗可以追溯到一萬四千年前，當時人類尚未發明農耕，但是他們的身體和大腦卻已經跟我們現代人一樣。因此我們可以合情合理地推斷，原始人先進化成現代人，然後才開始跟野狼往來，最後野狼才進化成家犬，做為人類的工作犬或寵物。

然而，加州大學洛杉磯校區的韋恩及其同僚在研究狗的DNA變化時，卻發現狗應該早在十三萬五千年前就跟狼分道揚鑣，演化成不同的族群。至於化石顯示人類和狗一直要到一萬四千年前才在一起的原因，可能是在此之前，人類都跟狼或者是正要演化成狗的狼搭檔。當然，化石記錄也顯示，早在十萬年前，就有很多狼的骨骸非常靠近人類的骨骸。

如果韋恩博士的說法正確的話，直立人剛演化成智人的時候，人類是跟狼相處在一起的。而在人類與狼剛在一起的時候，人類只有少數屬於自己的粗糙工具，而且以小群游牧的方式生活，社群複雜的程度大概跟一群黑猩猩差不多。有些研究人員認為，這些早期人類甚至還沒有自己的語言。

這就表示，人類與狼剛開始作伴的時候，他們彼此之間的立足點比現在的人狗關係要更平等。基本上是兩個不同物種擁有彼此互補的技能，於是搭檔合作，這可說是空前絕後的事情了。

一群澳大利亞的人類學家在研究過所有的證據之後，相信早期人類在跟狼合作的這段期間，學會了狼的動作與思考模式。狼在打獵時總是成群結隊，人類則不是；狼有複雜的社群結構，人類則沒有；狼有忠誠的同性非親屬友誼關係，人類可能沒有，現今其他的每一種靈長類都沒有同性非親屬友誼關係，或可由此判斷（黑猩猩族群內主要的關係是親子關係）。狼有高度的地域意識，人類或許沒有，這也是由現今所有其他靈長類動物都不具有地域性的情況來判斷的。

等這些早期人類進化成現代人，他們就已經學會了所有狼會做的事情。你想想我們現在跟其他的靈長類有多大的差異，就可以看出我們跟狗有多像。我們會但是其他靈長類動物卻不會做的事情，有很多都是狗會做的事情，這群澳大利亞的人類學家相信，這些事情是狗教我們做的。

他們根據這個理由進一步推論，先是狼，然後是狗，兩者都給予早期人類極大的生存優勢。他們幫人類守望、警衛，讓人類學會了成群結隊，展開大型狩獵，而不再是單打獨鬥，捕捉一些小獵物。假設狼真的替早期人類做了這麼多事，或許就可以認定狗是早期人類得以存活，而尼安德塔人卻滅亡的原因，因為尼安德塔人沒有狗。

狗不只是幫助人類存活到可以繁殖下一代而已，或許他們也拉了人類一把，讓我們得以領先其他的靈長類表親。澳大利亞博物館的首席研究科學家達康（Paul Taco）表示，人類之間發展友誼「是得以存活的巨大優勢，因為這加快了群體之間的思想交流」。所有的文化演進都是以合作為基礎，而人類則是從動物身上學會如何跟其他沒有親屬關係的人合作。

然而，最令人震驚的新發現或許是，狼不只教我們很多有用的行為，或許牠們也改變了我們的大腦結構。化石記綠顯示，一旦物種受到馴服，牠們的大腦容量就會縮水，馬的大腦縮小了百分之十六、豬則大量縮水了百分之三十四，而狗則縮小了百分之十到三十不等。這可能是因為牠們一旦受到人類的照顧馴養，就不再需要繁複的大腦功能來求生存，我不知道牠們喪失了哪些功能，但是我知道家畜的恐懼與焦慮都比野生動物低。

如今考古學家也發現，在一萬年前，也就是人類開始埋葬狗的時候，人類的大腦也開始萎縮，縮小的幅度跟狗一樣，大約是百分之十。有趣的是，人類的大腦裡是哪些部分縮水了呢？在家畜的大腦裡，縮水的部分是額葉所在的前腦與胼胝體，連接腦部兩側的組織。但是在人類的大腦裡，則是處理情緒與感官資料的中腦與主宰嗅覺的嗅球，至於胼胝體和前腦大致還維持不變。狗腦與人腦各有所長：人類主掌計畫組織，狗則負責感官工作。狗與人共同演化，成為更好的夥伴、同盟與朋友。

「狗讓我們變成人」

印地安原住民有句話說：「狗讓我們變成人。」現在我們知道這句話或許真的不假。人類若是沒有跟狗一起共同演化，也就不能成為今天的人類。

我認為這句話還能進一步引申為，所有的動物讓我們變成人，也許是以不同的方式。因此我希望從現在開始，我們想到動物時，能夠更尊重動物的智力與天賦。這對人類來說也有好處，因為有很多事情我們辦不到，但是動物卻可以，我們得靠牠們協助才行。

這對動物也有好處。狗開始跟人類在一起，是因為人需要狗，狗也需要人，現在狗還是需要人，但是人類卻忘了自己多麼需要狗。現代人養狗只是為了愛狗或是以狗為伴，對原本就是培育來做伴的狗來說，或許還沒有關係。但是很多大型狗以及近乎所有的混種狗都是培育來做工作犬的，工作是牠們天性的一部分，牠們生來就是要工作。然而不幸的是，現在以牧羊為生的人少之又少，大部分的狗也就失業了。

不過，倒也不必如此悲觀。我在美國獸醫學會的網站上看到一則小故事，正足以顯示動物如果有機會的話，確實可以做到令人意想不到的事情。那是一隻名叫「麥克斯」的狗，他訓練自己監控女主人的血糖，即使她在睡覺時也不例外。沒有人知道牠是如何監控，但是我猜，人類血糖濃度降低時，聞起來的氣味可能稍微不一樣，於是麥克斯就悟出箇中道理。飼養麥克斯的女主人患有嚴重的糖尿病，如果她在晚上睡覺時血糖濃度降低，麥克斯就會叫醒她的丈夫，一直煩他，直到他起床去照顧太太為止。

你只要花五秒鐘想想這個故事，就知道狗能替人類做多少事情。狗和許多其他動物都一樣。

——

許多人都覺得很奇怪，我既然這麼熱愛動物，怎麼能夠在肉品包裝工廠工作呢？我自己也想了很多。

我記得在發明了中道箝制系統之後，看到窗外飼養場上有數以百計的動物在畜欄裡磨牙，突然覺得一陣心傷，因為我剛剛設計了一個真正有效率的屠宰工廠，而我最愛的動物就是牛。

看著這些動物，我頓悟到一點，如果不是人類飼養這些動物，牠們根本就不會存在。從那個時候開始，我就相信我們把這些動物帶到這個世界，就要對牠們負責，我們要讓牠們活得有尊嚴，也要讓牠們死得有尊嚴，儘可能降低牠們生活中壓力。這是我的職責。

現在我又寫了這本書，因為我希望動物除了活著的時候沒有壓力，死亡的時候快速而沒有痛苦之外，還能夠擁有好的生活，能夠做一些有用的事。我覺得這是我們虧欠動物的。

我不知道未來人類是否能夠像杜立德醫生那樣跟動物交談，也不知道動物會不會回答，也許科學可以給我們解答。

不過我卻知道人類可以學習去跟動物「交談」，去傾聽動物的心聲，可以做得比現在更好。我也知道能夠跟動物交談的人，大多比不能跟動物交談的人快樂。畢竟人類也曾經是動物，當我們變成人的時候，放棄了一些東西，而接近動物就能夠讓我們找回失落的自己。

附錄 行爲與訓練疑難解答指南

如果你知道動物各種不同行為的動機，就比較容易訓練動物、解決牠們的行為問題，也比較容易了解牠們在做什麼。

動物行為是後天學習、先天本能以及生理情緒的複雜綜合體。

先天行為的範例包括鳥類的求偶舞、狗會追逐快速行動的物體等，這種行為永遠都一樣，而且不會因同一物種的不同個體而有所改變，動物行為學家稱為「固定行動模式」，受到訊號刺激啟動。追逐獵物的訊號刺激是快速移動，鳥類則是因為看到可能交配的對象和體內賀爾蒙激增的刺激，才開始跳求偶舞。

固定行動模式是與生俱來的，但是啟動固定行動模式的訊號刺激則是由學習和情緒來決定。動物行為的基本原則是，跟誰交配、吃些什麼、在哪裡吃、跟誰爭鬥、跟誰交往等，都是經由學習的。狗的獵殺咬噬是一種本能，但是動物必須學習什麼可以獵殺、什麼不可以獵殺；追逐快速移動的物體是一種本能，但是狗必須學習，牠可以追逐球，但是不可以追逐小孩。

現在，大腦研究顯示，大腦用不同的方式來處理各種核心刺激與情緒。比方說，恐懼與憤怒在神經學上來說有很大的差異，害怕與生氣是兩種非常不同的感覺；人類和動物在大腦中都有類似的系統處理這些基本情緒。

形塑動物行為還有另外一個重要的原則，動物的個別差異很大。一隻狗可能有很高的社群動機，光是給予讚美就會有很好的反應，但是另一隻狗可能就需要食物回饋才會有比較高的動機。不同種的動物感受到恐懼的程度固然會有很大的差異，但是即使同種動物之間的差異也不小。一般而言，阿拉伯馬和邊境柯利犬恐懼的程度就比夸特馬和洛威拿犬高，但是有些低度恐懼的阿拉伯馬，恐懼的程度可能就比某些夸特馬低。

高度恐懼的馬或狗比低度恐懼的動物更容易因為遭到凌虐而心理受創。曾經遭到鞭打的阿拉伯馬，可能會因為害怕而變成一匹不能騎的危險馬；但是天生性格沒有那麼恐懼的馬匹就可以接受某種程度的粗暴對待。貓狗和其他具有高度恐懼性格的動物都經常嚇得發抖打顫，而且在遭遇突如其來的新刺激時，例如開傘或是金屬片掉落地面，就更容易恐慌受驚。感到害怕的馬匹會把頭高高抬起，猛晃馬尾，全身汗水淋漓。高度恐懼的狗若是曾經受到凌虐，一看到有人靠近就會畏縮、蜷伏在地，甚至可能開口咬人，尤其是在牠覺得已經無路可退的時候。

訓練動物的人都必須採用正面情緒和動機，如讚美、撫摸或食物回饋，而不是一味採取負面動機。接受正面強化訓練的動物，比較容易學會新技能，而且對動物來說，學習新的行為永遠應該是一種好的經驗才對。

下列是動物的基本行為與行為動機：

1. 恐懼
2. 憤怒與生氣
3. 捕獵追逐

4. 社群交往
5. 疼痛
6. 追逐新奇與逃避新奇
7. 飢餓
8. 性

行為與行為動機

恐懼驅使的行為

範例：

- 動物在接受獸醫診治時會掙扎與喊叫。
- 神經緊繃的狗會咬吵鬧的人。
- 馬匹曾經受到戴黑帽的人虐待，所以一看到戴黑帽子的人就會以後腿直立起來。
- 馬匹在自家騎的時候都很鎮定，但是到了展示場，第一次看到氣球卻發狂。
- 受到虐待的狗看到人舉起手就會畏縮，甚至咬人。

- 馬看到被風吹飛的紙會亂踢或受驚。
- 暴風雨來臨時，狗會藏到沙發底下。
- 貓到了獸醫診所第一次看到狗時會捉狂，這是極度恐懼與驚慌的例子。
- 動物園裡的猴子聽到替牠注射鎮定劑，讓牠不能動彈的人講話的聲音，就會躲起來。
- 受到人類虐待的狗看到人會低聲咆哮。
- 受過某種馬銜之苦的馬，再次咬到同款的馬銜就會捉狂，換另外一種感覺完全不同的馬銜，有時候就能避免這種恐懼驅使的行為。
- 馬匹在轉換步伐時會猛踢後腿，這通常是訓練過程太緊湊才會發生的情形。馬匹從慢步走變換到其他步伐時，可能會因為馬鞍磨擦給牠不同的感覺而受到驚嚇，這時候更換一套不同的鞍褥和馬鞍可能會有幫助。但是裝了新的鞍褥和馬鞍之後，要讓馬匹以不同步伐行走，慢慢地熟悉這套馬具在牠背上的感覺。
- 馬匹拒絕進入拖車，因為牠第一次上拖車上撞到頭。
- 馬匹咬人，但是卻沒有明顯的理由。這通常是因為馬匹曾經遭到虐待，或是以粗暴的手法訓練。

解決疑難雜症的原則：

- 絕對不要懲罰恐懼驅使的行為，因為這只會讓動物變得更害怕。
- 恐懼驅使的行為比較可能發生在神經緊張、性格浮躁的動物身上。性格浮躁與容易受驚的傾向，都是基因遺傳的特質。整體來說，馬比狗更容易出現恐懼驅使的行為，但是某些品種又比其他品種更浮躁，彼此之間的差異很大。在所有物種之中，骨骼細緻、身軀修長的動物通常都比骨骼粗壯、身軀厚重的動物更容易害怕。牛馬頭上的毛髮螺旋若是在眼睛上方，就比毛髮螺旋在眼睛下方的牛馬更浮躁。

- 恐懼驅使的行為通常發生在受虐待的動物身上。
- 溫柔正面的訓練方式通常都可以避免恐懼驅使的行為，尤其是對待高度恐懼和性格浮燥的動物。
- 動物在受到驚嚇之後，若是能有二、三十分鐘冷靜一下，通常就會比較容易處理。
- 具有高度恐懼基因的動物，如阿拉伯馬、邊境柯利犬和許多小型狗品種，在遭到粗暴對待之後，心理上都比較容易受創或傷害。
- 用安撫的手法讓動物冷靜下來，如撫摸動物或是以低沈冷靜的聲音跟牠們說話。是輕輕撫摸，而不是輕輕拍打，因為有些動物會誤認為輕拍是在打牠們。
- 受驚的動物若是聽到牠們熟悉信任的人以冷靜的聲音說話，通常就會鎮定下來，放鬆心情。最好受訓練的動物不只信任一個人。
- 馴獸師一定要避免動物產生恐懼記憶，尤其是神經緊張的動物。動物對一個新人、新場所或新設備的第一次經驗，應該是正面的才對。比方說，如果一匹馬第一次上拖車時跌倒，可能從此就對拖車產生恐懼心理。
- 恐懼記憶永遠都不會磨滅。因為動物沒有語言能力，因此牠們的恐懼記憶都是以圖像、聲音、觸覺感官或氣味儲存大腦裡。動物若是看到、聽到、感覺到或聞到任何讓牠們聯想起痛苦或恐懼的經驗時，就會感到害怕。

- 雖然恐懼記憶永遠都不會磨滅，但是降低敏感度的訓練還是有幫助。例如，用錄放音機播放暴風雨的音效，然後逐漸調高音量，可以逐漸降低狗對暴風雨的恐懼。
- 有些恐懼驅使的行為，可能需要藉助獸醫處方，施以抗憂鬱或抗焦慮的藥物才能改善。
- 結合藥物與行為治療（如降低敏感度的訓練），會比只吃藥來的有效。

憤怒或生氣驅使的行為

範例：

- 單獨撫養長大的小種馬對其他馬匹充滿惡意。這是因為牠從來沒有機會學習如何跟其他馬匹互動，牠不知道一旦確定自己的主宰支配地位，就不必一直挑釁。
- 支配犬咬飼主。有時候狗會支配家庭中某些成員，只服從某些人。如果叫牠離開沙發時牠反而低吼咆哮，或是拒絕服從牠已經學會的命令，如「坐下」或「不要動」等，都是支配行為的範例。
- 為了保護飼主而咬郵差或獸醫。
- 公狗擺出向人挑戰的姿態。
- 支配犬咬臣屬犬。狗是不講民主的，不論是餵食或安撫，都要從支配犬開始，以免牠們攻擊臣屬犬。
- 沒有從幼犬時期就跟小孩子交往的狗很可能會咬嬰幼兒。為了避免狗攻擊小孩子，小狗必須跟不同的幼兒接觸交往。

- 遠離其他牛群而單獨由人類撫養長大的小牛，成熟之後會攻擊人。這是因為牠自以為是人，而且把其他人視為由牠支配的下屬。讓小公牛和小種馬跟其他同類一起成長，可以減少牠們對人類的侵略性。
- 動物會為了爭取食物而爭鬥打架。
- 馬或狗沒有明顯理由而咬人，這種情況多半發生被人硬打到聽話的低度恐懼的動物身上。
- 從小都沒有接觸到其他動物的狗或馬，會跟其他動物發生惡鬥。

解決疑難雜症的原則：

- 憤怒和生氣驅使的行為常見於有自信、主動活躍而且有主見的動物身上，性格浮躁、害羞、恐懼的動物則比較少見。這個原則適用於所有物種。
- 憤怒或生氣驅使的行為常見於沒有跟其他動物或人類交往的動物身上。
- 有時候可以施予適度的懲罰，尤其是對低度恐懼的動物。
- 憤怒與生氣會刺激支配動物攻擊臣屬動物，爭取食物或交配對象。
- 服從訓練以及讓幼犬從小就知道食物是由人類控制，有助於預防或控制牠們對人類的侵略性。
- 成犬咬人的問題，必須交由動物行為訓練專家來處置。
- 侵略行為如果不予以矯正，侵略性格的問題會愈來愈嚴重。
- 像公牛和雄馬之類的食草動物，若是在年紀輕時就予以閹割，也可以減少牠們的侵略行為。閹割手術在狗身上就沒有那麼明顯的效果，不過確實可以減少陌生公貓之間的打鬥行為。

- 具有支配性格的狗必須予以訓練，讓牠們知道，如果想得到什麼東西，就必須用勞力來換取。例如，在寵愛狗或是給牠們零嘴之前，命令牠們先坐下來。
- 必須訓練狗服從家裡的每一個人，以免牠們支配家裡的某些成員，而服從其他人。

捕獵追逐

範例：

- 狗追逐車輛或慢跑的人。
- 貓在跑的時候，狗在後面追。
- 貓追逐鳥。
- 貓追著雷射筆的紅點滿屋子跑。
- 馴獸師洛伊跌倒時，被他所馴養的老虎猛帝哥攻擊，就是因為突然快速移動，啟動了老虎的捕獵追逐本能。
- 狗會攻擊逃跑的人。

解決疑難雜症的原則：

- 捕獵侵略行為跟其他的侵略行為完全不同，在大腦中也由不同路徑控制。
- 捕獵追逐是天生的本能行為，由快速移動的獵物啟動。狗會追逐車輛或慢跑的人，就是捕獵追逐行為的表現。
- 遏止捕獵追逐行為，也許要使用電擊項圈。我不喜歡電擊項圈，但是在極少數的情況下，必須使用嚴厲的手段矯正行為，這就是其中之一。在第一次施以電擊之前，必須讓狗先戴著電擊項圈適應幾天，如此一來，牠就不會以為電擊跟項圈或飼主有任何關係，只會跟牠的行為聯想在一起。
- 小動物可以經由社群交往，學習什麼可以追，什麼不可以追。讓幼犬多接觸小朋友，可以避免牠們對小朋友發動這種危險的捕獵追逐行為。要記得，追逐行為是天生的，但是啟動行為的訊號刺激卻是後天學習的。

社群交往驅使的行為

範例：

- 牛群喜歡跟一起成長的牛群一起吃草。
- 狗會成群結隊地奔跑。
- 狗跟人分開時會哭喊。
- 由母山羊撫養長大的小綿羊，成熟後也會嚐試哺育山羊。

- 高度社群的拉不拉多如果不咬家具會受到讚美的話，牠們就不會再去咬家具。
- 從小就跟不同人類與動物接觸交往的幼犬，長大後會變得比較友善。
- 狗單獨在家時會把家裡咬得亂七八糟。你必須逐步訓練，慢慢拉長讓牠在家獨處的時間或者乾脆再養一隻狗跟他作伴。
- 高度社群的純種布拉曼牛比低度社群的哈佛特牛，更需要人類的碰觸撫摸。
- 一對鵝就像「結了婚」的配偶一樣，終生廝守。
- 生活在農舍裡的貓比較野，也不會與人親近，因為牠們並不是從小就由人類撫養長大。從小就跟人類交往的貓，對人類也比較友善。

解決疑難雜症的原則：

- 動物都有尋找同伴的行為動機。
- 動物喜歡跟他們一起長大的動物或人類作伴。
- 天生的基因和早年的成長環境，都會影響到動物對社群交往的動機。
- 小狗和小貓都是在生命初期的關鍵時段形成社會聯結。小狗的關鍵時段是出生後的前十二週，小貓則是前七週。在這段時間內，對小狗和小貓要格外溫柔，否則牠們就不會有良好的社群化，長大後就可能變成恐懼的成年動物。
- 社群交往有基因的基礎。比方說，高度社群化讓狼群合作狩獵，有些物種比其他物種更容易受到讚美與同伴的驅使。你可以用讚美來訓練狗，但是卻一定得用食物來訓練貓。

- 一般人以為貓不能訓練，其實不然，響板訓練（clicker training）在貓身上就有很好的效果。一般人認為狗可以訓練而貓卻不能的原因，在於狗天生就會迎合人類、取悅人類，因此牠們可以適用偶發學習。舉例來說，小狗看到主人開門，就會立刻跳出車子，這是危險動作，但是小狗長大之後，也許就不會再做同樣的事情，而是坐在車子裡，滿心期待地看著主人。這種學習過程是自然發生的，是偶然發生的，因為主人有時候會拉住狗，但是有時候也會讓牠跳出車外。
- 母獸舔舐幼兒也是一種社群驅動的行為。
- 拉不拉多獵犬也喜歡受人讚美。讚美回饋對高度社群的狗最有效，但是對於讚美的反應仍然有個別差異。飼主必須在動物做了良好行為之後的一秒鐘之內，立刻給予讚美嘉許，這樣動物才能有正確的聯結。
- 訓練低度社群的動物，光是讚美並不足以形成強烈的動機，一定要使用食物回饋。
- 對於高度社群的動物，要多讚美，少體罰。
- 像鵝這種具有高度社群動機的動物，比較可能會有配偶式的交配對象，每年都跟相同的對象交配。
- 一般而言，狗的社群動機比貓強烈，但是用食物回饋來訓練貓也很管用。有些狗只要主人愛撫和讚美就會有很好的反應，但是其他社群動機比較薄弱的狗，除了讚美之外，還要再加上食物回饋，才會有比較好的反應。

疼痛驅使的行為

範例：

- 患有關節炎的狗，活動力會降低。治療關節炎就會有活動力較強的狗。
- 動物受傷後就會跛腳。
- 遭到車子撞的狗會咬人。
- 動物在動過手術之後會站著不動或是弓著背躺在地上。
- 泌尿道有問題的貓會在便盆外面排洩。貓的排洩問題有三成都是醫療問題。
- 狗會遠離隱形圍籬的界線，以免遭到電擊。
- 小孩子若是一直拉狗的耳朵，狗就會咬人。

解決疑難雜症的原則：

- 疼痛驅使的行為若是因為醫療問題或肢體受傷，則千萬不可施加懲罰。
- 恐懼或憤怒動機有時候跟疼痛動機會混淆不清，跟疼痛有關的侵略行為多半是碰觸或拉扯到身體傷痛部位的直接反應。
- 動物會避免讓牠們聯想到疼痛刺激的場所或動作。
- 受傷的狗咬人，跟受到侵略性或恐懼驅使的狗咬人相比，前者比較不會形成習慣性的咬人問題。

- 當人類在場時，獵物動物，如牛、羊、馬等，會掩飾跟疼痛有關的行為。牠們在野生環境中這樣做，以免被掠食動物吃掉。
- 研究顯示，止痛劑和局部麻醉對動物都很有效，在手術中和手術後都應該使用。
- 沒有人類在場觀察，只有錄影機拍攝記錄的時候，動物出現跟疼痛有關的行為最明顯。

追逐新奇驅使的行為

範例：

- 狗到了陌生的房子，會興奮地在每一個房間裡跑來跑去，到處嗅新的氣味。
- 馬在牧場上會靠近旗幟，一方面是受到旗幟飄揚的運動吸引，另外一方面則是因為旗幟跟牧草顏色不同，形成強烈對比。
- 豬會猛烈地挖掘新的稻草堆或是興奮地咀嚼丟進豬圈的紙袋。
- 馬在聽到新奇的聲音時，如蜂鳴器，耳朵會朝向聲音的方向。
- 實驗室裡的猴子一天會按好幾次按鈕打開籠門，短暫窺探籠子外面的世界。
- 牧場上的牛群會好奇地觀看營造工人築橋。
- 布拉曼牛會用鼻子去碰觸掛在柵欄上的外套，哈佛特牛則完全不予理會。

逃避新奇驅使的行為

範例：

- 狗在看煙火時會驚恐慌張。
- 平常只看到牛仔騎在馬上的牛群，第一次看到用雙腳走路的人也會感到驚恐。牠們以為走路的人是一種新奇可怕的東西。
- 馬在展示場上看到氣球或旗幟會驚恐得直立而起。
- 貓第一次看到狗也會驚恐，全身毛髮豎立，發出嘶嘶聲，並且用爪子搔抓。
- 在自家牧場上鎮靜乖順的牛，到了拍賣場卻一直衝撞柵欄，甚至作勢要攻擊人。
- 在家裡不熟悉腳踏車、氣球、旗幟的馬匹，到了展示場上就比較容易受驚，直立而起。
- 在動物園裡的羚羊看到房舍屋頂上有工人在修繕，驚恐得猛撞柵欄。在牠們眼中，屋頂上的人是新奇的事物，至於圍在獸欄旁參觀的遊客則不再新奇，所以也就可以忍受。

解決疑難雜症的原則：

- 突然出現的新奇事物最可怕，例如在動物面前突然開傘。
- 動物若是可以主動接近的新奇事物，就會吸引牠們的注意。換新的馬鞍之前，要讓馬主動接近並且去聞一聞。

- 新奇的矛盾。對性格浮躁、生性緊張、天生神經緊繃的動物來說，新奇事物最有吸引力，但是也最令人害怕。在阿拉伯馬面前突然揮舞旗子，牠很可能會嚇得跳起來，但是若把旗子插在大牧場的正中央，阿拉伯馬也會比天性鎮靜的馬更容易靠近去看個究竟。
- 所有動物都一樣，若是搬遷到新的地方，應該讓牠們慢慢地熟悉新事物、新環境，以免造成動物的驚恐。
- 對於生性緊張、天生神經緊繃的動物來說，引進新奇事物的速度，要比鎮靜的動物更慢，以免讓牠們驚慌恐懼。會驚嚇到動物的新事物包括，騎馬的人、拖車、氣球、旗幟、腳踏車、突然打開車庫大門或是馬展時穿著的服飾等。
- 生性緊張、神經緊繃的動物比較容易意識到環境中的新奇事物。
- 牛、馬比較容易懼怕不規律、快速移動的新奇事物，如旗幟、氣球。狗則對巨大的聲音感到恐懼。
- 動物的記憶也都高度特異化。在馬的認知裡，騎在牠背上的人和站在地上的人是兩個不同的東西。

飢餓驅使的行為

範例：

- 動物受訓後可以表現某種新的行為，藉以獲得食物回饋。
- 餵食時間一到，動物就會從牧場上回來。

- 母獅子教導小獅子如何捕獵以及吃什麼東西。
- 貓一聽到開罐器開貓食罐頭的聲音，就立刻跑過來。
- 海豚學會了主動翹起尾巴抽血，交換食物回饋。

解決疑難雜症的原則：

- 為了要讓動物把食物回饋與良好行為聯想在一起，必須在牠們做了良好行為之後的一秒鐘內，立刻給予回饋的食物。
- 標靶訓練與響板訓練的好處是比較容易拿捏回饋食物的時間。動物會把馴獸師手中響板的答答聲和食物聯想在一起。如果使用標靶訓練，動物則會把碰觸或追逐尾端繫了一顆球的短棍跟食物回饋聯想在一起。坊間有很多書都有詳細的步驟，教你如何使用響板訓練或標靶訓練。
- 食草動物都喜歡牠們小時候吃的飼料。
- 捕獵追逐與獵殺行為未必是受到食物驅使。小動物的母親會教牠們去捕獵什麼東西，狗和獅子都必須經過學習才知道牠們獵殺的東西是可以吃的。

性驅使的行為範例

範例：

- 正常的交配行為，如交尾。
- 房門口若有發春期的母狗，就會有一群沒有閹割的公狗聚集在一起。
- 狗會抱著人的小腿「交媾」。
- 雄鳥對著人類做求愛表演，拒絕跟同類交配。牠會展開尾羽，昂首闊步。
- 雄馬在交配期的侵略性特別強烈，會省略求歡過程，直接撲到母馬背上。

解決疑難雜症的原則：

- 在青春期之前動閹割手術，可以預防許多在生命後期發生的性驅使行為。
- 在成熟之後才閹割的動物，通常會保有成長後的性驅使行為。例如，長大後才閹割的公貓仍然會在椅子和牆上灑尿。
- 在同類社群中撫養小動物，可以避免異常的性驅使行為發生。
- 動物通常會跟撫養牠們的個體繁殖下一代。
- 為了繁殖能力或外貌特徵，如較大的肌肉，所做的單一特徵繁殖，有時候會導致異常的性驅使行為。例如培育出異常的交配行為，讓公雞在交配過程中傷害母雞。

•單獨圈養年輕的雄性動物，可能會造成異常或過度侵略的交配行為。年輕動物必須從同類的成年動物身上學習社會規範。

先天本能行為或固定行動模式

範例：

•在前面幾節提到的行為當中，以下列舉的這些是屬於先天行為：公貓灑尿、正常的交配行為、捕獵追逐動機、鳥類的求偶舞。

•特定物種的支配行為，如公牛的側身威脅和狗的支配姿態，也是固定行動模式。狗的支配姿態就是全身直立、眼睛瞪著對方、耳朵向前、頸後毛髮直豎。

•狗有一種天性本能，避免弄亂牠們睡覺的區域。所以把小狗放在他們自己的木箱裡，有助於訓練牠們不在家裡便溺。

•人類撫養長大的雞，會對人類表演求偶舞。求偶舞是本能行為，但是啟動本能行為的訊號刺激卻是靠後天學習。

•會咬人的支配豬在人類推擠牠頸後的部位之後，就會變得臣服，因為這裡是其他支配豬會咬的部位。這種方法得以奏效的原因，就是模倣支配豬的本能打鬥行為，打豬的後腿和腰部就不管用，因為這並不是豬的本能打鬥行為。行使支配權並不等同把動物打到服從為止，行使支配權是指利用動物的天然溝通方式。

- 快速移動的訊號刺激會啟動狗的捕獵本能動機，所以狗才會去追車輛和慢跑的人。
- 狗會咬著松鼠的頸子，表現獵殺咬噬本能。
- 幼兒動物的吸吮哺乳也是固定行動模式。啟動哺乳行為的訊號刺激是放在動物嘴裡的物品，像小牛就會吸吮人的手指。
- 臣屬犬會在支配犬面前翻身，阻止牠繼續攻擊。臣屬犬是自動翻身，並不是受到支配犬的推倒脅迫。你對狗建立支配地位時，可用食物或社群回饋來訓練牠在你面前翻身躺在地上。
- 狗彎身俯首表示「我們來玩」的姿態，也是固定行動模式。這時候狗的前半身會低下來，但是後半身仍然維持抬高的姿勢。
- 鵝的撿蛋行為也是固定行動模式。母鵝看到任何像蛋一樣大小的東西滾出巢外，都會全部撿回來，連高爾夫球或罐子也不例外。

解決疑難雜症的原則：

- 固定行動模式是固定在大腦裡，像電腦程式一樣運作。
- 接受訊號刺激之後，固定行動模式就會自動啟動。
- 成年動物體內的賀爾蒙會啟動性驅使的固定行動模式。
- 其他的固定行動模式，如哺乳或是狗低頭，則不受賀爾蒙的周期影響。

- 在某些物種身上，人類可以輕易地模擬牠們的固定行動模式，藉以行使支配權力。把棍子高舉過頭，模擬麋鹿抬頭、高舉鹿角的動作，就是一個很好的例子。

混合動機的行為

範例：

- 恐懼與追求新奇：牛群主動靠近放在地上的紙袋，但是風一吹動紙袋，牠們立刻嚇得跳回來。
- 性與恐懼：公狗聞到了發春期的母狗，於是一直靠近母狗，雖然有一隻支配犬反覆地把牠趕走。性啟動了走近母狗的行為，但是靠得太近的時候，對支配犬的恐懼又會把牠拉回來。
- 恐懼與本能母性行為：年輕母狗第一次看到自己生的小狗時會感到害怕，但是一旦小狗開始吸吮，恐懼就會消失。
- 恐懼與侵略性：護衛自己新生幼兒的母親，可能在侵略性與恐懼之間來回擺盪。

解決疑難雜症的原則：

- 在某些情況下，例如恐懼與新奇或是性與恐懼，動物行為可能在兩種甚至多種衝突動機之間來回擺盪。在其他情況下，如初為人母的動物剛開始會害怕剛出生的小動物，但是一旦開始哺乳，最初的行為動機就被相抗衡的動機所取代。

- 混合動機有時候需要進一步解讀，因此把觀察到的動物行為列出一張清單記錄下來，有助於解析牠們的動機。

環境誘發的異常行為

範例：

- 在荒蕪的養狗場長大的小狗和從小跟人類有較多社交互動的小狗相比，前者就比較容易興奮、焦慮。
- 缺乏社交伴侶的鸚鵡會拔自己的羽毛。
- 馬匹一再咬柵欄的行為。
- 母豬獸欄內若是沒有稻草堆或是沒有泥土給牠們挖掘或咀嚼，牠們就會開始啃木樁。
- 動物園裡關在小籠子內的動物來回踱步。
- 狗過度舔腳，導致腳爪疼痛，通常是分離焦慮所致。
- 老鼠若是生活在空無一物的籠子裡，就會踱步、繞圈子。這種情況多半發生在晚上沒有人靠近牠們的時候，因為白天人類在牠們附近的活動可以讓牠們分心，一旦環境中沒有外來刺激，牠們就會出現異常行為。

解決疑難雜症的原則：

- 異常行為的預防勝於治療，因為一旦發生之後，就很難矯正。異常行為最常發生在空無一物的籠子裡，沒有任何東西可以讓動物把玩，或是發生在獨居動物的身上。
- 在荒蕪的環境中，神經緊繃的動物比冷靜沈著的動物更容易出現刻板行為。也就是動物一再重覆的行為，如踱步、繞圈子、啃木樁和咬柵欄等，都是典型的刻板行為。
- 動物對環境的需求因物種而異。高度社群的動物，如狗和馬，需要其他動物或人類相伴；像牛馬之類的食草動物，需要稻草或青草；穴居動物如囓齒類動物，需要可以掘洞的地質以便挖地洞藏身；走很多路的動物如北極熊和老虎，則需要徘徊遊走的空間。
- 在荒蕪獸欄或實驗室籠子裡長大的小動物，神經系統可能受損，因為成長中的神經系統需要輸入各種感官刺激才能正常發展。
- 在荒蕪環境中最異常的行為，有一部分只有在動物不受人類干擾時才會出現。只要人類一出現，動物就停止。保全系統使用的攝影機花費不多，卻是偵測異常行為的好方法。

基因導致的異常行為

範例：

- 狗因為精神運動癲癇（psychomotor epilepsy）而突然沒來由地咬人。這種病徵最早出現在史賓那獵犬身上，這是一種經過培育擁有高度警覺的犬種，牠們會莫名其妙地突然咬人，跟特定的人或地方都沒有關係。

- 失聰、藍眼珠的狗容易過度興奮。
- 過度興奮、高產量的蛋雞會靠在籠子上鼓動翅膀磨擦，磨掉自己的羽毛。
- 培育出特大胸肌的公雞有時候在交配過程中殺害母雞，牠們因為單一特徵繁殖，喪失了正常的本能求偶行為。
- 山羊聽到大聲的噪音，會導致癲癇發作昏倒。
- 過動的大麥町難以訓練。
- 緊張的指標犬凍結在指向的姿態而無法動彈，如果輕輕推一下，牠們就整隻翻倒在地。

解決疑難雜症的原則：

- 基因缺陷最常發生在選擇某種特徵的培育過程，像是選擇單一顏色、外貌、行為，或是繁殖特徵，如快速成長、藍眼睛、特定體型或單一行為等。
- 要避免這些問題，在選擇種畜時就要挑選沒有行為或結構缺陷的動物，例如可能導致跛腳的不良腿部外型。要注意到整隻動物，而不只是單一特徵。

訓練方法

回饋動機訓練（零體罰）

範例：

- 狗去叼報紙，就得到讚美或寵愛的回饋。
- 狗學會一些基本口令，如坐下、跟上或停，然後獲得讚美、寵愛和一點零嘴做為獎勵。
- 緝毒警犬或救難犬也是經由許多讚美與寵愛才學習如何執行任務。
- 利用食物回饋，可以訓練海豚跳圈。
- 利用食物回饋來訓練動物跟獸醫合作，比方說，海豚主動亮出尾巴讓獸醫抽血檢驗。
- 利用響板訓練教導馬匹學習在馬術表演時各種繁複的動作。這種形式的訓練得以奏效的原因，在於馬匹已經把響板的答答聲與食物聯想在一起，一聽到響板聲，牠們就知道只要完成應該做的動作，在一秒鐘之內就可以得到食物回饋。
- 實驗室裡的老鼠在行為實驗中也學會，只要燈一亮，牠就可以扳動拉桿，得到食物。

解決疑難雜症的原則：

- 不要懲罰，也就是說，不要有任何導致恐懼或疼痛的刺激。
- 凡是使用回饋的各種操作制約與古典制約方式，都屬於這一類。坊間有很多書籍討論操作制約。
- 利用響板訓練和標靶訓練來教導動物學習新技能、把戲或行為都很有效，尤其是訓練低度社群的動物，食物是最好的強化劑。
- 標準回饋是讚美、愛撫、食物或其他刺激，例如跟食物回饋聯想在一起的響板聲。
- 給予回饋的時間也很重要，因為這樣動物才能把回饋跟牠們的良好行為聯想在一起。良好行為發生後的一秒鐘之內，就必須立刻給予回饋。
- 對於你不希望看到的行為則完全不予理會。
- 你也可以撤回正面強化來遏止你不希望看到的行為。撤回獎賞跟懲罰是兩碼子事。
- 對狗來說，讚美通常是唯一必須的回饋。貓和其他動物則需要食物回饋或者是跟食物聯想在一起的刺激（如響板聲），因為牠們社群化的程度較低。
- 回饋動機的正面訓練方式是教導動物學習新技能、把戲或行為的最好方法。馴獸師都有自己偏好的訓練方式，但是重要的原則是使用正面回饋為基礎的方法。

因為不經意的回饋產生不好的行為，該如何矯正？

- 狗在餐桌前乞食。不要理會乞食的狗，遏止這樣的行為。

- 馬匹用前腳搔打餵食槽。等馬匹不再搔打之後，才開始餵食。
- 馬匹推擠你。立刻停止餵零食，並且輕輕撫摸，直到牠不再推擠為止。
- 小狗銜住你的手。停止撫摸，或在你碰觸到牠的牙齒時，立刻抽手，放到牠碰不到的地方。

懲罰動機訓練

範例：

- 裝置了電子隱形籓籬之後，狗就學習乖乖地留在院子裡。動物知道，只要聽到項圈傳出訊號響，牠就要遠離邊界以免遭到電擊。
- 牛群遠離通電柵欄。
- 使用電擊項圈阻止狗去追逐車輛、慢跑的人或鹿。這是極少數可以合法使用電擊項圈的情況。
- 在行為實驗中，老鼠學會了看到燈亮就去壓拉桿，以免遭到電擊。

解決疑難雜症的原則：

- 動用懲罰（如電擊）的操作制約或古典制約是用來阻止不好的行為。例如狗學會不去追逐慢跑的人就不會受到電擊。
- 受到強烈本能驅使的行為，例如追逐鹿群，使用正面方式來矯正就不太管用，必須使用懲罰才會有比較好的反應。

- 毆打動物或採用嚴厲的懲罰來行使支配權，非但手段殘酷，而且成效不彰。必須利用服從訓練或是模擬自然本能行為來行使支配權。
- 不要用懲罰來教導動物學習新技能或把戲。以回饋為基礎的訓練方法比較有效，而且也最人道。

國家圖書館出版品預行編目資料

傾聽動物心語 / 天寶.葛蘭汀（Temple Grandin），
凱瑟琳.強生（Catherine Johnson）合著；劉泗翰譯.
-- 初版. -- 臺北縣新店市 ：木馬文化出版：遠足文
化發行, 2006[民95]
面；公分. --（Ideas ; 3）
含索引
譯自：Animals in translation : using the mysteries
of autism to decode animal behavior
ISBN 978-986-6973-07-9（平裝）
1. 動物行爲 2. 自閉症

383.7 95015659

木馬 IDEAS03

傾聽動物心語

Animals in Translation

作　　者　天寶・葛蘭汀（Temple Grandin）、凱瑟琳・強生（Catherine Johnson）
總 編 輯　汪若蘭
責任編輯　劉文琪
審　　訂　呂岱樺
行銷企劃　謝玫儀
封面構成　李東記
封面插圖　李仲書
電腦排版　曹淑美

社　　長　郭重興
發行人兼出版總監　曾大福
出　　版　木馬文化事業股份有限公司
發　　行　遠足文化事業股份有限公司
地　址　231台北縣新店市中正路506號4樓
電　話　02-2218-1417
傳　眞　02-8667-1065 E-mail: service@sinobooks.com.tw
郵撥帳號　19588272 木馬文化事業股份有限公司
客服專線　0800221029
法律顧問　華洋國際專利商標事務所 蘇文生律師
印　　刷　成陽印刷股份有限公司
初　　版　2006年9月
定　　價　340元
ISBN-13　978-986-6973-07-9
ISBN-10　986-6973-07-7